Dokumente zur Geschichte der Mathematik

Band 9

Dokumente zur Geschichte der Mathematik

Im Auftrag der
Deutschen Mathematiker-Vereinigung
herausgegeben von Winfried Scharlau

Band 1
Richard Dedekind
Vorlesung über Differential- und Integralrechnung

Band 2
Rudolf Lipschitz
Briefwechsel mit
Cantor, Dedekind, Helmholtz, Kronecker, Weierstraß

Band 3
Erich Hecke
Analysis und Zahlentheorie

Band 4
Karl Weierstraß
Einleitung in die Theorie
der analytischen Funktionen

Band 5
Mathematische Institute in Deutschland
1800–1945

Band 6
Ein Jahrhundert Mathematik
1890–1990
Festschrift zum Jubiläum der DMV

Band 8
C. G. J. Jacobi
Vorlesungen über analytische Mechanik

Band 9
Wilhelm Killing
Briefwechsel mit Friedrich Engel
zur Theorie der Lie-Algebren

Dokumente zur Geschichte der Mathematik
Band 9

Wilhelm Killing

Briefwechsel mit Friedrich Engel zur Theorie der Lie-Algebren

Zum 150. Geburtstag von Wilhelm Killing

herausgegeben von
Wolfgang Hein

Deutsche Mathematiker-Vereinigung

Prof. Dr. *Wolfgang Hein*
Universität-Gesamthochschule Siegen
Fachbereich 6 Mathematik
57068 Siegen

Softcover reprint of the hardcover 1st edition 1997
Der Verlag Vieweg ist ein Unternehmen der Bertelsmann Fachinformation.

Gedruckt auf säurefreiem Papier

ISBN-13: 978-3-322-80301-6 e-ISBN-13: 978-3-322-80300-9
DOI: 10.1007/ 978-3-322-80300-9

Inhaltsverzeichnis

Geleitwort

Vor 150 Jahren wurde in Burbach im Siegerland der Mathematiker Wilhelm Killing geboren. Lebenslauf, Bildungsgang und berufliche Tätigkeit klingen wenig aufregend: Besuch des Gymnasiums, ergänzt durch Privatunterricht, (Selbst)studium an der Akademie in Münster, Übersiedlung nach Berlin, Schüler von Kummer, Helmholtz und vor allem Weierstraß, 1872 Promotion bei letzterem, Lehramtsprüfung, Lehrtätigkeit an Gymnasien in Berlin und Brilon, auf Empfehlung von Weierstraß 1882 Berufung als ordentlicher Professor an die Katholische Akademie in Braunsberg, seit 1892 in Münster, zunehmende Hinwendung zu administrativen, pädagogischen und karitativen Aufgaben. Nach seinem Tod geriet Killing und sein Werk allmählich in Vergessenheit; das Dictionary of Scientific Biography nennt seinen Namen nicht.

Und doch steht hinter dieser äußerlich unscheinbaren Biographie ein Forscherleben von ungewöhnlicher Originalität und Schaffenskraft. Was sein Freund, Kollege und Biograph Friedrich Engel über den Menschen Killing sagt, gilt auch für den Wissenschaftler: „Hinter seinem ruhigen Äußeren verbarg sich ein vulkanisches Feuer..." In der Abgeschiedenheit von Braunsberg, beinahe ohne Kontakt zur wissenschaftlichen Außenwelt und erdrückt von administrativen Aufgaben und Lehrverpflichtungen formulierte Killing ein Forschungsprogramm, das entsprechend fortgeschrieben bis heute aktuell ist und die mathematische Forschung ein Jahrhundert lang wesentlich mitbestimmt hat. Es geht um die Strukturtheorie der Lie-Algebren, insbesondere ihre Klassifikation. Ausgerüstet mit nicht mehr als den Grundlagen der Linearen Algebra gelang ihm um 1887 die Klassifikation der einfachen Lie-Algebren, einerseits ein Paradigma für alle folgenden Klassifikationssätze, andererseits wegen der Bezüge zur Geometrie weit über die Algebra hinausweisend. Man muß vielleicht nicht so weit gehen wie J. Coleman, der hundert Jahre später Killings diesbezügliche Arbeit als „the greatest mathematical paper of all time" bezeichnete, doch an der singulären Bedeutung dieser Arbeit kann kein Zweifel bestehen.

Es ist vor allem das Verdienst von Thomas Hawkins, Killing „wiederentdeckt" zu haben. Für eine minutiöse Analyse von Killings Arbeiten und des historischen Kontexts, insbesondere auch das Verhältnis zu Sophus Lie und Élie Cartan wird auf Hawkins Arbeiten verwiesen, der selbst über seine Absichten schreibt: „Intrigued by the question of how such a relatively obscure figure came to create such significant and difficult mathematics, I have tried to restore that historical dimension." Hawkins bezieht sich vielfach auf die Engel-Killing Korrespondenz, die zusammen mit den schwer zugänglichen Braunsberger Programmschriften in diesem Buch zum ersten Mal geschlossen vorliegt. Jeder, der sich für Lie-Algebren oder die Geschichte der Mathematik interessiert, wird Herrn Wolfgang Hein dankbar sein, diese Quellen in sorgfältiger Bearbeitung allgemein zugänglich gemacht zu haben.

Münster, den 10. Mai 1997 W. Scharlau

Wilhelm Killing

Friedrich Engel

Vorwort

In den Jahren 1888 bis 1890 erschien in den Mathematischen Annalen die Arbeit *Die Zusammensetzung der stetigen endlichen Transformationsgruppen* in vier Teilen von Wilhelm Killing. Diese Artikel haben der Entwicklung der Theorie der Lie-Gruppen und Lie-Algebren einen starken Impuls verliehen und der damals noch jungen Disziplin zu stetig wachsender Verbreitung innerhalb der Mathematik und in benachbarten Gebieten verholfen. Dazu haben besonders die Entdeckung der damals völlig unerwarteten Ausnahmealgebren, sowie die neuartigen Methoden beigetragen, die der Verfasser für die Klassifikation der endlich-dimensionalen komplexen halbeinfachen Lie-Algebren erarbeitet hat.

Auf Veranlassung von Felix Klein, damals Herausgeber der Mathematischen Annalen, hat Friedrich Engel die Arbeiten für die Annalen referiert. Engel war auf diese Aufgabe bestens vorbereitet; denn er hatte als enger Mitarbeiter von Sophus Lie und auf Grund eigener Forschungen fundierte Kenntnisse in der Theorie der Transformationsgruppen und stand mit Killing seit einigen Jahren in regem Briefverkehr, wodurch er dessen Vorarbeiten genau kannte.

Diese Briefe begleiten die gesamte Vorbereitungs- und Publikationsphase der vier „Zusammensetzungsarbeiten"; außerdem dokumentieren sie die Entstehungsgeschichte der Lie-Algebren bei Killing im Zusammenhang mit seinen Untersuchungen über die Grundlagen der Geometrie.

Einen Beitrag zu den Grundlagen der Geometrie zu leisten, war Killings vorrangiges Ziel, was in den Briefen immer wieder zum Ausdruck kommt. Daß ihm auf diesem Wege eine der größten Leistungen in der neueren Mathematikgeschichte gelingen würde, das hat Killing selbst am wenigsten erwartet; zudem neigte er dazu, die Schwierigkeiten, die sich vor ihm auftürmten, zu unterschätzen. Ob es ohne die wiederholten Ermunterungen Engels, doch ja auf dem angefangenen Weg weiterzumachen, zu den Ergebnissen und damit zur Publikation (und letzten Endes zu der berühmten Cartanschen Thèse) gekommen wäre, muß, den Briefen nach zu urteilen, bezweifelt werden.

Der Briefwechsel ist auch ein wichtiges biographisches Dokument. Außer den Nachrufen von Friedrich Engel und Killings Kollegen Reinhold von Lilienthal in Münster, sowie verschiedenen Schriften des Franziskanerpaters Oellers gibt es kaum biographisches Material, das für die Mathematikgeschichte von Interesse sein könnte. Zwar kommen auch in den Briefen selten persönliche Angelegenheiten zur Sprache, dennoch geben sie ein eindrucksvolles Bild von der Persönlichkeit Killings als unermüdlichem und leidenschaftlichem Forscher.

Die hier vorgelegte Korrespondenz besteht aus allen 87 Briefen, die im Mathematischen Institut der Universität Gießen und in der Universitätsbibliothek Münster vorhanden sind. 54 davon sind von Killing (einschließlich 16 Postkarten), 33 von Engel.

Die Briefe 1–20 sind zwischen November 1885 und November 1886 geschrieben. Sie behandeln hauptsächlich die 1884 bzw. 1886 erschienenen Braunsberger Programmschriften *Erweiterung des Raumbegriffs* und *Zur Theorie der Lie'schen Gruppen.* „Sie werden übrigens wohl selbst bemerkt haben, daß die Arbeit [1884] weiter nichts ist, als die dem Verzeichnis der Vorlesungen für das Sommer-Semester vorgesetzte Abhandlung. Ich würde eine so unvollständige Arbeit nicht selbständig publiziert haben.“ (Killing an Engel, Brief 8) Dennoch ist in ihnen deutlich zu erkennen, wie Killing zu den Lie-Algebren gekommen ist, was der Anlaß zum weiteren Studium war und wie er sich die Bestimmung aller dieser „Systeme unendlich kleiner Bewegungen“ anfangs vorgestellt hat. In Verbindung mit den vorliegenden Briefen erfährt man zudem, wie sich die Methoden letztlich in die Richtung des Erfolges gewendet haben. Diese Schriften sind deshalb wichtige historische Quellen. Da sie nicht in allgemein zugänglichen Zeitschriften publiziert und kaum zu beschaffen sind, sind sie diesem Band als Anhang beigefügt. Es handelt sich um Kopien der Sonderdrucke, die Engel von Killing erhalten und mit Anmerkungen versehen hat.

Die eigentlichen Klassifikationsarbeiten (unter ihnen verschiedene Realisierungen der Ausnahmealgebra vom Typ $\mathbf{G}_2$) werden in den Briefen 21–68 (etwa) behandelt; sie umfassen den Zeitraum von Anfang 1887 bis Anfang 1891. Danach verliert sich der Kontakt mehr und mehr: 1891 finden sich fünf Briefe, 1895 eine Postkarte, 1897 drei, 1891 bis 1902 je ein oder zwei, 1912 und 1913 je ein und schließlich 1917 zwei Briefe. Killing und Engel waren als Menschen wohl zu verschieden, als daß sich eine persönliche Beziehung hätte aufbauen und in einem dauerhafteren Briefwechsel ihren Ausdruck finden können.

Die Briefe sind mit Anmerkungen in Form von Fußnoten versehen, deren Zweck in erster Linie darin besteht, das Lesen möglichst unabhängig von anderen Quellen zu machen; für ein tieferes Verständnis wird es allerdings unumgänglich sein, die angesprochenen Quellen hinzuzuziehen. Um dies zu erleichtern, werden entsprechende Literaturhinweise gegeben und gelegentlich auch erläutert. Da Briefe natürlich keine Überschriften haben, sind stichwortartige Randbemerkungen angebracht, in der Hoffnung, dadurch die Übersichtlichkeit zu erhöhen und dem Leser das Auffinden ihn interessierender Stellen zu erleichtern. Diesem Zweck dienen auch die zahlreichen Querverweise auf Briefstellen ähnlichen Inhalts, sowie die Verzeichnisse im Registerteil.

Siegen, Februar 1997 Wolfgang Hein

Lesehinweise

Literaturverweise in eckigen Klammern, die mit einem K beginnen, wie [K1886] oder [KAN], ferner [ZvG n] mit n = 1, 2, 3, 4, beziehen sich auf das Schriftenverzeichnis von Killing, alle anderen auf das Literaturverzeichnis.

Jedem Brief geht eine Notiz, wie z.B. **44.** *Killing an Engel* (G18) voraus. Hier ist 44 die laufende Nummer des Briefes, G bedeutet, daß der Brief sich im Math. Institut Gießen befindet und mit der Nummer 18 versehen ist. Ein M an Stelle von G besagt, daß der entsprechende Brief in der Universitätsbibliothek in Münster aufbewahrt wird.

In den Fußnoten wird auf andere Briefe durch Angabe der laufenden Nummer verwiesen; eingeklammerte Zahlen sind Fußnotennummern. 44(193) ist demnach ein Verweis auf Brief 44 *und* Fußnote 193.

Die (häufig von den heute gebräuchlichen Regeln abweichende) Schreibweise und Zeichensetzung ist ohne Änderung übernommen worden. Offensichtlich fehlende Wörter sind in eckigen Klammern hinzugefügt.

Abkürzungen sind sehr häufig. Gelegentlich sind zum leichteren Verständnis Ergänzungen in eckigen Klammern vorgenommen worden, z.B. K[e]g[el]-schn[itt]sgr[uppe]. Um den Text nicht unleserlich zu machen, sind durchgehend benutzte Abkürzungen meistens nicht ergänzt worden; die wichtigsten sind (mit oder ohne Punkt):

Gr. (= Gruppe); Tr., Trf. u.ä. (=Transformation); Trfsgr. (= Transformationsgruppe); inf. (= infinitesimal); gl., gliedr. (= gliedrig); inv. (= invariant); UG, Ugr. (= Untergruppe); Jac. Id., Jac. Rel. (Jacobi-Identität bzw. -Relation); proj. (= projektiv); einf. (= einfach). Auch allgemein gebräuchliche oder verständliche Abkürzungen, wie betr., bel., unabh., Def. u.ä., wurden nicht ergänzt.

Wohl haben die Alten, mit starkem Forschergeist begabt, in unermüdlichem Fleiß versucht, viel damals Verborgenes für sich und die Nachwelt ans Licht zu bringen; [...] aber in einigen der höheren Wissenszweige haben sie nicht alles Erstrebenswerte erreicht. Der beste Erhalter aller Dinge hat es nämlich so bestimmt, damit die göttliche Kraft des Erkennens in uns nicht erlahme, sondern durch immer lebhafteres Interesse auf das noch Verborgene, aber der Erkenntnis Zugängliche gelenkt werde. Wir geben uns leidenschaftlich der Erforschung des Dunkels hin, damit wir uns um so ruhiger der Stärke unseres Gottes erfreuen.

Nikolaus von Kues

WILHELM KILLING
Leben und Werk

Jugend und Studienzeit

Wilhelm Carl Joseph Killing wurde am 10. Mai 1847 in Burbach, nahe Siegen, geboren. Die Großeltern väterlicherseits besaßen in der Gegend von Anröchte im Sauerland Steinbrüche, ein damals für diese Region typischer Industriezweig. Als der Großvater starb, gingen die Besitzungen verloren und die Familie verarmte.[1] Killings Vater erlernte den Beruf des Gerichtssekretärs (Aktuar); seine erste Anstellung fand er in Burbach, einem Mittelgebirgsdorf am südlichen Rand der damaligen preußischen Provinz Westfalen.

In diesen Ort war einige Jahrzehnte zuvor auch der Apotheker Wilhelm Kortenbach aus Hamm a. d. Sieg zugezogen, um eine Apotheke zu eröffnen. (Das Haus ist noch vorhanden.) Killings Vater heiratete die Tochter des Apothekers, Anna Catharina Kortenbach; aus der Ehe gingen drei Kinder hervor, Wilhelm, Hedwig und Karl.

Als Wilhelm drei Jahre alt war, zog die Familie nach Medebach bei Winterberg um, 10 Jahre später nach Winterberg. Hier, „auf den Bergen des Sauerlandes, wo kein leichtlebiges Geschlecht haust mit dem Herz auf der Zunge“ [Lt1923], liegen die Wurzeln Wilhelm Killings. Von seinem Vater, der erst in Medebach, dann in Winterberg und schließlich in Rüthen Bürgermeister war, erzählt Killing in seinen autobiographischen Notizen: „Wer unseren Vater nur oberflächlich kennenlernte, mußte in ihm das Urbild eines preußischen Beamten vom alten Schlage erblicken.“ Eine obrigkeitstreue, konservative Vaterlandsliebe, gepaart mit einer tiefen Religiosität, sind auch für den Charakter des Sohnes kennzeichnend.[2] Die Jugendjahre Killings waren geprägt durch tiefgreifende Umwälzungen in Staat und Gesellschaft. Einige davon haben tiefe Spuren in Killings Leben hinterlassen, wie etwa die Verbreitung der neuscholastischen, auf Bewahrung und Verteidigung der religiösen Werte bedachte Theologie, der damit einhergehende Aufschwung katholischer Frömmigkeit in Familie und Erweckungsvereinen, die kirchlichen Initiativen zur Übernahme von Verantwortung durch den Einzelnen auf privater wie politischer Ebene in den brennenden sozialen Fragen, die sich in

[1] Diese und weitere der folgenden Mitteilungen über Kindheit und Studienzeit macht Killing in seinen autobiographischen Notizen [KAN].

[2] Zur Zeit des Kulturkampfes 1872–1879 führte diese Haltung die Familie in schwere Konflikte; vgl. [KAN].

Folge der industriellen Revolution ergaben.

Wilhelm, „als Kind recht schwach und zudem sehr ungeschickt [...], der stets aufgeregte, ganz unpraktische Bücherwurm“ [KAN], wurde in der Schule und in Privatunterricht bei Geistlichen auf den Eintritt in das Gymnasium in Brilon vorbereitet. Auf dem Gymnasium galt seine Liebe den alten Sprachen Griechisch, Latein und Hebräisch. Der Lehrer Harnischmacher, dem er später bei verschiedenen Gelegenheiten seine „besondere Verehrung“ ausdrückte und dem er seine Dissertation gewidmet hat, weckte aber schon in den mittleren Klassen sein Interesse an der Mathematik, besonders an der Geometrie, und den Wunsch, Mathematiker zu werden. Er ermunterte seinen Schüler, Eulers „Introductio“ und andere Klassiker zu studieren. 1865 beendete Wilhelm seine Schulzeit mit „ganz vorzüglichen“ Noten.

Zum Wintersemester 1865/66 immatrikulierte Killing sich an der Universität Münster, der damals Königlichen Akademie. Der einzige Vertreter der Mathematik war hier Eduard Heis, Nachfolger von Gudermann (bei dem Weierstraß studiert hatte). Das Niveau, das Gudermann an die Akademie gebracht hatte, konnte von Heis, der mehr der Astronomie als der Mathematik verbunden war, nicht gehalten werden. Eigene Studien mußten also die Lücke ausfüllen. 1897 sagt Killing im Rückblick auf diese Zeit: „Vor allem fesselte mich Plücker, von dem ich die in Buchform erschienenen Arbeiten [...] öfters aufs genaueste durchstudierte. Ich versuchte auch, über den Inhalt der Werke hinauszugehen, aber im Wesentlichen waren die Schritte, die ich in dieser Hinsicht zu machen glaubte, nur Beispiele zu den von Plücker vollständig durchgeführten Ideen. Welch ein Unterschied zu Lies Genie! In seinem Geiste verarbeitete sich Plückers Geometrie mit den gewöhnlichen Sätzen über Differentialgleichungen zu einer ganz neuen, weittragenden Theorie, während ich mich damit begnügte, die Sätze für sich aufzufassen, ohne im geringsten darüberhinauszugehen. [...] Mir fehlte überhaupt der kritische Blick, der über die Worte des Autors in den tieferen Sinn seiner Darlegungen einzudringen vermag. Meine ganze Erziehung war aber auch dem nicht günstig.“ [KAN]

Nach vier Semestern wechselte Killing zum Wintersemester 1867/68 an die Universität Berlin. Zu dieser Zeit waren die beiden mathematischen Lehrstühle mit Ernst Eduard Kummer und Karl Weierstraß besetzt. Killing schloß sich Weierstraß an, „dessen Schüler zu sein stets meinen größten Stolz bilden wird“. [K1897] Hier hörte er natürlich auch Funktionentheorie,[3] aber „vielseitiger noch als in den Vorlesungen waren die Anregungen, die Weierstraß in seinem Seminar gab, indem er hier alle Zweige der Mathematik in den Kreis seiner Besprechungen zog.“ [K1897] Von diesen vielfältigen

[3]Im Math. Institut in Münster existiert eine Mitschrift „Einführung in die Theorie der analytischen Funktionen“ aus dem Jahr 1868.

Anregungen sollten vor allem die Vorträge über Geometrie, seinem bisherigen Werdegang entspechend, den nachhaltigsten Einfluß auf das gesamte mathematische Schaffen Killings ausüben.

1870/71 unterbrach Killing, einer Bitte seines Vaters folgend, sein Studium, um an der, in ihrem Bestand gefährdeten, Schule in Rüthen zu unterrichten. Bald nach der Wiederaufnahme seines Studiums begann er unter der Leitung von Weierstraß die Arbeit an seiner Dissertation „Der Flächenbüschel zweiter Ordnung", [K1872] mit der er im März 1872 promovierte. In der Einleitung schreibt Killing: „[Mit dieser Arbeit] gedenke ich nur, die geometrische Interpretation einer Abhandlung zu geben, welche mein hochverehrter Lehrer, Herr Professor Weierstraß, am 18. Mai 1868 in der Akademie gelesen hat."[4] Diese Abhandlung und Killings eigene Untersuchungen sollten sich als eine wirkungsvolle Grundlage für die spätere Klassifikation der Lie-Algebren erweisen. Killing teilt nämlich das Flächenbüschel $pP+qQ$, wo $P = \sum A_{ij}X_iX_j$ und $Q = \sum B_{ij}X_iX_j$ quadratische Formen in den homogenen Koordinaten X_0, X_1, X_2, X_3 sind, in Klassen ein nach der Anzahl der Elementarteiler der Matrix $(pA_{ij} + qBij)$. Auf ähnliche Weise wird er später die Einteilung der Lie-Algebren mit Hilfe der Elementarteiler der linearen Abbildung $\mathrm{ad}X : Y \to [X,Y]$, $(X,Y \in L)$ der Lie-Algebra L vornehmen. In diesem Zusammenhang wurde er auch mit der Jordan-Weierstraßschen Normalform einer Matrix bekannt, die ebenfalls eine wichtige Rolle in der Klassifikation spielen sollte.

Lehrer am Gymnasium

Ein halbes Jahr nach der Promotion legte Killing das Staatsexamen ab und erhielt die Lehrberechtigung für Mathematik und Physik in allen, für Griechisch und Latein in den unteren Klassen. In den nun folgenden fünf Jahren bis 1878 unterrichtete er an einem Gymnasium in Berlin. Durch die Bekanntschaft mit dem Theologieprofessor und Prälaten Ernst Commer wurde Killing in die Familie des Musikwissenschaftlers und Begründers des „Jahrbuchs für Philosophie und spekulative Theologie" eingeführt. Hier lernte er Anna Commer (1849–1928) kennen, die er 1875 heiratete. Aus der Ehe gingen vier Söhne und drei Töchter hervor; nur zwei der sieben Kinder überlebten die Eltern. Zwei Söhne und eine Tochter starben im Kindesalter, der dritte Sohn kurz vor Vollendung seiner Habilitationsschrift über ein musikwissenschaftliches Thema, der vierte erkrankte in einem Militärlager und starb kurz vor Ende des Krieges 1918. Seinen Schmerz über Krankheit und Tod der Kinder bringt Killing mehrmals mit bewegenden Worten in den Briefen an Engel

[4]In der Einleitung zu seiner Dissertation zitiert Killing an dieser Stelle die Weierstraßsche Arbeit *Zur Theorie der bilinearen und quadratischen Formen* [W1868].

zum Ausdruck. Die Töchter Maria und Anka lebten bis 1969 bzw. 1945.

1878 legte Killing noch das Staatsexamen für Religion in den unteren Klassen ab und wechselte dann an das Gymnasium in Brilon, an dem er einst Schüler gewesen war.

Während dieser Jahre mit der umfangreichen Lehrtätigkeit eines Gymnasiallehrers, beteiligte sich Killing an den aktuellen Untersuchungen zur Nicht-Euklidischen Geometrie. Dieses Gebiet erlebte – nachdem die richtungweisenden Arbeiten von Bolyai und Lobatschewsky zunächst wenig Resonanz gefunden hatten – eine neue Blüte, als die diesbezüglichen Untersuchungen aus dem Nachlaß von Gauß bekannt wurden und die Riemannschen Ideen Verbreitung fanden.

Killings erste Arbeit *Über zwei Raumformen mit konstanter positiver Krümmung* erschien 1879 in Crelles Journal. Mit den beiden Raumformen sind hier die sphärische und die elliptische Geometrie gemeint, in Killings Bezeichnungsweise der Riemannsche Raum und dessen Polarform (die er auch dadurch erhält, daß er im Anschluß an Plücker im Riemannschen Raum anstelle des Punktes die Ebene als Element einführt). Diese beiden Raumformen wurden seiner Meinung nach unrichtigerweise nicht von einander unterschieden.[5]

Zwei weitere Arbeiten aus diesem Themenkreis erschienen ebenfalls in Crelles Journal: *Die Rechnug in den Nicht-Euklidischen Raumformen* 1880 und *Die Mechanik in den Nicht-Euklidischen Raumformen* 1885. In der ersten wird Killings Vorliebe für die Axiomatik deutlich. Er ersetzt das Parallelenpostulat und das Postulat von der Unendlichkeit der Geraden (in den Elementen Euklids implizit enthalten) dadurch, daß in jeder Ebene gelten soll: a) das „Axiom der Geraden“: Es existiert eine in sich verschiebbare und umkehrbare Linie, und b) das „Axiom des Kreises“: Bei der Ruhe eines Punktes kann jeder bewegte Punkt sich nur auf einer einzigen Linie bewegen und kehrt auf ihr bei fortschreitender Bewegung in seine Anfangslage zurück. Killing beweist, daß dieses Axiomensystem nur von den beiden oben genannten und von der Lobatschewskyschen (hyperbolischen) Geometrie erfüllt wird.

Die Arbeit von 1885 ist eine erweiterte Fassung der gleichnamigen Programmschrift des Briloner Gymnasiums von 1883, also im Wesentlichen auch während seiner Arbeit als Gymnasiallehrer entstanden. Mit Hilfe der „Coordinaten des Herrn Weierstraß, welcher mich auch zu dieser Arbeit aufgefordert hat“, gelingt es ihm, die Bewegungsgleichungen der klassischen Mechanik auf Nicht-Euklidische Raumformen beliebiger Dimension, die „in einem unendlich kleinen Gebiet mit der Euklidischen übereinstimmen“, zu übertragen.

[5]Vgl. 83(277).

Während der Arbeit an der analytischen Behandlung Nicht-Euklidischer Raumformen begab sich Killing an die Ausführung eines anderen Programms, das er seit seiner Teilnahme am Weierstraß-Seminar 1872 nicht mehr aus den Augen verloren hatte. In der Einleitung zu seiner Arbeit *Erweiterung des Raumbegriffs* [K1884] schreibt er: „Der Inhalt [eines Vortrages von Weierstraß] war etwa kurz folgender: Vor allem muß eine rein geometrische Begründung [der Nicht-Euklidischen Geometrie, keine analytische] angestrebt werden. Will man aber von dem Begriffe der n-fach ausgedehnten Mannigfaltigkeit ausgehen, so kann man [wie Riemann] den Begriff der Abstandsfunktion hinzunehmen. Ich glaube nachweisen zu können, daß man, ausgehend von diesem Begriffe, durch die Entwicklung genötigt wird, über denselben hinauszugehen, und daß man dann zu der von mir gegebenen Verallgemeinerung gelangt.“

Die ersten Ergebnisse in dieser Richtung erschienen 1880 unter dem Titel *Grundbegriffe und Grundsätze der Geometrie* als Programmschrift des Gymnasiums in Brilon. Bevor diese Gedanken aber weiter verfolgt werden konnten, wurde 1885 das Lehrbuch *Die Nicht-Euklidischen Raumformen in analytischer Behandlung* vollendet. Doch damit sind wir schon in die wichtigste Lebensphase Killings – sicher im wissenschaftlichen Sinn, aber wohl auch in privater Hinsicht – eingetreten, nämlich der Zeit als

Professor in Braunsberg.

1915 schrieb Killing an den Trierer Gymnasialprofessor Isenkrahe: „Als im Jahre 1881 die mathematische Professur in Braunsberg besetzt werden mußte, wandte man sich von dort an mehrere Provinzial-Schulkollegien mit der Bitte um Vorschläge. Zuerst war Schwering in sichere Aussicht genommen. Da aber die Stelle sehr schlecht besoldet war und Schwering die zweite Oberlehrerstelle an einem königlichen Gymnasium innehatte, mußte man von ihm absehen. Das rheinische Provinzialschulkollegium schlug Sie vor. [...] Mittlerweile war vom Ministerium Weierstraß zu Vorschlägen aufgefordert; ich erhielt die Stelle.“ [KBI]

Die katholische Akademie in Braunsberg an der Passarge in Ostpreußen (heute Braniewo in Polen) war von 1568 bis 1773 Jesuitenhochschule, verfiel danach, und an ihrer Stelle wurde 1817 eine philosophisch-theologische Hochschule gegründet; gegen Ende des zweiten Weltkriegs wurde sie endgültig aufgelöst. An dem angeschlossenen Gymnasium unterrichtete Weierstraß von 1848 bis 1855.

Während der zehn Jahre als ordentlicher Professor in Braunsberg entfaltete Killing ein reiches Wirken. Neben seiner beruflichen Tätigkeit übernahm er Aufgaben im politisch-öffentlichen und im kirchlich-sozialen Bereich.[6]

Die umfangreichen Lehrverpflichtungen verlangten – zumindest in der ersten Zeit – eine zeitraubende Vorbereitung. Im Wintersemester 1884/85 z. B. hielt er Vorlesungen über Differential- und Integralrechnung, populäre Astronomie und Grundlagen der Chemie; im Sommersemester 1889, in dem er Dekan war, Analytische Geometrie, Grundlagen der Chemie und „Über die Übereinstimmung der göttlichen Offenbarung und der Naturgesetze" (ein typisches Thema der Neuscholastik; die Studentenschaft bestand wahrscheinlich überwiegend aus angehenden Klerikern). Überdies war Killing verantwortlich für die Sammlung mathematischer und naturwissenschaftlicher Instrumente.[7] Mehrere Jahre war er Rektor.

Eine – gar nicht so willkommene – Unterbrechung gab es für Killing im August 1886. „Jetzt möchte ich am liebsten ungestört der Arbeit mich widmen; aber ich konnte den Bitten meiner Kollegen, das Lyceum in Heidelberg zu vertreten, nicht füglich widerstehen, obwohl ich mich lange gesträubt habe." (Brief 17) Auf der Reise nach Heidelberg machte Killing Station in Leipzig, um Engel zu besuchen; hier traf er auch Lie, Schur und Study.

Wir haben schon darauf hingewiesen, daß Killing nach Gesprächen mit Weierstraß die Idee hatte, Zahlenmannigfaltigkeiten axiomatisch zu begründen und auf die Forderung einer Metrik zu verzichten. Ein solches Axiomensystem, das auf dem Begriff der Bewegung eines starren Körpers basiert, hatte er 1880 in der schon genannten Programmschrift *Grundbegriffe und Grundsätze der Geometrie* vorgelegt. In dieser Arbeit kommen aber weder Koordinaten noch infinitesimale Transformationen vor; das ist erst in der nächsten Veröffentlichung der Fall, nämlich in der Programmschrift *Erweiterung des Raumbegriffs* [K1884] der Akademie Braunsberg. Hier treten auch zum ersten Mal bei Killing Lie-Algebren auf, und zwar als „Systeme von unendlich kleinen Bewegungen".

Killing geht dabei aus von einer Raumform (Geometrie), die die von ihm aufgestellten Axiome erfüllt. Durch (synthetisch definierte) unendlich kleine Bewegungen werden reelle Kordinaten eingeführt, die zu einer „stetigen Zahlenmannigfaltigkeit" führen, die lokal Euklidisch ist. Nun wird eine unendlich kleine (gleichförmige) Bewegung analytisch beschrieben durch eine Abbildung $u : \mathbb{R}^n \to \mathbb{R}^n$, $x \mapsto u(x) = (u^{(1)}(x), \ldots, u^{(n)}(x))$ als

$$x \mapsto x + u(x)dt.$$

[6] U.a. war er Stadtverordneter und Geschworener. Ein elternloses Pflegekind fand in Killings Familie Aufnahme, ein weiteres wurde in einer befreundeten Familie untergebracht. Mit seiner Frau trat er dem „Dritten Orden", der Laiengemeinschaft des Franziskanerordens, bei und übernahm auch hier Leitungsfunktionen.

[7] Angaben nach den Vorlesungsverzeichnissen für die genannten Semester.

Sodann wird festgestellt, daß diese infinitesimalen Transformationen einer Raumform einen – in heutiger Terminologie – reellen Vektorraum bilden. Der neue Aspekt besteht nun in der Feststellung: Sind zwei infinitesimale Transformationen $x \mapsto x + u_k(x)dt$ und $x \mapsto x + u_l(x)dt$ einer Raumform gegeben, so ist auch

$$x \mapsto x + U_{kl}(x)dt$$

eine infinitesimale Transformation der Raumform, wobei U_{kl} definiert ist durch

$$U_{kl}^{(i)} := \sum_{j=1}^{n} \left(u_k^{(j)} \frac{\partial u_l^{(i)}}{\partial x_j} - u_l^{(j)} \frac{\partial u_k^{(i)}}{\partial x_j} \right).$$

Zu einer Basis $u_1, \ldots u_m$ des Vektorraums der infinitesimalen Transformationen gibt es also eindeutig bestimmte reelle Zahlen $a_{j,kl}$, so daß

$$U_{kl} = \sum_{j=1}^{m} a_{j,kl} u_j.$$

Für den „Kommutator" U_{kl} (der Name kommt nicht vor) werden Antikommutativität und Jacobi-Identität als Gleichungen in den Strukturkonstanten $a_{j,kl}$ ausgedrückt. Damit hat Killing gezeigt, daß für jede Raumform das zugehörige „System unendlich kleiner Bewegungen" eine reelle Lie-Algebra bildet. Die Zahl m, also die Dimension der Lie-Algebra, heißt aus plausiblen Gründen „Grad der Beweglichkeit" der zu Grunde liegenden Raumform.

In §5ff von [K1884] bestimmt Killing alle reellen Lie-Algebren der Dimension 2 und 3 und beschreibt für jede Lie-Algebra dieser Liste die Raumformen, deren zugehörige Lie-Algebra mit der vorgegebenen übereinstimmt.

Eines dieser Beispiele ist gegeben durch eine Basis u_1, u_2, u_3 von Funktionen u_i in einer reellen Veränderlichen und den Kommutatorrelationen $[u_1, u_2] = u_3, [u_2, u_3] = -u_1, [u_3, u_1] = u_2$ (also die Lie-Algebra $\mathbf{sl}(2,\mathbb{R})$). Nach den vorangehenden Überlegungen ergibt sich als notwendige Bedingung dafür, daß diese Lie-Algebra als System von infinitesimalen Transformationen einer Raumform vorkommt, daß die Funktionen u_i die folgenden Differentialgleichungen erfüllen: $u_3 = u_1 u_2' - u_2 u_1', u_2 = u_3 u_1' - u_1 u_3', -u_1 = u_2 u_3' - u_3 u_2'$. Als Lösungen findet man $u_1 = 1$, $u_2(x) = \sin x$ und $u_3(x) = \cos x$. Die allgemeine infinitesimale Transformation hat demnach die Gestalt $x \mapsto x + u(x)dt$ mit $u(x) = a + b \sin x + c \cos x$ $(a, b, c \in \mathbb{R})$. (Vgl. die Briefe 3 und 4.)

Hieran erkennt Killing sofort, welche Raumformen zu der Lie-Algebra gehören. „Streng genommen giebt es unendlich viele Raumformen, da man entweder jedem Punkte nur ein einziges x zuordnen oder jedes Vielfache von 2π als Periode festsetzen kann. Läßt man den Punkt 2π mit dem Punkte Null zusammenfallen, so erhält man die projektivische Bewegung einer Geraden oder eines Kegelschnittes in sich.“ ([K1884] S. 17)

Auf Drängen von Engel benutzt Killing ab 1886 nicht mehr die vorstehende Terminologie, sondern übernimmt die von Lie eingeführte, die im folgenden erläutert werden soll, da sie in den Briefen durchweg verwendet wird.

Anders als bei Killing bilden bei Lie die „*endlichen* Transformationen“ den Ausgangspunkt seiner Untersuchungen, genauer: „Systeme von endlichen Transformationen“, die bei Komposition eine Gruppe bilden. Es handelt sich dabei um Transformationen der Form

$$(x_1, \ldots, x_n) \mapsto (x'_1, \ldots, x'_n),$$

$$x'_i = f_i(x_1, \ldots, x_n; a_1, \ldots, a_m), \quad i = 1, \ldots, n,$$

wo die Funktionen f_i durch die Parameter $a_1, \ldots, a_m$ gegeben sind.

Lie entwickelt f_i um einen Punkt $(a_1^0, \ldots, a_m^0)$, für den die zugehörige Transformation die Identität ist (also $f_i(x_1, \ldots, x_n; a_1^0, \ldots, a_m^0) = x_i$ für $i = 1, \ldots, n$), in eine Taylorreihe:

$$f_i(x_1, \ldots, x_n; a_1^0 + t_1, \ldots, a_m^0 + t_m) = x_i + \sum_{j=1}^{m} t_j \xi_{ij}(x_1, \ldots, x_n) + \cdots.$$

Nun werden die Differentialoperatoren

$$X_j(f) = \sum_{i=1}^{n} \xi_{ij}(x_1, \ldots, x_n) \frac{\partial f}{\partial x_i} \quad (j = 1, \ldots, m)$$

als „Symbole infinitesimaler Transformationen“ eingeführt. Unter Berücksichtigung der Terme zweiter Ordnung in der Taylorentwicklung folgt aus den Gruppeneigenschaften (bei Killing aus der Geometrie)

$$(X_k X_l) := \sum_{i,j=1}^{n} \left(\xi_{jk} \frac{\partial \xi_{il}}{\partial x_j} - \xi_{jl} \frac{\partial \xi_{ik}}{\partial x_j} \right) = \sum_{j=1}^{m} c_{klj} X_j,$$

also die Abgeschlossenheit des von $X_1, \ldots, X_m$ aufgespannten Vektorraums unter dem Kommutator $(X_k X_l)$.

Trotz der Verschiedenheit der Ausgangspunkte (bei Killing spielen endliche Transformationen praktisch keine Rolle) erkennt man sofort die Parallelität der Entwicklungen: ξ_{ij} entspricht $u_j^{(i)}$, c_{klj} entspricht $a_{j,kl}$ und $(X_k X_l)$ entspricht U_{kl}.

Als eines der ersten Beispiele behandelt Lie die Gruppe der Transformationen

$$x \mapsto \frac{ax+b}{cx+d}, \quad ad-bc \neq 0$$

der reellen projektiven Geraden (also die zu SL(2,ℝ) isomorphe projektive Gruppe PGL(2,ℝ)). Den Parameterwerten $a=1, b=0, c=0, d=1$ entspricht die Identität. In einer hinreichend kleinen Umgebung des Punktes $(1,0,0,1)$ ist $d \neq 0$, also kann $d=1$ gesetzt werden, so daß die Transformationen hier nur von drei „wesentlichen" Parametern abhängen:

$$f(x;a,b,c) = \frac{ax+b}{cx+1}.$$

Aus der Taylor-Entwicklung $f(x;1+t_1,t_2,t_3) = x + t_1x + t_2 - t_3x^2 + \cdots$ ergeben sich $X_1(f) = x\frac{\partial f}{\partial x}, X_2(f) = \frac{\partial f}{\partial x}, X_3 = -x^2\frac{\partial f}{\partial x}$. Diese Operatoren bilden eine Basis, und die allgemeine infinitesimale Transformation hat die Gestalt $aX_1 + bX_2 + cX_3 = (a+bx+cx^2)\frac{\partial}{\partial x}$, die auch in der Form $dx = (a+bx+cx^2)dt$ geschrieben wird; vgl. die Briefe 3 und 4.

Lie hatte diese Entdeckungen bereits im Winter 1873/74 gemacht, ohne vorläufig die gewünschte Resonanz zu finden. Im Herbst 1884 veranlaßte Felix Klein, daß Friedrich Engel für ein Dreivierteljahr zu Lie nach Oslo ging, um ihn bei einer zusammenfassenden Darstellung der inzwischen zu einem imposanten Gebäude herangewachsenen Theorie der Transformationsgruppen zu unterstützen. Engel hatte ein Jahr zuvor bei Adolph Mayer in Leipzig mit einem Thema über die Lieschen Berührungstransformationen promoviert, womit er auf diese Aufgabe bestens vorbereitet war. Außerdem sollte er dabei Gelegenheit haben, eigene Forschungen mit dem Ziel der Habilitation durchzuführen. Diese erfolgte bald nach seiner Rückkehr 1885 in Leipzig.[8] Während dieser Zeit arbeitete Killing im abgelegenen Braunsberg unter nicht gerade optimalen Bedingungen (z. B. ohne hinreichende Bibliothek) an seinen Untersuchungen über Lie-Algebren. Von den inzwischen erschienen Lieschen Publikationen hatte er keine Kenntnis. Erst durch Felix Klein, dem er seine Programmschrift [K1884] gesandt hatte, erfuhr er von Lies Forschungen auf diesem Gebiet und Engels Beteiligung daran. Da sich die Kontaktaufnahme mit Lie für Killing unerfreulich gestaltete, wandte er sich auf Anraten von Klein direkt an Engel.[9] Im November 1885 beginnt ein langer Briefwechsel, der auf den Fortgang der Killingschen Arbeiten einen gewichtigen Einfluß ausüben sollte.

[8]Für weitere biographische Angaben vgl. den Nachruf von Egon Ullrich [U1953] und die Zeittafel im Anschluß an diese Biographie.

[9]Für Einzelheiten vgl. die Einleitung von [K1886] und Hawkins [H1982].

Von Anfang an stand Engel vor dem Problem, Killing – bei allem Respekt vor dessen eigenen Ergebnissen – davon zu überzeugen, die Beziehungen seiner Arbeiten zu denen Lies zu klären und Lies Priorität öffentlich hervorzuheben; Engel mußte ja bekannt sein, wie eifersüchtig Lie über seine Erkenntnisse wachte. Hier stieß Engel auf eine empfindliche Stelle bei Killing. In den Briefen, aber auch in folgenden Publikationen, stellt dieser wiederholt und gelegentlich in gereiztem Ton fest, er sei zwar bereit, die zeitliche Priorität Lies anzuerkennen, seine Ergebnisse bis 1884/85 habe er aber völlig selbständig gefunden, die wichtigsten schon 1877/78, und er betrachte sie als sein geistiges Eigentum (vgl. etwa die Brief 4, 52 und 53).

1886 erschien Killings Braunsberger Programmschrift *Zur Theorie der Lie'schen Transformationsgruppen*. Der hier eingeschlagene Weg zur Bestimmung aller Lie-Algebren (Systeme unendlich kleiner Bewegungen einer Raumform) besteht im Prinzip darin, Gleichungen für die Strukturkonstanten zu finden, die über die hinausgehen, die sich aus der Antikommutativität und der Jacobi-Identität ergeben. Hierzu studiert Killing die Invarianten der von ihm selbst gefundenen „zweiten adjungierten Gruppe", die Engel sogleich als die von Lie eingeführte dualistische Gruppe erkennt. Auf wiederholtes Drängen Engels, auch die erste adjungierte Gruppe in die Untersuchungen mit einzubeziehen (z.B. in den Briefen 13 und 16), wandte sich Killing der Frage nach den Invarianten auch dieser Lie-Algebra zu. Es scheint, als ob diese Wendung den Ausschlag für die kurz darauf eintretenden Erfolge gebracht haben, wie sie sich dann in den Briefen, in endgültiger Form aber in der Arbeit *Die Zusammensetzung der stetigen endlichen Transformationsgruppen*, niedergeschlagen haben.

Bis dahin bedurfte es aber noch einer Zeit „saurer Arbeit" (Brief 14), in der Killing „immer ohne Lust gearbeitet und [...] stets von neuem versucht war, die Untersuchungen unvollendet liegen zu lassen" (Brief 31). Trotz vieler Widrigkeiten – Krankheit und Tod in der Familie, umfangreiche Lehrverpflichtungen, auch auf vergleichsweise fernliegenden Gebieten, Übernahme öffentlicher Ämter –, die die Arbeiten begleiteten, und von denen die Briefe an Engel einen lebendigen Eindruck vermitteln, entstanden sie vollständig innerhalb von etwa 4 Jahren. Trotz einiger Unzulänglichkeiten, die den Beteiligten – nicht zuletzt Killing selbst – bewußt waren, fanden die Arbeiten nicht wenige Bewunderer (außer Engel z.B. Schur, der Killing aufforderte, sie geschlossen als Buch herauszugeben, vgl. Brief 68). Vermutlich haben sie auch maßgeblich dazu beigetragen, daß Killing 1892 zum

Professor in Münster

ernannt wurde. Vorher hatte er noch die umfangreiche Arbeit *Über die Grundlagen der Geometrie* abgeschlossen, in der er nochmals den Inhalt seiner synthetischen Geometrie zusammenstellte und vom Standpunkt der Lieschen Gruppen aus beleuchtete; auch die später so genannten „Killingschen Vektorfelder“ kommen hier zum ersten Mal vor.

Nun, an der damals königlichen Akademie in Münster, die eine ähnliche Entwicklung wie die Akademie Braunsberg durchlaufen hat, wandte sich Killing ganz überwiegend der Lehre zu. Aus seiner Liebe zum akademischen Unterricht und seinem Verantwortungsgefühl für eine Ausbildung der angehenden Lehrer, die die Bezeichnung wissenschaftlich verdient, ging das Lehrbuch *Analytische Geometrie* hervor, aus seiner Sorge um einen anspruchsvollen Gymnasialunterricht das zweibändige Werk *Handbuch des mathematischen Unterrichts*, das er zusammen mit dem Gymnasialprofessor Hovestadt verfaßte. Aber auch in der aktuellen Wissenschaft hielt er sich auf dem laufenden, wovon neben mehreren Zeitschriftenartikeln die beiden Bände *Einführung in die Grundlagen der Geometrie* zeugen. Dieses Werk widmete er „der Physiko-mathematischen Gesellschaft in Kasan zur hundertjährigen Gedächtnisfeier des Geburtstages von N. J. Lobatschewsky“. Zwei Jahre später, 1900, wurde ihm von dieser Gesellschaft der Lobatschewsky-Preis zuerkannt (die erste Verleihung 1897 ging an Lie). Das Gutachten hierüber hatte Friedrich Engel verfaßt, dessen eigentliches Anliegen aber war, Killing wegen seiner Verdienste zu ehren, die er sich mit seinen Arbeiten über die Zusammensetzung der Transformationsgruppen erworben hatte (was er in dem Gutachten auch ausdrücklich hervorgehoben hat).

Die Freude Killings über diese Ehrung kann nicht besser zum Ausdruck gebracht werden als mit seinen eigenen Worten: „Eine solche Anerkennung meiner Arbeiten, deren Mängel ich selbst nur zu deutlich erkenne, hätte ich bisher nicht für möglich gehalten. Bedeutet die Verleihung des Lobatschewsky-Preises an sich schon eine hohe Ehrung, so ist diese Bedeutung noch außerordentlich erhöht durch die Würdigung, die Sie meinen Arbeiten haben zuteil werden lassen. [...] Der Wunsch meiner Jugend, daß mein Leben nicht ganz unfruchtbar für die Mathematik sein möge, kann ja wohl als erfüllt betrachtet werden; denn ein so kompetenter Beurteiler wie Sie hat es in der bestimmtesten Weise erklärt. Ich habe den weiteren Wunsch, daß es mir auch fernerhin gelingen möge, ein Kleines zum Weiterbau unserer Wissenschaft beizutragen.“ (Brief 80)

Wie in Braunsberg engagierte Killing sich in Münster im kirchlich-caritativen Bereich, wurde im akademischen Jahr 1897/98 Rektor der Akademie und ging im übrigen seinen Lehraufgaben mit dem größten Pflichtgefühl nach. Obwohl 1919 emeritiert (mit 72 Jahren!), unterrichtete er noch ungefähr vier weitere Semester.

Die letzten Jahre waren durch ein schweres Magenleiden getrübt. Wilhelm Killing starb am 11. Februar 1923. Zusammen mit seiner Frau Anna, den Söhnen Joseph und Max, sowie den Töchtern Maria und Anka ruht er in der Familiengruft auf dem Zentralfriedhof in Münster.

Zu persönlichen Begegnungen von Killing und Engel kam es nur dreimal, und zwar 1886 in Leipzig, wo er auch Lie, Schur und Study traf (s. Brief 16), sowie anläßlich der Jahrestagungen der DMV 1901 in Hamburg (s. Brief 82) und 1912 in Münster (s. Brief 84).

Zeittafel

1842 17. Dezember: Marius Sophus LIE in Nordfjordeide, Norwegen, geboren.

1847 10. Mai: Wilhelm KILLING in Burbach, Kreis Siegen, geboren.

1854 10. Juni: Bernhard RIEMANN (1826–1866) hält (im Beisein von GAUSS) seinen Habilitationsvortrag *Über die Hypothesen, welche der Geometrie zu Grunde liegen.*

1855 23. Februar: Carl Friedrich GAUSS gestorben.

1860 KILLING wird in die Obertertia des Gymnasiums zu Brilon (Westfalen) eingeschult.

1861 - 26. Dezember: Friedrich ENGEL als Sohn eines Pfarrers in Lugau bei Chemnitz geboren.
- Gründung des Mathematischen Seminars an der Universität Berlin durch WEIERSTRASS und KUMMER.

1864 WEIERSTRASS (1815–1897) wird ord. Professor an der Universität Berlin.

1865 KILLING legt die Reifeprüfung am Gymnasium in Brilon ab und nimmt zum Wintersemester das Lehramtsstudium an der Akademie in Münster auf. Er hört Mathematik, Mechanik und Astronomie bei HEIS, Physik bei HITTORF.

1867 - KILLING wechselt zum Wintersemster an die Universität Berlin. Als seine wichtigsten akademischen Lehrer bezeichnet er später WEIERSTRASS und KUMMER.
- RIEMANNS Habilitationsvortrag von 1854 erscheint in Bd. 13 der Abh. der Königl. Ges. der Wissensch. zu Göttingen.

1868 Hermann von HELMHOLTZ (1821–1894, ab 1871 Professor für Physik an der Universität Berlin) publiziert seine Schrift *Über die Tatsachen, die der Geometrie zum Grunde liegen.* KILLINGS Arbeiten über die Grundlagen der Geometrie scheinen davon beeinflußt zu sein; wie bei HELMHOLTZ spielen auch bei KILLING die Bewegungen eines starren Körper eine grundlegende Rolle.

1869 9. April: Élie Joseph Cartan in Dolomieu (Frankreich) geboren, gest. 6. 5. 1951 in Paris; 1888–1891 Student der ENS, 1894 Promotion (s.u.), Maitre de conférences in Montpellier (1894–1896) und Lyon (1896–1903), Professor in Nancy (1903–1909), Maitre de conférences (1909–1912) und Professor (1912–1940) an der Universität von Paris.

1869/70 Killing unterrichtet auf Bitten seines Vaters 1 Jahr lang aushilfsweise an der höheren Schule in Rüthen.

1869/70 Lie als Stipendiat in Berlin.

1870 Felix Klein (1849–1925, Professor in Leipzig 1880–1886) mit Lie in Paris.

1870 Killing nimmt zum Wintersemester sein Studium in Berlin wieder auf.

1870/71 Deutsch-französischer Krieg.

1871 Lie als Stipendiat in Leipzig, Promotion in Christiania.

1872 - 14. März: Killing promoviert bei Weierstrass mit der Dissertation *Der Flächenbüschel zweiter Ordnung*, in der er Weierstrasssche Arbeiten über quadratische Formen auf geometrische Fragestellungen anwendet. Zusammen mit dieser reicht er eine weitere Arbeit ein: *Die kürzeste Linie auf dem dreiachsigen Ellipsoide, die durch zwei Nabelpunkte hindurchgeht*, die eine von Weierstrass 1866 gestellte Preisfrage löst.
- Engel wird Schüler des Gymnasiums in Greiz (Vogtland).
- Im Sommer dieses Jahres hält Weierstrass Vorlesungen über die Grundlagen der Geometrie, die Killing nach eigenem Bekunden in seiner schon bald einsetzenden selbständigen wissenschaftlichen Arbeit stark beeinflußt haben.
- 10. Dezember: Killing legt die Lehramtsprüfung ab und erhält die Lehrberechtigung in Mathematik und Physik für alle Klassen, in Latein und Griechisch (1878 auch in Religion) für die unteren Klassen des Gymnasiums.
- Für Lie wird ein Lehrstuhl in Christiania eingerichtet.

1873 - In den Herbst dieses Jahres fallen die Anfänge von Lies Theorie der Transformationsgruppen; die erste Veröffentlichung hierüber erscheint im Dezember 1874 in den Göttinger Nachrichten.
- Höhepunkt des Kulturkampfes in Preußen (etwa 1872 – 1887) durch Erlaß der „Mai-Gesetze".

1873/74 Killing absolviert das pädagogische Probejahr am Friedrich-Werderschen Gymnasium in Berlin und unterrichtet dort bis 1878 am katholischen Progymnasium.

1875 13. Mai: KILLING heiratet Anna COMMER, Tochter des Komponisten und Musikforschers Franz COMMER.

1878 KILLING kommt an das Gymnasium Petrinum in Brilon, wo er bis 1882 als Oberlehrer tätig ist. Hier begint er

1879 - mit seinen Arbeiten zu den Grundlagen der Geometrie; die erste Veröffentlichung hierüber ist *Grundbegriffe und Grundsätze der Geometrie.*
- ENGEL beginnt sein Studium in Leipzig.

1882 KILLING wird (auf Grund eines Gutachtens von WEIERSTRASS) Professor an der Akademie in Braunsberg, heute Braniewo in Polen. (1568 von Bischof Hosius als Priesterseminar gegründet und von Jesuiten geleitet, 1821–1912 unter dem Namen „Lyceum Hosianum" geführt, 1912 umbenannt in Königliche, 1919 in Staatliche Akademie; geschlossen 1945.) Die 10 Jahre in Braunsberg bis zur Berufung nach Münster sind KILLINGS wissenschaftlich produktivsten. In diese Zeit fallen die Arbeiten über die Zusammensetzung der Gruppen, und der wichtigste Teil des Briefwechsels mit ENGEL findet in dieser Zeit statt.

1883 ENGEL promoviert in Leipzig bei Adolph MAYER mit einer Arbeit über die Liesche Theorie der Berührungstransformationen [E1884a].

1884 - ENGEL beginnt seine Arbeit bei LIE in Oslo.
- KILLINGS Arbeit *Erweiterung des Raumbegriffs* erscheint, in dem die Verbindungen zwischen den Grundlagen der Geometrie und den Transformationsgruppen (Lie-Algebren) hergestellt werden.

1885 - ENGEL habilitatiert sich in Leipzig mit einer Arbeit über Transformationsgruppen [E1886a].
- 6. November: Briefwechsel KILLING - ENGEL beginnt.

1886 - *Zur Theorie der Lie'schen Transformationsgruppen* erscheint, mit der KILLING das systematische Studium der „Lie'schen Gruppen" aufnimmt.
- LIE kommt als Nachfolger von KLEIN nach Leipzig.
- KILLING macht auf dem Weg zu einer Vertretung am Lyceum in Heidelberg einen Besuch bei ENGEL in Leipzig (31. 7. oder 1. 8), wo er auch LIE, SCHUR und STUDY antrifft.

1887 Deutsch-französische Krise wird beigelegt. Rückversicherungsvertrag Deutschland – Rußland (von Bismarck als „Rückversicherung" bei einem evtl. Angriff Frankreichs eingefädelt). 21. 2. 1887 Wahlen. (Vgl. Briefe 23, 24, 25.)

1888 [ZvG 1] und [ZvG 2] erscheinen.
Kaiser WILHELM I stirbt; Nachfolger ist FRIEDRICH III (gest. nach 99 Tagen Regierungszeit), danach WILHELM II.

1889 - [ZvG 3] erscheint, ferner *Über eine gewisse Determinante.*
- ENGEL wird ao. Professor in Leipzig.

1890 - [ZvG 4] erscheint.
- WEIERSTRASS beendet seine Vorlesungstätigkeit an der Universität Berlin.
- LIE: *Über die Grundlagen der Geometrie* erscheint.

1891 - Reinhold von LILIENTHAL wird als ao. Professor (ab 1902 ord. Professor) an die Akademie Münster berufen (Nachfolge BACHMANN); emeritiert 1925.
- Karl Arthur UMLAUF promoviert in Leipzig unter ENGELS Leitung mit einer Arbeit über Lie-Algebren vom Rang 0 (d.h. nilpotent).

1892 1. Mai: KILLING wird als ord. Professor auf den „ersten Lehrstuhl“ für Mathematik in der Philosophischen Fakultät der Akademie Münster berufen. Nach GUDERMANN, der diesen Lehrstuhl von 1832–1851 innehatte, folgten HEIS (1852–1877) und STURM (1878–1892).

1894 CARTANS Dissertation *Sur la structure des groupes de transformation finis et continus* erscheint. CARTAN schreibt in der Einleitung: „Le présent travail a pour but d'exposer et de compléter en certains points les recherches de M. Killing, en y introduisant toute la rigueur désirable.“

1897/98 KILLING Rektor der Akademie Münster. Zum Antritt des Rektorats hält er eine Gedächtnisrede auf seinen „hochverehrten Lehrer“ WEIERSTRASS [K1897b].

1898 LIE kehrt nach Oslo zurück.

1899 - ENGEL wird ord. Honorarprofessor in Leipzig und heiratet im gleichen Jahr Lina Ibbeken. Das einzige Kind stirbt früh nach langer Krankheit.
- 18. Februar: LIE stirbt in Christiania.
- David HILBERT (1862–1943): *Grundlagen der Geometrie* erscheint zur Feier der Enthüllung des GAUSS-WEBER-Denkmals in Göttingen.

1902 Erhebung der Akademie Münster zur Universität.

1903 Umbenennung der Philosophischen Fakultät der Universität Münster in Philosophische und Naturwissenschaftliche Fakultät.

1904	ENGEL wird ord. Professor in Greifswald.
1907	Der Akademie Münster wird die Bezeichnung „Westfälische Wilhelms - Universität“ verliehen.
1913	ENGEL wird ord. Professor an der Universität Gießen als Nachfolger von Eugen NETTO.
1914–18	Während v. LILIENTHAL an der Kriegsfront ist, hat der bei Beginn des Krieges 67-jährige KILLING die Mathematik an der Universität Münster mehrere Jahre allein zu vertreten, was nach eigenem Bekunden häufig über seine Kräfte geht.
1919	KILLING wird emeritiert, lehrt jedoch weiter bis zum WS 1921/22; Nachfolger auf diesem sogen. 1. Lehrstuhl für Mathematik sind COURANT (1920), LICHTENSTEIN (1921), KÖNIG (1922–1927), BEHNKE (1927–1967), REMMERT (1967–1994), LÜCK (seit 1994).
1922	14. März: KILLING begeht sein goldenes Doktorjubiläum.
1923	11. Februar: KILLING stirbt kurz nach Mitternacht.
1931	ENGEL wird an der Universität Gießen emeritiert.
1941	29. September: ENGEL stirbt in Gießen.

Braunsberg den 11. XI. 85

Erh. 12.11.85
Leipzig

Sehr geehrter Herr Doktor!

Meinen verbindlichsten Dank für die freundl. Zusendung Ihrer interessanten Schrift! Ich brauche gar nicht ausdrücklich zu versichern, dass mir Ihre Arbeit von der größten Bedeutung ist. Da es meine feste Überzeugung ist, dass die Lie'schen Transformationsgruppen, nicht aber etwa der Riemann'sche Ausdruck für das Linienelement, die Grundlage der Raumtheorie bildet, so muss es für mich von der höchsten Bedeutung sein, so treffliche Vorarbeiten zu finden. Hoffentlich veranlasst der Umstand, dass ich mich auch selbst mit diesen Gruppen beschäftigen muss, Sie und Herrn Lie zu rascher Publikation. An einem Wettlaufe über diese Theorie möchte ich mich natürlich nicht beteiligen; aber um so erwünschter ist es mir, die Folgerungen für meine Raumtheorie ziehen zu können. In diesem Sinne müssen

Brief von Killing an Engel, Braunsberg, 11.11.1885
Auszug, Seite 1

Sie mich sehr als Dritten im Bunde hinzunehmen.
Herr Lie war so freundlich, mir eine größere Zahl
seiner bezügl. Untersuchungen zuzusenden. Ich
sehe, daß ich ihm mit meinen Arbeiten an
einer wichtigen Stelle begegne, zugleich aber
zu Resultaten gelangt bin, welche wenigstens
bis jetzt nicht publiciert sind.

Meine Arbeiten auf diesem Gebiete rühren aus
den Jahren 1877 u. 1878 her; ich kam jedoch
erst vor kurzem zur ersten Publikation. Die
ersten Publikationen Lie's müssen übrigens
zunächst ziemlich unbeachtet geblieben sein;
einige, denen ich mündlich meine Resultate
damals mittheilte und die sich sonst
sehr genau mit den neuesten Erscheinungen
[illegible] vertraut hatten, meinten, ein solches
System von kontinuierlichen Transformationen
(oder eine Lie'sche Gruppe) sei weder
untersucht noch aufgestellt. Erst Dr.
Klein machte mich, nach Durchsicht der
betreff. [illegible]-Abh., darauf aufmerksam.
Ich hatte halt mehrere Jahre kaum Gelegenheit,

Brief von Killing an Engel, Braunsberg, 11.11.1885
Auszug, Seite 2

Sehr geehrter Herr Professor!

Heute habe ich Ihre Abhandlung erhalten und danke Ihnen hiermit bestens für dieselbe. Hoffentlich werden Sie, wenn dieser Brief in Ihre Hände gelangt auch meine Habilitationsschrift mittlerweile erhalten haben.

Sehr interessant ist mir Ihre Auffassung, dass zu jeder Transformationsgruppe ein besonders beschaffener Raum gehören muss. Ferner finde ich nach Durchlesung Ihrer Abhandlung Ihre Aeusserung bestätigt, dass Sie Transformationsgruppen im Lie'schen Sinne gefunden haben. Doch behandeln Sie wesentlich bloss unendlich kleine Transformationen. Können Sie beweisen dass dieselben immer eine endliche ent-

Brief von Engel an Killing, Leipzig, 9.11.1889
Seite 1

wirkliche Transformationsgruppe erzeugen, wenn die ∞ Kl. Trff. den Bedingungen (5) auf pag. 11 genügen? Es würde mich sehr interessiren diesen Beweis kennen zu lernen.

Ihre Normalformen der Gruppen dürften wohl nicht die einfachsten sein z.B. hat Lie für Ihre Gruppe $dx = (a + b\cos x + c\sin x)dt$ die Form $dx = (a + bx + cx^2)dt$.

Jedenfalls ist es mir sehr angenehm auf diesem Felde mit Ihnen in Berührung zu kommen und ich sehe mit grossem Interesse Ihrer nächsten Publication entgegen

[2]Was Lie und mich anbetrifft, so muss ich auf meine Habilitationsschrift verweisen.

Ihr ergebener

Friedrich Engel.

Brief von Engel an Killing, Leipzig, 9.11.1889
Seite 2

Briefwechsel

Wilhelm Killing

Friedrich Engel

1. *Killing an Engel* (G1)

Braunsberg den 6. November 1885

Geehrtester Herr Doctor!

Wie Ihnen die unter Kreuzband beifolgende Abhandlung zeigt, bin ich, allerdings später als Hr. Lie, aber unabhängig von demselben, auf dessen Transformationsgruppen gekommen.[1] Nun höre ich, dass Sie Sich in Ihrer Habilitationsschrift[2] mit dieser Theorie beschäftigt haben. Zwar schreibt mir Hr. Klein, dass Ihre Abhandlung im ersten Hefte des 27. B. der Annalen erscheinen wird. Aber ich bin genötigt, schon im Januar die Fortsetzung meiner Studien auf diesem Gebiete herauszugeben[3] und deshalb wäre es mir höchst erwünscht zu erfahren, worin Sie mir zuvorgekommen sind. Daher erlaube ich mir die ergebenste Bitte, mir auf einige Tage Ihre Arbeit zukommen zu lassen, wofern es Ihnen möglich ist. Ich würde dann zugleich im stande sein, in meiner Arbeit auf Ihre Resultate hinzuweisen.[4]

Entdeckung der Transformationsgruppen

Hochachtungsvoll
W. Killing

2. *Engel an Killing* (G)

Leipzig 9.11.85

Sehr geehrter Herr!

Ihre Abhandlung habe ich bis jetzt noch nicht erhalten, ich will daher erst deren Eintreffen abwarten, ehe ich Ihnen ausführlich schreibe. Ein Exemplar meiner Habilitationsschrift ist gestern an Sie abgegangen. Jedenfalls bin ich auf Ihre Abhandlung sehr ge-

[1] Die genannte Abhandlung ist *Erweiterung des Raumbegriffs* [K1884]. Killing hatte diese Arbeit schon früher an Felix Klein geschickt, der ihn darauf aufmerksam machte, daß möglicherweise Verbindungen zu Arbeiten von Lie bestehen. Über Beziehungen seiner Arbeiten zu denen Lies berichtet Killing ausführlich in der Einleitung von [K1886], ferner in 4 und 14.

[2] [E1886a]

[3] Gemeint ist *Zur Theorie der Lie'schen Transformationsgruppen* [K1886].

[4] Dies geschieht in der Einleitung von [K1886].

spannt; es freut mich natürlich auch stets, wenn sich wieder jemand für Transformationsgruppen interessirt.

Leipzig, Grimm[ascher] Ihr ergebener
Steinweg 28^{II}l. W. Killing

3. *Engel an Killing* (M)

Leipzig 9.11.85

Sehr geehrter Herr Professor!

Heute habe ich Ihre Abhandlung erhalten und danke Ihnen hiermit bestens für dieselbe.[5]

Hoffentlich werden Sie, wenn dieser Brief in Ihre Hände gelangt auch meine Habilitationsschrift mittlerweile erhalten haben.

Sehr interessant ist mir Ihre Auffassung, dass zu jeder Transformationsgruppe ein besonders beschaffener Raum gehören muss. Ferner finde ich nach Durchlesung Ihrer Abhandlung Ihre Aeusserung bestätigt, dass Sie Transformationsgruppen im Lie'schen Sinne gefunden haben. Doch behandeln Sie wesentlich bloss unendlich kleine Transformationen. Können Sie beweisen dass dieselben immer eine endliche continuirliche Transformationsgruppe erzeugen, wenn die ∞ kl. Trff. den Bedingungen (5) auf pag. 11 genügen?[6] Es würde mich sehr interessiren, diesen Beweis kennen zu lernen.

Ihre Normalformen der Gruppen dürften wohl nicht die einfach-
sl_2 sten sein z. B. hat Lie für Ihre Gruppe $dx = (a + b\cos x + c\sin x)dt$ die Form $dx = (a + bx + cx^2)dt$.[7]

Jedenfalls ist es mir sehr angenehm auf diesem Felde mit Ihnen in Berührung zu kommen und ich sehe mit grossem Interesse Ihrer nächsten Publication entgegen.

Was Lie und mich anbetrifft, so muss ich auf meine Habilitationsschrift verweisen.

Ihr ergebener
Friedrich Engel

---

[5] [K1884]

[6] Unter dieser Nummer findet sich in [K1884] (siehe auch S. 7) die Formel für den Kommutator infinitesimaler Transformationen, die Killing unabhängig von Lie entdeckt hat.

[7] Zu der hier und im nächsten Brief diskutierten Lie-Algebra und die Zusammenhänge mit Killings Raumformen bzw. Lies Transformationsgruppen vgl. S. 7 und 9. Beide Lie-Algebren sind isomorph zu $\mathbf{sl}(2,\mathbb{R})$.

4. *Killing an Engel* (G1a)

Braunsberg den 11.XI.85

Erh. Leipzig 12.11.85

Sehr geehrter Herr Doktor!

Meinen verbindlichsten Dank für die freundl. Zusendung Ihrer interessanten Schrift! Ich brauche gar nicht ausdrücklich zu versichern, daß mir ihre Arbeit von der größten Bedeutung ist. Da es meine feste Überzeugung ist, dass die Lie'schen Transformationsgruppen, nicht aber etwa der Riemannsche Ausdruck für das Linienelement, die Grundlage der Raumtheorie bildet,[8] so muss es für mich von der höchsten Bedeutung sein, so treffliche Vorarbeiten zu finden. Hoffentlich veranlasst der Umstand, dass ich mich auch selbst mit diesen Gruppen beschäftigen muss, Sie und Hrn. Lie zu rascher Publikation. An einem Wettlaufe über diese Theorie möchte ich mich natürlich nicht beteiligen; aber um so erwünschter ist es mir, die Folgerungen für meine Raumtheorie geben zu können. In diesem Sinne müssen Sie mich schon als dritten im Bunde hinzunehmen. Herr Lie war so freundlich, mir eine größere Zahl seiner bezügl. Untersuchungen zuzusenden.[9] Ich sehe, dass ich ihm mit meinen Arbeiten an einer wichtigen Stelle begegne, sonst aber zu Resultaten gelangt bin, welche wenigstens bis jetzt nicht publicirt sind.

Riemann

kein Wettlauf mit Lie

Arbeiten von Lie

Meine Arbeiten auf diesem Gebiete rühren aus den Jahren 1877 u. 1878 her; ich kam jedoch erst vor kurzem zur ersten Publikation. Die ersten Publikationen Lies müssen übrigens zunächst ziemlich unbeachtet geblieben sein; einige, denen ich mündlich meine Resultate damals mitteilte und die sich sonstig sehr genau mit den neuesten Erscheinungen vertraut halten, meinten, ein solches System von continuirlichen Transformationen (oder eine Lie'sche Gruppe[10]) sei weder untersucht noch aufgestellt. Erst Hr. Klein machte mich, nach Durchsicht der betreff. Index-Abh. darauf aufmerksam. Ich hatte mehrere Jahre kaum Gelegenheit, auch nur das Nötigste in Literatur zu erfahren.

„Lie'sche Gruppe"

Klein

Ihr Vorwurf, dass ich nicht die einfachsten Formen für die einfachen Gruppen aufgestellt habe, ist analytisch ganz begründet. Aber für mich ist die Geometrie die Hauptsache. Die Form $dx =$

[8] Genauere Erläuterung dieses Standpunktes in [K1884]; vgl. auch 10, vorletzter und letzter Abschnitt.

[9] Eine Liste dieser Arbeiten findet sich am Schluß der Einleitung von [K1886].

[10] Hier tritt wohl zum ersten Mal die Bezeichnung „Lie'sche Gruppe" auf.

$(a+b\cos x+c\sin x)dt$ gibt ein deutlicheres Bild von der betr. Raumform, als $dx = (a + bx + cx^2)dt$. Denn will ich nicht eine ganz bestimmte Raumform aus den unendlich vielen in betracht kommenden erhalten, so muß ich im letzteren Falle jedem Werte von x einen, zwei, drei ... unendlich viele Punkte zuordnen, wodurch der Überblick erschwert wird, abgesehen davon, dass die Berechtigung nicht sofort erkannt wird, während diesselbe bei meiner Form sofort einleuchtet.

sl$_2$

infinitäre u. endliche Bewegungen

Dass ich nur die infinitären Bewegungen betrachte, hängt mit dem Gange meiner Arbeit zusammen. Ich beweise in §1 (resp. setze darin voraus), daß jede zweite Lage eines Körpers aus jeder ersten durch eine gleichförmige Bewegung erhalten werden kann. Dadurch ist alles auf die unendlich kleinen Bewegungen zurückgeführt.[11] Indessen habe ich mich 1878 auch mit der Frage beschäftigt, ob die endlichen Bewegungen, welche hieraus hervorgehen, eine Gruppe bilden. Da jedoch Lie den Beweis im III. Bande seines Archivs[12] veröffentlicht hat, wie er in den Annalen B. XVI sagt (die Arbeit in B. III kenne ich nicht), und mein Beweis noch einige kleine Lücken enthält, kann ich von der Durcharbeitung absehen. Wollte ich von §1 meiner Arbeit absehen und die Darstellbarkeit einer Raumform durch Koordinaten postulieren, so wäre jener Nachweis notwendig.

Mit kollegialem Gruße

hochachtungsvoll
W. Killing

Ich hatte bereits gestern ein zweites Exemplar meiner Index-Abhandlung in einen Kreuzband gesteckt, nur vergessen, ihn rechtzeitig zur Post zu geben. Heute sende ich denselben natürlich noch ab.

5. *Engel an Killing* (M)

Leipzig 18.2.86

Sehr geehrter Herr Professor!

Für die gütige Uebersendung Ihrer neuesten Abhandlung[13] sage ich Ihnen meinen herzlichsten Dank. Da meine neueste Arbeit[14] über diesen Gegenstand zum grossen Theile noch im Tintenfasse

[11] auch die Einführung von Koordinaten; vgl. [K1884] §1
[12] [L1878]
[13] [K1886]
[14] Vermutlich ist [E1886b] gemeint.

steckt, so erlaube ich mir, Ihnen meine beiden früheren Arbeiten[15] zu schicken; allerdings haben dieselben mit Transformationsgruppen wenig zu thun.

Soweit ich aus einer ganz flüchtigen Durchsicht schliessen kann, bietet Ihre Abhandlung viel des Interessanten. Die Verschiedenheit der Bezeichnung macht mir doch immer einige Schwierigkeiten, die erst durch eindringliche Lektüre überwunden werden können.[16] Auch ich habe mich in der letzten Zeit viel mit der Zusammensetzung der Gruppen abgegeben. Namentlich ist mir da Ihre Formel (9) interessant;[17] wenn ich dieselbe recht verstehe. Meine Bestrebungen gingen in der letzten Zeit dahin, die Bestimmung der Systeme c_{iks}, welche die Zusammensetzung von Gruppen darstellen, mit den Methoden der Invariantentheorie in Angriff zu nehmen.[18] Es kommt dann alles auf die Untersuchung der Form:

Invariantentheorie

$$f = \sum_{iks}^{1\dots r} c_{iks} x_i y_k u_s$$

an, wenn $c_{iks} + c_{kis} = 0$ ist und die Jacobische Identität besteht, was sich alles durch Verschwinden gewisser Covarianten ausdrückt.

Die einfachste Covariante von f ist:

$$\sum_1^r {}_k \frac{\partial^2 f}{\partial y_k \partial u_k} = \sum_1^r {}_i \sum_1^r {}_k c_{ikk} x_i \; .$$

Was deren identisches Verschwinden bedeutet wissen Sie ja.[19] Ich hoffe in einiger Zeit eine Note über alles dies veröffentlichen zu können, dabei werden Ihre Sätze gebührende Berücksichtigung finden.

Es wird Ihnen wohl bekannt sein, dass Lie als Nachfolger von Klein hierher an die Universität kommt.[20] Er ist augenblicklich schon auf einige Wochen hier, um sich zu orientiren, im April will er mit seiner Familie hierher übersiedeln. Dann wird hoffentlich auch

Lie Nachfolger von Klein

[15]Wahrscheinlich Engels Dissertation [E1884a] und [E1884b].

[16]Gegenüberstellungen von Killings und Lies Bezeichnungen im nächsten Brief.

[17]Gemeint ist wahrscheinlich die Formel (10) auf S. 11 von [K1886], die in heutiger Terminologie auf Spur(ad[X,Y]) = 0 hinausläuft; vgl. 7.

[18]Die folgenden Bemerkungen werden in [E1886b] genauer ausgeführt.

[19]Das Verschwinden dieser Covarianten bedeutet Spur(ad X) = 0, wenn $X = \sum x_i X_i$.

[20]Klein folgte zum Sommersemester 1886 einem Ruf nach Göttingen; Lie wurde Nachfolger von Klein in Leipzig; vgl. auch 9, letzter Absatz.

das Buch über Transformationsgruppen[21] rasche Fortschritte machen. –

Verzeihen Sie, dass ich Ihren Brief seinerzeit nicht beantwortet habe,[22] ich wollte warten bis ich Ihnen etwas Neues schicken könnte und dazu ist [es] nun noch immer nicht gekommen. Ich brauche Ihnen wohl nicht erst zu versichern, dass es mir höchst erfreulich ist, dass Sie ein so lebhaftes Interesse für die Transformationsgruppen hegen.

Mit besten Grüßen Ihr ergebener

Friedrich Engel

Pfaffscher Ausdruck Der Ausdruck „Pfaffscher Ausdruck" scheint mir in der Art, wie Sie ihn verwenden nicht ganz berechtigt zu sein;[23] unter Pfaffschen Ausdrücken versteht man doch wohl immer solche von der Form:

$$X_1 dx_1 + \cdots + X_n dx_n.$$

6. *Killing an Engel* (G2)

Braunsberg den 20. Febr. 1886

Erh. 22.2.86 Leipzig

Sehr geehrter Herr Doktor!

Für die freundliche Zusendung Ihrer Arbeiten und den geschätzten Brief meinen besten Dank! Zwar kannte ich Ihre Dissertation schon aus den Annalen, aber darum war mein Interesse für dieselbe nicht geringer. Zwar hängen die Berührungs-Transformationen mit meiner Raumtheorie nicht so eng zusammen, wie die Tr.-Gruppen, aber doch findet auch hier nahe Beziehung statt. *Plücker* Der Plückersche Gedanke, daß man in einer Raumform das Element noch verschieden wählen könne, stellt eben eine ganz spezielle Berührungs-Transformation dar. Gerade Ihre Dissertation scheint mir aber ein sehr geeignetes Hilfsmittel zum Eindringen in diese Theorie zu gewähren.

[21]Bd. I von Lies *Theorie der Transformationsgruppen* erscheint 1888 „unter Mitwirkung von Dr. Friedrich Engel".

[22]Demnach fehlt ein Brief von Killing.

[23]Die Begriffe „Pfaffscher Ausdruck" und „Pfaffsche Gleichung" werden in den folgenden Briefen noch öfters Gegenstand der Diskussion sein, u.a. in 7 und 8.

Die Bezeichnung „Pfaffscher Ausdruck“ in dem von mir benutzten Sinne rührt von Hrn. Frobenius her und wurde von ihm in seiner großen Abhandlung im 82. Bande des Journals benutzt.[24] Ich bin nach wie vor der Ansicht, dass es erlaubt sein muss, seiner Bezeichnung zu folgen, da er auf dem Gebiet unzweifelhaft Tüchtiges geleistet hat. *Pfaffscher Ausdruck Frobenius*

Was meine eigene Bezeichnung angeht, so wäre ich gern der Lie'schen gefolgt, wenn ich dieselbe so früh gekannt hätte, dass ich hätte hoffen können, sie mit Consequenz durchzuführen.[25] Am einfachsten ist der Unterschied zwischen $c_{\iota\kappa\lambda}$ und $a_{\lambda,\iota\kappa}$. Als ich mir die letztere Bezeichnung wählte, schien es mir passend, in der Formel

$$\sum a_{\lambda,\iota\kappa} u_\lambda,$$

welche der Lieschen Formel $\sum c_{\iota\kappa\lambda} X_\lambda$ entspricht, die Marken ι κ von λ zu trennen, und da ich das Komma am liebsten hinter die erste Marke setzte, schrieb ich trotz der mir wenig gefallenden Reihenfolge

$$U_{\iota\kappa}^{(\rho)} = \sum_\lambda a_{\lambda,\iota\kappa} u_\lambda^{(\rho)}$$

entsprechend der Lie'schen Formel:

$$X_\iota(X_\kappa(f)) - X_\kappa(X_\iota(f)) = \sum_\lambda c_{\iota\kappa\lambda} X_\lambda(f).$$

Damit ist der wesentliche Unterschied zwischen den beiderseitigen Bezeichnungen angegeben.

Daß Lie nach Leipzig kommt, war mir neu. Ich hatte in den Annalen gelesen, dass Klein nach Göttingen komme; das war alles. Ich wünsche überaus sehnlich, dass Hr. Lie seine Theorie der Gruppen publicirt. Mir kommt es vor allem auf die Anwendungen für die Raumtheorie an, und ich bedarf für einen großen Teil meiner weiteren Forschungen die Theorie der Gruppen. *Lie Klein*

Ich habe Hrn. Lie die Arbeit[26] natürlich auch zugeschickt und ihn dabei auf einige weitere Punkte aufmerksam gemacht. Ein Punkt scheint mir mit Ihren Forschungen zusammenzutreffen. Die Jaco-

[24] [Frobenius 1875]. Frobenius benutzt die Bezeichnungen im Sinne von Engel; siehe auch 7.

[25] Zu den Bezeichnungen vgl. auch S. 7 und 8.

[26] Vermutlich [K1884].

Jacobische Relationen bischen Relationen sind in einer r-gliedrigen Gruppe in der Zahl $\binom{r}{3}$ vorhanden. Jede stellt in der Form $\sum_\rho(a_{\rho,\kappa\lambda}U_{\iota\rho} + a_{\rho,\lambda\iota}U_{\kappa\rho} + a_{\rho,\iota\kappa}U_{\lambda\rho}) = 0$ eine lineare Gleichung zwischen den linearen Formen $U_{\alpha\beta}$ dar. Soll $p = r$ sein (die Gruppe keine invariante $(r-1)$-gliedrige Untergruppe enthalten[27] so müssen von diesen $\binom{r}{3}$ Gleichungen möglichst viele eine Folge der andern sein. Aus diesem Gedanken muss sich die Relation $\sum_\kappa c_{\iota\kappa\kappa} = 0$ herleiten lassen. Ich habe das in der That durchgeführt, aber auf einem viel zu lästigen Wege.

Hoffentlich lassen Sie bald einmal etwas von sich hören. Ich sehe aus Ihrem Briefe, dass Ihr Weg sich nicht weit von einem Wege entfernt, den ich einmal früher betreten, aber wieder verlassen habe, weil andere Fragen drängten.

Mit kollegialem Gruße

Ihr

W. Killing

7. *Engel an Killing* (G)

Leipzig 22.2.86

Sehr geehrter Herr Professor!

Vielen Dank für Ihren werthen Brief. Ich beantworte denselben sogleich, da ich mittlerweile Ihre Abhandlung genauer studirt habe. Zunächst möchte ich jedoch auf einige Punkte, die Sie in Ihrem Briefe berühren, eingehen. Die Bezeichnung „Pfaffscher Ausdruck“ $\sum X_i du_i$ finde ich bei Lie zum ersten Male: Math. Ann. VIII, 221 aus dem Jahre 1874, während Frobenius Abhandlung von 1877 datirt.[28] (Frobenius citirt übrigens Lie nicht ein einziges Mal.) Selbst aber, wenn Frobenius die Bezeichnung schon früher gebraucht hätte, würde ich dieselbe nicht für ganz berechtigt halten, denn bei Lie steht der Pfaffschen Gleichung $\sum X_i du_i = 0$ der Pfaffsche Ausdruck $\sum X_i du_i$ gegenüber. –

Lie *Frobenius* *Pfaffsche Gleichung*

Den Satz, daß für $p = r$ alle Ausdrücke $\sum_s c_{iss}$ verschwinden, habe ich auf folgende Weise bewiesen. Ich setzte[29]

[27] p ist stets die, schon in [K1886] eingeführte Bezeichnung für die Dimension (= Glieder- oder Parameterzahl) des Ideals (= invariante Untergruppe) $[L, L]$ der Lie-Algebra (= (infinitesimale) Gruppe) L. Mit r wird immer die Dimension einer Lie-Algebra bezeichnet, so daß $p = r$ gleichbedeutend mit $[L, L] = L$ ist.

[28] Vgl. 6(24).

[29] In der folgenden Gleichung muß es $c_{\nu ks}$ statt $c_{\nu kj}$ heißen.

$$C_{ikjs} = \sum_{\nu=1}^{r} (c_{ik\nu} c_{\nu js} + c_{kj\nu} c_{\nu is} + c_{ji\nu} c_{\nu kj}) = 0$$

und vermuthete, daß der Ausdruck $\sum_s C_{ikss}$ eine einfache Form haben müsste; siehe da, es ergab sich[30]

$$\sum_{s=1}^{r} C_{ikss} = \sum_{\nu=1}^{r} c_{ik\nu} \sum_{s=1}^{r} c_{\nu ss} = 0$$

also entweder alle $\sum_s c_{\nu ss} = 0$ oder alle r-gliedrigen Determ. $|c_{ik1} \cdots c_{ikr}| = 0$, also $p < r$. –

Ist $p < r$, so ergiebt sich sofort die bewusste p-gliedrige invariante Untergruppe,[31] über welche Lie schon in Christiania mit mir gesprochen hat, namentlich wünschte er für dieselbe einen Namen zu haben, aber bisher habe ich noch keinen gefunden. Das Wort „Transposition" hat Lie wieder fallen lassen und bisher noch kein passendes gefunden. Es ist doch nicht möglich mit der Subsitutionstheorie STS^{-1} als die transformirte Transf. von T vermöge S zu bezeichnen. Aber woher ein besseres Wort nehmen? Die Relationen, welche Sie in §3 angeben, sind neu und sehr interessant.[32] Ihre Gl. 11) enthält, wie mir nachträglich eingefallen ist, faktisch die Definition der Gl. 10) durch Verschwinden einer Covariante. Auch die übrigen Gl. des §5, die absolut neu und sehr merkwürdig sind, müssen sich, glaube ich durch Nullsetzen von Covarianten ergeben, doch habe ich vorläufig noch keine Ahnung wie? Nur gegen Ihre Anwendung der Bezeichnung „lineare Gruppe"[33] möchte ich einwenden, dass nicht jede r-gliedrige lineare Gruppe die Form 17)[34] besitzt. Nennen wir nämlich 17) die adjungirte Gruppe der

Name für $[L, L]$

Covarianten

lineare Gruppe

[30] Der mittlere Ausdruck in der folgenden Gleichung ist die Spur von ad$[X_i, X_k]$, also $= 0$. Zur Bedeutung der Zahlen p und r, die im folgenden stets benutzt werden, vgl. 6(27).

[31] $[L, L]$

[32] [K1886], S. 8ff. Es handelt sich um Gleichungen zwischen den Strukturkonstanten. Die sich hieran anschließenden invariantentheoretischen Untersuchungen publiziert Engel in [E1886b].

[33] Sind für alle infinitesimalen Transformationen $X = \sum \xi_i(x_1, \ldots, x_n) \frac{\partial}{\partial x_i}$ (in Liescher Bezeichnungsweise, siehe S. 8.) einer Lie-Algebra L die Funktionen ξ_i linear, so heißt L eine lineare Lie-Algebra. Die beiden adjungierten Lie-Algebren (siehe 9(46)) sind Beispiele hierfür; vgl. auch 8 und 49.

[34] Gleichung 17) in [K1886], S.14 definiert die „zweite" adjungierte Gruppe. Zur ersten und zweiten adjungierten Gruppe vgl. 9(46).

r-gliedrigen Gruppe $X_1 f \dots X_r f \quad (X_i X_k) = \sum c_{iks} X_s f$ so hat 17) *adjungirte Gruppe* die Eigenschaft ihre eigene adjungirte zu sein. Im Schlußsatz des §5[35] versteht sich die Bemerkung „bei geradem r mindestens $= 2$“ doch natürlich nur für $p = r$. Einige Resultate dieses Satzes hatte ich schon selbst gefunden. Der Satz, genauer gesagt: die Existenz eines solchen Satzes mit der dreigliedrigen invarianten Untergruppe in §6 war Lie schon bekannt, ohne dass er ihn explicite aufgestellt hätte. (Ich vermuthe, dass dieser Satz allgemein gilt, wenn die invariante Gruppe einfach ist.)[36] Die darauf folgenden Sätze sind, soviel ich weiss, neu. Dagegen der letzte Satz bedarf einer Ergänzung. Ist nämlich $B_1\ B_2\ B_3 \dots B_r$ die Gruppe, $B_1\ B_2$ die invariante UG, so ist entweder $(B_1 B_2) = 0$ oder $B_3 \dots B_r$ lassen sich so wählen, daß $(B_1 B_{2+k}) = 0$, $(B_2 B_{2+k}) = 0$ ist. Der Beweis ist [Der hier folgende Rest des Briefes befindet sich als Teil des Briefes 29 (Leipzig 4.6.87) in Münster; vgl. die Anmerkung in 29.] sehr einfach; dass die zweite Möglichkeit wirklich eintreten kann, sehen Sie an der Gruppe p, xp, q, yq, y^2q mit der invarianten UG. p, xp.[37]

Klein Lassen Sie mich hiermit schliessen. Klein und Lie lassen sich Ihnen empfehlen. Insbesondere lässt Herr Professor Klein Sie auffor- *Publikation in den Annalen* dern, doch zur Publication Ihrer weiteren Untersuchungen auch die mathematischen Annalen mit zu benutzen.

Mit besten Grüssen Ihr ergebener

Friedrich Engel

Würden Sie nicht vielleicht die Güte haben, bei einer späteren Gelegenheit die Formeln des §3[38] ausführlich abzuleiten? Vielleicht darf ich auch hier noch eine andere Bitte wagen. Klein hat nämlich *Institutsgründung durch Klein* als er hierher kam ein mathematisches Institut gegründet, in dem Zeitschriften gehalten werden und Bücher ausliegen. Dasselbe ist schon recht stattlich herangewachsen. Augenblicklich fungire ich an demselben als Bibliothekar. Meine Bitte wäre nun: würden Sie vielleicht die Freundlichkeit haben Ihre letzte Abhandlung für dieses

[35] [K1886] S. 17; vgl. auch den folgenden Brief.

[36] Der angesprochene Satz ist in [K1886] auf S. 16: Enthält eine reelle Lie-Algebra L ein zu $\mathbf{sl}(2, \mathbb{R})$ isomorphes Ideal a, so gibt es einen Teilraum V von L, so daß $L = a \oplus V$ und $[a, V] = \{0\}$. Engels Vermutung trifft zu; zu jedem halbeinfachen Ideal a gibt es ein Ideal V mit den genannten Eigenschaften.

[37] Diese Lie-Algebra ist direkte Summe des von p, xp aufgespannten Ideals, für das $[p, xp] = p$ gilt, und des von q, yq, y^2q aufgespannten Ideals, das zu $\mathbf{sl}_2$ isomorph ist; vgl 3. In der Lieschen Bezeichnungsweise ist hier $p = \frac{\partial}{\partial x}$, $q = \frac{\partial}{\partial y}$.

[38] in [K1886]; vgl. 8(43)

Institut zu stiften. Da Lie an Kleins Stelle die Oberleitung des Instituts übernimmt und damit die Transformationsgruppen in Leipzig eine grosse Rolle spielen werden, so ist es wünschenswerth die Literatur über diesen Gegenstand möglichst vollständig zu besitzen.

Im voraus dankend Ihr ergebener

F. E.

8. *Killing an Engel* (G3)

Braunsberg den 23. Februar 1886

Erh. Leipzig 25.2.86

Sehr geehrter Herr Doctor!

Es drängt, mich Ihren Brief umgehend zu beantworten. Wegen der Bezeichnung: „Pfaffscher Ausdruck" haben Sie vielleicht recht;[39] es bedarf das für mich einiger Überlegung.

Zu dem schönen Beweise $\sum_\sigma c_{\nu\sigma\sigma} = 0$ gratuliere ich bestens; das ist ja ganz der Beweis, dessen Existenz ich vermutete, ohne ihn auffinden zu können. Auch mit den Berichtigungen mehrerer ungenauer Bezeichnungen, die ich gebraucht hatte, stimme ich überein.[40] So war die „lineare Gruppe" geradezu durch ein nachträgliches Versehen in die Arbeit gekommen; ebenso fehlt im letzten Satze von §5. der Zusatz „für $p = r$". Ihre Vermutung, der für dreigliedrige invariante Untergruppen bewiesene Satz gelte für jede einfache inv. Untergruppe, war mir längst gekommen und wird für $p = 8$ durch zahlreiche in Lies Arbeiten vorkommende Beispiele höchst wahrscheinlich gemacht.[41] Einen Beweis kenne ich nicht dafür. – Was meinen letzten Satz anbetrifft, so nehme ich in §6 immer an, die Untergruppe enthalte nicht weniger Glieder. Hierauf wird in den Beweisen immer rekurrirt, aber diese Forderung wird an sich nicht deutlich genug ausgesprochen. Wenn aber $(B_1 B_{2+k}) = 0$, $(B_2 B_{2+k}) = 0$, $(B_1 B_2) = B_1$ ist, so ist bereits B_1 für sich eine invariante Untergruppe; und der Fall ist beim Beweise ausdrücklich ausgenommen. Eine darauf bezügliche Bemerkung muss auch in den Satz aufgenommen werden: Jede p-gliedr. Untergruppe

Berichtigungen [K1886]

[39]Vgl. 5 bis 7.

[40]Die folgenden Bemerkungen und Korrekturen betreffen [K1886].

[41]Vgl. 7(36).

„nur eine Index-Abh.“ ... hat die Eigenschaft: (21). Sie werden übrigens wohl selbst bemerkt haben, dass die Arbeit weiter nichts ist als die dem Verzeichnis der Vorlesungen für das Sommer-Semester vorgesetzte Abhandlung. Ich würde eine so unvollständige Arbeit nicht selbständig publicirt haben. So werde ich sehr gern meine Arbeiten in den Annalen publiciren, aber ich fürchte, dass ich nicht bald zu einem Abschluss gelange, und dann kann ich vielleicht wieder einem Kollegen dadurch einen Gefallen thun, dass ich die Index-Abhandlung übernehme.

Publikation in den Annalen

Klein An die Herrn Prof. Klein und Lie bitte ich meine besten Empfehlungen zu machen. Sie sind wohl auch so freundlich, Klein zu danken, dass er mich auf d'Ovidio[42] aufmerksam gemacht hat; diejenigen Jahre, wo ich in der Schule gar zu viel zu thun hatte, habe ich die Annalen nicht gehalten (wenn man alle seine Bücher selbst kaufen muss, ohne von irgend einer Bibliothek unterstützt zu werden, muss man sparen); aber es ist auch für mich von unangenehmen Folgen gewesen, dass ich dieselben nicht immer gehalten habe.

d'Ovidio

Für Ihre Bibliothek folgt diese und meine frühere Arbeit.

Mit freundlichem Gruße

Ihr

W. Killing

P.S. Die Herleitung der Formeln in §3 ist höchst einfach;[43] ich würde dieselbe jeden Augenblick publiciren können, wenn es irgend angebracht erschiene, was ich kaum glaube. Für einige Tage bin ich ganz mit Amtsgeschäften überhäuft; deshalb kann ich eine kleine äußerst einfache Rechnung nicht mit nötiger Ruhe controlliren; ist diese Rechnung richtig, so ergibt sich, dass wenn eine Gruppe eine 8-gliedrige invariante Untergruppe hat und letztere keine invariante Untergruppe enthält, dann ist stets $U_{\nu\sigma} = 0$, $(X_\nu X_\sigma) = 0$ wenn $\nu = 1 \dots 8$, $\sigma = 9 \dots r$ gesetzt wird und die invariante Untergruppe mit $X_1 f \dots X_8 f$ bezeichnet wird.[44] Hierdurch würde unsere Vermutung für $p = 8$ bestätigt.

8-dim. Teilalgebren

---

[42]E. d'Ovidio hat zusammen A. Sannio das Buch *Elementi di geometria* verfaßt (bespr. im Jbuch. für die Fortschr. der Math. XX (1888)).

[43]In [K1886] §3 werden Unterdeterminanten der Matrix (U_{ks}) studiert (zu den Bezeichnungen vgl. 9). Killing kommt hierauf nicht mehr zurück, macht aber in 21 und in [K1889] analoge Untersuchungen für die Matrix (X_{ks}).

[44]Vgl. 7(36) und 8.

9. *Engel an Killing* (M)

Greiz i. Vgtl. 15.3.86

Sehr geehrter Herr Professor!

Allzulange schon habe ich gezögert, Ihren letzten gütigen Brief zu beantworten. Länger will ich es nicht aufschieben, zumal da mir die Ferien Musse genug lassen, während allerdings die letzten Wochen des Semesters für mich so besetzt waren, dass ich nicht zum Schreiben kam.

Vor allen Dingen also herzlichen Dank für Ihren Brief und für die Bereitwilligkeit, mit welcher Sie meine Bitte erfüllt haben. Ihre beiden Abhandlungen sind bereits der Bibliothek des mathem. Instituts einverleibt. Das zweite Exemplar der zweiten, für welches Sie eine besondere Bestimmung nicht getroffen hatten, habe ich (mit Ihrer Beistimmung hoffentlich) an Herrn Prof. A. Mayer gegeben, der sich auch sehr für Transformationsgruppen interessirt. *Mayer*

Heute vor 8 Tagen hatte Prof. Mayer der Leipziger Ges. der Wiss. eine Note von mir vorgelegt „Über die Zusammensetzung der endlichen contin. Trfsgr.“[45] Hoffentlich verzögert sich der Druck nicht zu lange, dass ich Ihnen bald ein Exemplar senden kann. Heute möchte ich Ihnen nur einen Satz daraus mittheilen. Ich beweise nämlich, dass jede Gruppe mit mehr als vier Parametern viergliedrige Untergruppen enthält. Der Beweis ist ganz analog einem von Lie noch nicht veröffentlichen Beweise, dass jede Gruppe dreigliedrige Untergruppen enthält. Aus dem angeführten Satze folgt z.B. dass es eine 7gliedrige einfache Gruppe nicht giebt. – *drei- und vier-dim. Teilalgebren*

Gestatten Sie mir noch einige Bemerkungen hinzuzufügen, die ich in der Note nicht habe unterbringen können. Zu jeder r-gliedr. Gruppe gehört bekanntlich eine adjungirte Gruppe von Collin[eationen], die in Punktcoordinaten die Form:[46] *sieben-dim. Lie-Algebren*

$$X_k(f) = \sum_{s=1}^{r}\sum_{i=1}^{r} c_{iks} x_i \frac{\partial f}{\partial x_s} \qquad (k = 1 \dots r)$$

[45] [E1886b]

[46] Die infinitesimalen Transformationen X_k definieren die „adjungierte Lie-Algebra“. Diese Bezeichnung stammt nach 52(209) von Lie, nicht von Engel selbst. Killing studiert bisher anstelle dieser „ersten“ adjungierten die im folgenden sogen. „zweite“ adjungierte Lie-Algebra, die durch die U_k definiert ist. Auf Drängen von Engel (vgl. 13) behandelt er dann auch die erste; dies könnte ein wesentlicher Anstoß zu den endgültigen Klassifikationsmethoden gewesen sein.

hat, in Ebenencoord[inaten] aber die Form:

$$U_k(f) = \sum_{i=1}^{r} \sum_{s=1}^{r} c_{kis} u_s \frac{\partial f}{\partial u_i}.$$

Es ist (wenigstens von Lie) noch nicht bemerkt worden, dass die Determinante der r^2 Ausdrücke $X_{ks} = \sum_i c_{iks} x_i$ identisch verschwindet. Also haben

$$(\text{wegen} \sum_{k=1}^{r} x_k X_{ks} = 0)$$

die r Gleichungen $X_1 f = 0 \ldots X_r f = 0$ sicher eine Lösung. Für die Determinante

$$\Delta = \sum \pm U_{11} \cdots U_{rr} \qquad U_{ki} = \sum_s c_{kis} u_s$$

haben Sie eine sehr [schöne] Darstellung bei geradem r gegeben.[47] Ich möchte Sie nun darauf aufmerksam machen, dass man auch indirekt schliessen kann, dass Δ verschwindet, wenn alle $\sum_k c_{ikk} = 0$ sind.[48] Es ist nämlich (vgl. Archiv for Math. X, Untersuch. über Trfsgr. I §3):[49]

$$U_k(\Delta) = \left(\sum_{\nu=1}^{r} \frac{\partial U_{k\nu}}{\partial u_\nu} + \sum_{\nu=1}^{r} c_{k\nu\nu} \right) \Delta$$

$$U_k(\Delta) = 2\Delta \sum_{\nu=1}^{r} c_{k\nu\nu}.$$

Verschwinden daher alle $\sum c_{k\nu\nu}$, so sind alle $U_k(\Delta) = 0$, Δ wäre also eine Lösung der r Gleichungen $U_k(f) = 0$. Eine solche Lösung existirt aber nur, wenn $\Delta = 0$ ist, also verchwindet Δ zugleich mit den $\sum c_{k\nu\nu}$.

Setzt man $\Delta' = \sum \pm X_{11} \cdots X_{rr}$ so wird $X_k(\Delta') = 0$.

Diese Bemerkungen erschienen mir nicht wichtig genug, dieselben in der Note anzubringen namentlich da Sie das Verschwinden von Δ in dem betreffenden Falle direkt gezeigt haben; vielleicht haben sie aber doch einiges Interesse für Sie. –

[47] Vermutlich meint Engel die Gleichung (9) auf Seite 10 von [K1886] für den Fall $2e = r$.

[48] d.h. $p = r$, also $[L, L] = L$

[49] [L1884]

Auch der folgende Beweis für die Jacobische Identität scheint mir nicht uninteressant. Sind Xf, Yf, Zf drei infinitesimale Punkttrf., so ist $(XY) = XYf - YXf$ also *Beweis der Jacobi-Identität*

$$((XY)Z) = XYZf - YXZf - ZXYf + ZYXf$$

also ergiebt sich sofort:

$$((XY)Z) + ((YZ)X) + ((ZX)Y) = 0.$$

Uebrigens scheinen Sie (nach der ersten Abhandlung[50] zu urtheilen) die Jacobische Identität selbständig wieder gefunden zu haben. Es würde mich sehr interessiren darüber etwas genaueres zu hören. *Entdeckung der Jacobi-Identität*

Augenblicklich halte ich mich hier in Greiz bei meinen Aeltern auf, um die Ferien hier zu bleiben. Lie reist jetzt wieder nach Christiania zurück und bringt Mitte April seine Familie her. Klein wird von Ende März ab in Göttingen sein.[51] *Umzug Lie u. Klein*

Lassen Sie mich schliessen. Mit herzlichen Grüßen

Ihr ergebener

Friedrich Engel

10. *Killing an Engel* (G4)

Braunsberg den 29. März 1886

Erh. 1.4.86 Greiz

Sehr geehrter Herr Doktor!

Wenn ich jeden Ihrer Briefe mit Freude zur Hand nehme und erbreche, weil ich weiß, dass derselbe interessante Mitteilungen über die Tr.-Gruppen enthalten wird, so überwog bei Ihrem letzten Briefe die Spannung, ob Sie ebenfalls den in §5 meiner letzten Arbeit gemachten Fehler bemerkt hätten. Dieser Fehler bewirkt, dass die letzten Sätze dieses § Ausnahmen haben. Indessen brauche ich mich dieses Fehlers nicht zu schämen: wenn die hinreichenden Bedingungen nicht bekannt waren, so hat die Mathematik sich stets mit den notwendigen Bedingungen begnügt. Auch lassen sich die Ausnahmen leicht angeben. Indessen würde es für den Brief doch wohl zu weitläufig sein, hierauf einzugehen; ich hoffe bald die Sache öffentlich richtig stellen zu können. *Korrektur [K1886]*

[50] [K1884]

[51] Vgl. 5(20).

Auf Ihre Arbeit freue ich mich sehr. Den Lieschen Satz, dass jede Gruppe dreigliedrige Untergruppen enthält, legte ich schon vor vielen Jahren, ohne ihn beweisen zu können, meinen eigenen Untersuchungen zu grunde; für viergliedrige Untergruppen ist er mir ganz neu. Ihr Satz, dass es keine 7-gliedrige einfache Gruppe gibt, regt den Gedanken an: Wie groß muss r sein, damit es überhaupt

einfache Gruppen r-gliedrige einfache Gruppen gibt? Mir sind nur die beiden Klassen von einfachen Gruppen bekannt, für welche $r = n(n+2)$ oder

$\mathbf{sl}_{n+1}$ $r = \frac{n(n-1)}{2}$ (für $n > 4$) ist, und zwar ist erstere Klasse die allgemeine projektivische Transformation eines n-dimensionalen Raumes, letz-

$\mathbf{so}_n$ tere die Gruppe der starren Bewegung eines Riemannschen Raumes (resp. was dasselbe ist, die Gruppe aller projekt. Tr. eines Raumes, bei welchen ein allgemeines Gebilde zweiter Ordnung in sich bleibt). Dass letztere Gruppe einfach ist, hat Lie kürzlich bewiesen; indessen lässt sich ein Beweis wesentlich ohne Änderung des Prinzips vereinfachen.[52] Für diese beiden Klassen sind die in §5 meiner Arbeit angegebenen Funktionen[53] besonders interessant.

Invarianten Die $\frac{n(n-1)}{2}$ Größen u seien für die zweite Klasse durch zwei Marken $\iota\,\kappa$ bestimmt, so dass man nur die verschiedenen Combinationen derselben nimmt. Man setze demnach fest: $u_{\iota\kappa} + u_{\kappa\iota} = 0$. Dann ist $U_{\iota\kappa,\iota\lambda} = u_{\kappa\lambda}$ und $U_{\iota\kappa,\lambda\mu} = 0$. Nun bilde man die Determinante

$$\begin{vmatrix} z & u_{12} & u_{13} & \dots & u_{1n} \\ u_{21} & z & u_{23} & \dots & u_{2n} \\ u_{31} & u_{32} & z & \dots & u_{3n} \\ \vdots & \vdots & \vdots & & \vdots \\ u_{n1} & u_{n2} & u_{n3} & \dots & z \end{vmatrix}$$

Die Coefficienten der verschiedenen Potenzen von z in dieser Determinante sind die fraglichen Functionen.

Für die Gruppe aller proj. Transf. eines n-dim. Raumes sind die $n(n+2)$ Größen $u_{10} \dots u_{n0}\, u_{12} \dots u_{1n} \dots u_{n1} \dots u_{nn}\, u_{01} \dots u_{0n}$, wo als Marken die sämtlichen Zusammenstellungen der $n+1$ Marken $0\,1 \dots n$ zu zweien mit Wiederholung und Berücksichtigung der Stelle mit Ausnahme von $0\,0$. Dann bilde man die Determinante

[52] Für die Einfachheit der $\mathbf{sl}_{n+1}$ gibt Killing einen Beweis in [ZvG 1] S. 271f. Er kennt bis jetzt offenbar nicht die symplektischen Lie-Algebren, im Gegensatz zu Lie und Engel; vgl. 11, ferner 41(178) und 75.

[53] Es handelt sich um Invarianten der zweiten adjungierten Lie-Algebra. Die folgenden Ergebnisse werden ausführlicher in [ZvG 1] S. 272f dargestellt.

$$\begin{vmatrix} -z+u_{11}+u_{22}+\ldots+u_{nn} & u_{10} & u_{20} & \cdots & u_{n0} \\ u_{01} & z+u_{11} & u_{21} & \cdots & u_{n1} \\ u_{02} & u_{12} & z+u_{22} & \cdots & u_{n2} \\ \vdots & \vdots & \vdots & & \vdots \\ u_{0n} & u_{1n} & u_{2n} & \cdots & z+u_{nn} \end{vmatrix}$$

Die Coefficienten der verschiedenen Potenzen von z sind jetzt die betreffenden Functionen.

Ihren Beweis der Jacobischen Identität meine ich irgendwo bei Lie bereits gefunden zu haben; ich kann mich aber irren oder auch die betreffende Stelle, die ich nicht im Gedächtnis habe, verkehrt verstanden haben. Ich selbst habe jene Identität spätestens 1879 ganz selbständig gefunden und auf diejenige Weise bewiesen, welche ich in meiner vorigen Arbeit[54] angedeutet habe. Ich habe mich bei meinen Studien stets auf ein möglichst enges Gebiet beschränkt. Damals kannte ich von Differentialgl. nur die elementarsten Sätze. *Jacobi-Id. vor 1879 gefunden*

So sehr ich diesmal die Ferien herbeisehnte, um gründlich arbeiten zu können, ebenso sehr ist mir diese Hoffnung vereitelt worden. Statt meine Kraft der Mathematik zuzuwenden, musste ich leider am Krankenbette meiner Frau und meiner Kinder bange Tage und Nächte verbringen. Gott sei Dank, ist alles wieder gut geworden, und ich will gern zufrieden sein, so scharf aus allen meinen Studien gerissen zu sein.[55] Die Theorie der Lieschen Tr.-Gruppen wird ihre Kraft immer mehr zeigen, je größer das Gebiet wird, auf welches sie angewendet wird.[56] Ein Beispiel! Helmholtz hat die Raumtheorie auf eine große Anzahl von Voraussetzungen gegründet, und speziell die Existenz der geraden Linie auf die Voraussetzung des Kreises als einer geschlossenen Linie gegründet. Seine Ausführungen selbst für drei Dimensionen sind schon recht lästig. Die Gruppen-Theorie hilft in der denkbar einfachsten Weise über alle Schwierigkeiten hinweg. Sie zeigt, dass die Annahme der Existenz des Kreises überhaupt ganz überflüssig ist und dass die früheren Annahmen, welche Helmholtz macht, vollauf genügen. Wenn dann auch durchaus nicht folgt, dass der Kreis, dessen Existenz sie beweist, eine geschlossene Linie sei, so belehrt sie uns, dass hierdurch (wenn die Zahl der Dimensionen größer als 2 ist) kein wesentlicher Unterschied eintritt; kurz, *Familie* *„Kraft der Lieschen Gruppen“* *Helmholtz* *Grundl. der Geometrie*

[54] Vgl. 3 und 4. Die genannte Arbeit ist [K1884].

[55] Nach den biographischen Quellen lebte zu dieser Zeit nur der Sohn Joseph (geb. 1883, gest. 1910). Das hier genannte Kind muß die erste Tochter sein; vgl. 20(79).

[56] Für das folgende vgl. auch 4(8).

die Theorie der Lieschen Gruppen führt uns in die eigentliche Natur der Sache ein, während jeder andere Weg sich als künstlich und umständlich erweist. Selbstverständlich steht diese Theorie hoch über der auf Willkür und geradezu falschen Prämissen erbauten Riemannschen „Grundlage". Die Gruppentheorie betrachtet eben den Raum selbst, Riemann löst die Linie vom Raume ab und sucht letztere für sich zu betrachten, was unmöglich ist.

Riemanns Prämissen

Mein sehnlichster Wunsch wäre es, wenn Lie seine ganze Theorie bald veröffentlichte. Hoffentlich bliebe dann noch genug für mich, um seine Theorie auf meine Raumtheorie anzuwenden. Vorläufig bleibt mir nichts übrig als nach meinen schwachen Kräften zum Ansehen der Theorie in denjenigen Richtungen beizutragen, welche für den allgemeinsten Raum von Wichtigkeit sind.

Mit kollegialem Gruße

Ihr

W. Killing

11. *Engel an Killing* (M)

Greiz 8.4.86

Sehr geehrter Herr Professor!

Herzlichen Dank für Ihren freundlichen Brief! Ich bedaure von Herzen, dass Ihre Ferien so getrübt worden sind, es freut mich aber zu hören, dass alles wieder gut geworden ist. – Die Mittheilungen in Ihrem Briefe haben mich sehr interessiert, ich muss aber gestehen, dass ich nicht recht weiss, welchen Fehler Sie meinen. Jedenfalls sind aber Ihre Formeln für die Gruppe der Fläche 2. Grades und die allg. proj. Gruppe höchst interessant und wichtig. –

Auf meinen Beweis der Jac[obischen] Identität lege ich selbst wenig Werth, doch glaube ich nicht, dass er sich bei Lie findet. Interessanter aber scheint mir folgende Bemerkung über den Sinn der Jacobischen Identität zu sein, die ich vor länger als einem Jahr in Christiania fand.[57]

Jacobi-Identität

Die Jacobische Identität ist nämlich für inf. P[un]kttrf. nichts anderes als die Subtitutionsidentität

$$USU^{-1}UTU^{-1}(USU^{-1})^{-1} = USTS^{-1}U^{-1}$$

[57] Die folgenden Überlegungen bilden den Inhalt von Engels Schrift *Der Sinn der Jacobi'schen Identität* [E1887]; siehe auch 47.

für endliche Trf. Diese letztere drückt aus, dass STS^{-1} bei Einführung neuer Veränd[erlichen] eine Invariante ist. Man erhält die Jacobische Id. indem man beide Seiten der Subtitutionsid. in Reihen entwickelt und Coefficienten vergleicht (S, T, U werden dabei als endliche Trf. eingliedriger Gruppen aufgefasst.). Lie vervollständigte meine Bemerkung, indem er sah, dass die Jacobische Identität einfach die Invarianz des Symbols $X(Y(f)) - (Y(X(f)) = (XY)$ gegenüber der eingl. Gruppe $x_i' = x_i + tZ(x_i) + \cdots$ ausdrückt, was dann auch bei inf. Berührungstrf. gilt.

Ich denke damit ist der eigentlich Sinn der Jacobischen Id. ergründet. Früher war mir die Id. zwar merkwürdig, kam mir aber immer etwas geheimnisvoll vor. –

Die Frage, zu welchen Parameterzahlen r einfache Gruppen gehören, hat mich auch von jeher interessirt und ich glaube, dass sie sich erledigen lassen muss. Es scheint verhältnismässig wenige einfache Gruppen zu geben. Zunächst also die beiden von Ihnen genannten Arten. Von diesen verschieden ist, wenn ich nicht irre die Gruppe des linearen Complexes im Raume von $2n+1$ Dimensionen ($n > 1$) mit allerdings $\frac{(2n+1)2n}{1\cdot 2}$ Parametern. Im dreifachen Raume ist diese Gruppe isomorph mit der Fläche 2ten Grades des vierfachen Raumes.[58] Ob aber auch in dem 5-fachen Raume ein ähnlicher Satz gilt? Ich weiss es nicht.[59]

einfache Gruppen

$\mathbf{sp}_{2n}$

Eine einfache Gruppe wird wohl auch die projektive Gruppe des vierfachen Raumes sein, welche einen trilinearen Ausdruck von der Form:

invariante Trilinearformen

$$\sum_{ikj}^{1\ldots5} a_{ikj} \begin{vmatrix} x_i & y_i & z_i \\ x_k & y_k & z_k \\ x_j & y_j & z_j \end{vmatrix}$$

invariant lässt. Diese Gruppe enthält 15 Parameter, die entsprechende im 5fachen Raume enthält 16, im 6fachen 14, im 8fachen 8 Parameter. Im 9fachen Raume giebt es keine solche Gruppe.[60] Schon diese Zahlen sind interesant. Sind die betreffenden Gruppen wirklich einfach? Untersucht zu werden verdienten sie wohl. Aber auch Lie der schon längst an dieselben gedacht hat, ist noch nicht dazu gekommen.

[58] d.h. $\mathbf{sp}_4 \cong \mathbf{so}_5$

[59] Für $n > 2$ ist $\mathbf{sp}_{2n}$ zu keiner orthogonalen Lie-Algebra isomorph.

[60] Es muß heißen: im '7fachen' statt im '8-fachen und im '8fachen' statt im '9fachen'. Als Engel von Killings Entdeckung der Ausnahme-Algebra $\mathbf{G}_2$ erfuhr, glaubte er zunächst, es könne sich um die hier genannte 14-dim. Lie-Algebra handeln; vgl. 26 und 27.

Raumtheorie Lie Ihren Bemerkungen über die Anwendungen der Gruppen auf Raumtheorie stimme ich vollkommen bei. Lie hat sich dabei immer etwas beschränkt. Er betrachtet (z.B. in der letzten Abhandlung) die Gruppen, bei welchen, wenn ein Punkt festgehalten wird, ein Kegel 2. Grades invariant bleibt. Oder man kann sich auch (wie *Study* mein College Study in seiner Doktordiss.) darauf beschränken, die Gruppen zu untersuchen, bei welchen zwei Punkte eine Invarian- *Riemann* te haben (die Entfernung). Riemanns Ausgangspunkt hat immer etwas höchst Unbefriedigendes für mich gehabt.[61] –

Meine Note werden Sie erhalten haben.[62] Hoffentlich ist sie verständlich. Ich habe freilich sehr viel Lie'sche Sachen auseinandersetzen müssen, so dass meine eigenen Sachen vielleicht etwas zu geringfügig erscheinen mögen. Jedoch der Satz mit den viergliedrigen Untergruppen z.B. ist wirklich wichtig. Hoffentlich kann ich später auch den entsprechenden Satz für fünf und sechsgliedrige Untergruppen aufstellen. Auch die trilineare Form ist merkwürdig, namentlich dadurch, dass sie selbst die infin. Collin. darstellt, bei denen sie invariant bleibt.

Doch nun lassen Sie mich schliessen. Anbei erlaube ich mir Ihnen mein Bild aus dem Manöver 1885 zu übersenden.

Mit herzlichen Grüssen

Ihr ergebener
F. Engel

12. *Killing an Engel* (G5)

Braunsberg den 12.IV.86
Greiz 13.4.86

Sehr geehrter Herr Doktor!

Besten Dank für alles! Da ich zufällig eine Photographie von mir besitze, lege ich dieselbe hier bei, indem ich für die Übersendung der Ihrigen bestens danke. Es ist allerdings ein großer Unterschied; jedoch bin ich auf der Photographie zu alt geworden.

Ihre Abhandlung war mir sehr interessant; meines Erachtens war sie sehr klar geschrieben. Möglicherweise konnte jemand, der mit dem Gegenstande weniger vertraut ist, nicht genug würdigen, wie viel ihr Eigentum ist und wieviel Lie gebührt. Indessen kommt es ja nur auf das Urteil Sachverständiger an und dies wird anders lauten.

---

[61] Engel bevorzugt den gruppentheoretischen Ausgangspunkt von Lie; vgl. [E1924].

[62] Gemeint ist [E1886b].

Der Fehler in meiner Arbeit ist folgender.[63] Wenn die aus den $U_{\iota\kappa}$ gebildeten Ausdrücke $(\alpha\,\beta\ldots\eta)$ verschwinden, wofern der Grad $> \frac{r-s}{2}$ ist und die aus $r-s$ gebildeten Ausdrücke $(\alpha\ldots\eta)$ nicht sämtlich verschwinden, so behaupte ich, dass es s Functionen $\varphi_1\ldots\varphi_s$ giebt, deren Functional-Determ[inanten] nach je s Variabeln genommen, gleich den aus den übrigen Nummern gebildeten Ausdrücken $(\alpha\ldots\eta)$ sind. – Nun ist es nicht gestattet, aus den dort entwickelten Gleichungen auf die Existenz dieses Satzes zu schließen. Der Satz besteht nämlich aus zwei Teilen: *Korrektur [K1886]*

1) die genannten $\binom{r}{r-s}$ Ausdrücke sind gleich den $\binom{r}{s}$ Determinanten, welche aus einer Matrix:

$$\begin{vmatrix} \varphi_{11} & \varphi_{12} & \cdots & \varphi_{1r} \\ \varphi_{21} & \varphi_{22} & \cdots & \varphi_{2r} \\ \vdots & \vdots & & \vdots \\ \varphi_{s1} & \varphi_{s2} & \cdots & \varphi_{sr} \end{vmatrix}$$

von sr Functionen gebildet werden können.

2) In dieser Matrix ist für $\lambda = 1\ldots s,\ \alpha = 1\ldots r:$

$$\varphi_{\lambda\alpha} = \frac{\partial\varphi_\lambda}{\partial u_\alpha},$$

wo φ_λ s Functionen von $u_1\ldots u_r$ sind.

Nun können Fälle angegeben werden, wo der erste Teil des Satzes nicht mehr gilt, und es kann der Fall eintreten, dass dieser Teil gilt, aber der zweite nicht. Wann diese Ausnahmefälle eintreten, werde ich gelegentlich mitteilen; besonderes Interesse gewährt diese Sache kaum. Vielleicht findet aber auch ein anderer Gefallen an den Umformungen von Ausdrücken $(1\ldots 2m)$, welche ich dabei gebrauche, und welche ich für ganz gefällig halte.

[63] Die folgenden Ausführungen beziehen sich auf [K1886] §§3–5, sie sind nochmals kurz erläutert in [ZvG 4] S. 165f. Da die Entwicklungen in [K1886] nur skizzenhaft angedeutet sind, hat Engel sie auch nicht kontrolliert; er hielt das auch nicht für notwendig, da er für einen der Sätze ein Gegenbeispiel gefunden hat (vgl. 7 und 50(202)). Der Sinn von Killings Überlegungen ist aber klar: Es sollen Invarianten der zweiten adjungierten Gruppe (vgl. 9(46)) bestimmt werden, also solche Funktionen $f(x_1,\ldots,x_n)$, für die gilt $\sum_{i=1}^r U_{ij}\frac{\partial f}{\partial x_i} = 0$, wobei $U_{ij} = U_{ij}(x_1,\ldots,x_n) = \sum_{k=1}^r c_{ijk}x_k$ (zu den Killingschen Bezeichnungen vgl. 6, 9 und S. 7). Da es solche Invarianten aber nicht zu geben braucht (wie das Gegenbeispiel von Engel zeigt), wendet Killing sich schließlich von diesen Untersuchungen ganz ab und den Invarianten der (ersten) adjungierten Gruppe zu (siehe auch [K1889]).

Indessen werde ich wahrscheinlich die Frage nach jenen $\varphi_1 \dots \varphi_s$ nicht weiter verfolgen. Ich hatte gehofft, dass sich die Eigenschaften der Funktionen leicht allgemein angeben ließen. Bis jetzt bin ich aber zu keinem genügenden Resultate gelangt. Ihre Abhandlung war für mich Veranlassung, eine ältere Untersuchung druckfertig zu stellen, welche ein verwandtes Thema löst. Da stellte sich heraus, dass die Resultate viel allgemeiner gelten, als ich erst vermutete. Ich weiß natürlich nicht, ob meine Vermutung mich täuscht oder ob ich auf ganz sicherem Wege bin. Bis zu einer gewissen Grenze sind die Beweise fertig, andere Teile stellen sich als wahrscheinlich heraus. Ich kann auch nicht wissen, ob das Wenige, was noch fehlt, sich leicht oder schwer ergibt. Die Sätze, deren Richtigkeit mir wahrscheinlich scheint, sind folgende:

einfache Gruppen

„Einfache Gruppen sind nur die beiden bekannten Arten.“[64]
Ist der Satz nicht richtig, so hoffe ich die fehlenden Arten hinzubestimmen zu können; ist er richtig, so ergibt sich folgender Satz:

Ist $r > m(2m+1)$, so sind inbezug auf die Zusammensetzung einer r-gliedr. Gruppe zwei Fälle möglich: 1) entweder lassen sich zu jeder eingliedrigen Gruppe $p_1X_1f + \cdots + p_rX_rf = Y_1f$ m untereinander und von Y_1f unabhängige inf. Tr. finden $Y_2f \dots Y_{m+1}$, so dass Y_1f mit jeder der letzteren und diese unter einander vertauschbar sind (also $(Y_1Y_2) = \dots (Y_1Y_{m+1}) = 0, \dots (Y_mY_{m+1}) = 0$), 2) oder die Gruppe enthält eine $(r-m(2m+1))$-gliedrige <u>invariante</u> Untergruppe $Z_1f \dots Z_\nu f$, $(\nu = r - m(2m+1))$, wo auch je zwei dieser letzteren mit einander vertauschbar sind.[65] Das sind Vermutungen, deren einfachste Fälle bewiesen sind. Nächstens gehe ich auf sichere Resultate meiner Untersuchungen ein. Auch möchte ich einige in Ihrem Briefe angeregten Fragen nächstens noch genauer besprechen.

Mit kollegialem freundlichem Gruße

Ihr ergebener
W. Killing.

---

[64] Da Engel im letzten Brief die „Gruppe des linearen Complexes“, also die symplektischen Lie-Algebren nennt, scheint Killing zu meinen, daß diese unter den orthogonalen Lie-Algebren vorkommen, oder er nimmt an, daß sie nicht einfach sind; vgl. 41(178) und 75.

[65] Vielleicht denkt Killing im ersten Fall an eine einfache Lie-Algebra vom Rang $m+1$ mit der von $Y_1, \dots, Y_{m+1}$ aufgespannten „Cartanschen Teilalgebra“ (die Dimension r ist dann sicher größer als $m(2m+1)$), und will im zweiten Fall sagen, daß jede nicht halbeinfache Lie-Algebra ein Abelsches Ideal enthält (hier das von $Z_1, \dots, Z_\nu$ aufgespannte).

13. *Engel an Killing* (M)

Greiz 19.4.86

Sehr geehrter Herr Professor!

Meinen herzlichsten Dank für Ihre Photographie und für Ihren freundlichen Brief. Beides war mir gleich interessant.

Dass Sie meine Note klar geschrieben finden, freut mich sehr. Es kostet mich immer einen grossen Entschluss, etwas zu Papier zu bringen und in Folge dieses meines Zögerns war ich schliesslich etwas ins Gedränge gerathen, da die Note bis zu einem bestimmten Tage fertig werden musste. –

erste und zweite adjungierte Gruppe

Ihre Betrachtungen über die Functionen φ sind für die Theorie der adjungirten Gruppe aeusserst wichtig und ich gebe die Hoffnung nicht auf, dass sich da doch etwas allgemeineres machen lässt. Uebrigens scheinen Sie bisher bloss die eine adjungirte Gruppe

$$\sum_{i\ s}^{1\dots r} c_{iks} a_s \frac{\partial f}{\partial a_i} \qquad (k = 1 \dots r)$$

berücksichtigt zu haben; für Ihre dualistische Gruppe

$$\sum_{i\ j}^{1\dots r} c_{jki} a_j \frac{\partial f}{\partial a_i} \qquad (k = 1 \dots r)$$

existiren natürlich auch solche Functionen φ, wenn auch nicht nothwendig die gleiche Anzahl. Sollte sich nicht über diese etwas sagen lassen?[66]

einfache Gruppen

Die Sätze über einfache Gruppen, von denen Sie schreiben, erscheinen mir sehr plausibel. Ich habe immer gedacht, dass von einer gewissen Parameteranzahl an die Gruppe z.B. drei paarweise vertauschbare infin. Trff. enthalten muss. Aber ich konnte und kann noch jetzt mir nicht denken, wie das zu beweisen gehen soll. Es wäre ein ungeheurer Fortschritt, könnte man alle Zusammensetzungen von einfachen Gruppen direkt angeben. Für die Theorie der Zusammensetzung überhaupt würde es von ganz unberechenbarem Nutzen sein, nicht minder aber für die Integrationstheorie. Mit begreiflicher Spannung sehe ich daher Ihren definitiven Mittheilungen über diese wichtigen Fragen entgegen. –

---

[66] Zu den beiden adjungierten Lie-Algebren vgl. 9(46).

Vorlesungen Engel, Lie Im Sommersemester will ich zweistündig über Transformationsgruppen lesen und zwar die reine Theorie ohne Anwendungen. Lie will dagegen im Seminar Anwendungen auf die gewöhnlichen Differentialgleichungen behandeln (Aequivalenz einer inf. Trf. mit einem Eulerschen Multiplicator usw.), um durch Beispiele das Interesse für die Theorie zu wecken. Auch ich fing zuerst die Trfsgr. nur der Differentialgl. wegen zu studiren an, jetzt aber wird mein ganzes Interesse von der Gruppentheorie in Anspruch genommen.

Doch genug für heute. Mit herzlichen Grüssen verbleibe ich Ihr ergebener

Friedrich Engel

14. *Killing an Engel* (G6)

Braunsberg den 24. April 1886

Greiz 26.4.86

Sehr geehrter Herr Doktor!

In Erwiderung Ihres lieben Briefes kann ich leider noch über die Theorie der Zusammensetzung in der neulich angedeuteten Weise nicht sprechen. Leider bin ich durch anderweitige Geschäfte wieder mehrfach am eigentl[ichen] Arbeiten gehindert worden, und wenn ich mich nicht mit voller Kraft auf einen Gegenstand werfen kann, so erreiche ich nichts. Aber abgesehen davon wird es für mich noch *„saure Arbeit“* viele „saure Arbeit“ bedürfen, ehe ich zu dem gewünschten Ziele gelange. Nun beginnt das Sommersemester mit seinen mancherlei andern Aufgaben und ich frage mich bang: Wann werde ich über die Gruppentheorie jene Arbeiten vollendet haben, welche ich für die Weiterführung meiner Raumtheorie als notwendig erachte?

So will ich denn etwas weitläufiger auf den ersten Punkt eingehen, den Ihr letzter Brief anregt. Sie heben hervor, dass ich bisher nur die eine adjungirte Form betrachtet hätte. Darauf muss ich erwidern: So *Verhältnis zu Lies Arbeiten* sehr ich bereit bin, Hrn. Lie's und Ihre Resultate bei meinen eigenen Veröffentlichungen anzuerkennen, so sehr widerstand es mir, auf prinzipielle Fragen bei meinen Untersuchungen einzugehen, deren Keime wenigstens aus der Zeit datiren, da ich Lie's Arbeiten nicht kannte. Es war das eine Rücksichtnahme auf mich selbst, welche den Fortschritt leider hemmt. Ich hoffe, ich werde davon jetzt völlig Abstand nehmen. So habe ich denn jetzt sofort Ihrer Anregung folge geleistet und die zweite Form[67] der Untersuchung unterzogen. Die

[67] Mit der „zweiten Form“ ist die (erste) adjungierte Lie-Algebra gemeint, mit

Resultate, zu denen ich gelangt bin, sind etwa folgende.

Es seien $\xi_{\iota\kappa}$ lineare Functionen von $u_1 \dots u_r$ und die Gl. $\frac{\delta u_\iota}{\delta t} = \xi_{\iota\kappa}$ mögen eine lineare Gruppe bestimmen. Man ersetze dieselbe durch die folgende: $\frac{\delta u_\iota}{\delta t} = \sum_\kappa p_\kappa^{(\alpha)} \xi_{\iota\kappa}$ und man bestimme jetzt die r^2 Constanten $p_\kappa^{(\alpha)}$ in der Weise, dass dies neue System in den Coefficienten von u_ρ den Bedingungen der ersten adjungirten Form genügt; d.h. lässt man die p in die Constanten eingehen, so möge die Gruppe durch die n Gl. bestimmt sein: *Invarianten der adjungierten Gruppen*

$$\text{(A)}\qquad \begin{array}{llll} \frac{\delta u_1}{\delta t} = \eta_{11}, & \frac{\delta u_2}{\delta t} = \eta_{12} & \dots & \frac{\delta u_n}{\delta t} = \eta_{1n} \\ \frac{\delta u_1}{\delta t} = \eta_{21}, & \frac{\delta u_2}{\delta t} = \eta_{22} & \dots & \frac{\delta u_n}{\delta t} = \eta_{2n} \\ \dots\dots & \dots\dots & \dots & \dots\dots \\ \frac{\delta u_1}{\delta t} = \eta_{n1}, & \frac{\delta u_2}{\delta t} = \eta_{n2} & \dots & \frac{\delta u_n}{\delta t} = \eta_{nn} \end{array}$$

und dann soll sein $\eta_{\iota\kappa} + \eta_{\kappa\iota} = 0$.
Dies wende man auf die zweite adjungirte Form an. Wenn dann die Gruppe einfach ist, so wird die zweite adj. Gruppe im Wesen mit der ersten identisch. Demnach werden auch im wesentlichen beidemal dieselben Functionen φ ungeändert bleiben. Im allgemeinen werden aber für $p = r$ (nur diesen Fall habe ich untersucht) für die zweite adjungirte Gruppe ganz andere Functionen existieren. Soll nämlich die r-gliedrige zweite Gruppe wieder zu einer r-gliedrigen Gruppe der Form A führen, so müssen für $r > 3$ die sämtlichen Größen $(\alpha_1 \dots \alpha_s)$, wo $\alpha_1 \dots \alpha_s$ irgend s Zahlen aus der Reihe $1 \dots r$ sind,[68] bis zu einer gewissen Zahl $s = r - m$ identisch verschwinden. Wenn aber bei gegebenem r nicht die sämtlichen Größen $(\alpha_1 \dots \alpha_s)$ bis zu dieser nur von r abhängigen Grenze $s = r - m$ verschwinden, so ist es nicht möglich, die gegebene zweite Gruppe in der angegebenen Weise darzustellen, vielmehr gelingt dies erst für eine (nicht invariante) Untergruppe, von welcher allerdings einige Transformationen mehr oder weniger willkürlich sind. Diese Untergruppe von r' Gliedern bestimmt dann eine gewisse Zahl von Functionen φ, welche natürlich ebenfalls für die vorgelegte Gruppe charakteristisch sind. Die Zahl r' wirft aber dann von vorn herein großes Licht auf die durch die erste adj. Gruppe bestimmten Functionen φ. Sie sehen

der unten genannten „ersten adjungirten Form" die „dualistische" im Sinne von Lie; vgl. 9(46).

[68]Zur Definition der Größen $(\alpha_1 \dots \alpha_s)$ vgl. [K1886] §3. Eine kurze Zusammenfassung der dort erzielten Ergebnisse findet man auch in der Einleitung von [ZvG 4].

hier zwei Systeme von Functionen φ, deren Grade sich von vornherein bestimmen lassen. Diese beiden Systeme von Functionen haben einen ganz charakteristischen Unterschied. Bei dem ersten System werden die invarianten Untergruppen bevorzugt, bei dem zweiten System treten diese zurück oder fallen ganz weg. Dadurch gelangt man wenigstens zu einem negativen Charakteristikum für einfache Gruppen, aber leider nur zu einem negativen Criterium. Denn es ist ganz wohl möglich, dass auch die zweite adj. Gruppe wesentlich identisch mit der ersten wird, ohne dass die vorgelegte Gruppe einfach ist.

Ich möchte mich demnach etwa in folgender Weise ausdrücken. Die Existenz des ersten Systems der Functionen φ drückt immerhin schon eine gewisse charakteristische Eigenschaft der gegebenen Gruppe aus; die Hinzunahme der zweiten adj. Gruppe und ihrer Functionen $\bar{\varphi}$ wirft neues Licht auf die ersten φ's und damit auf die gegebene Gruppe; aber sie würden das Wesen erst erschöpfen, wenn sie in expliciter Form gegeben wären, statt dass nur ihre Grade als bekannt vorausgesetzt werden können.

Dabei darf ich Ihnen, verehrter Herr Kollege, mehrere Gründe nicht verhehlen, welche meines Erachtens sehr gegen die Wichtigkeit dieser Functionen φ, wie sie in meiner Arbeit gegeben sind, sprechen. Zunächst hat der betreffende Satz, wie ich schon erwähnte, Ausnahmen; es gibt Gruppen, für welche (bei $p = r$) die erste adjungirte Form keine solche Functionen φ hat. Wenn es auch leicht ist, diese Ausnahmen ganz scharf anzugeben, so bedingt dies doch einen Mangel und zeigt, dass auf die betr. Functionen kein zu großes Gewicht gelegt werden darf.

Dann aber, wenn für die erste adj. Gruppe solche Functionen existiren, so nehmen in denselben, wie ebenfalls schon erwähnt, die invarianten Untergruppen eine bevorzugte Stellung ein.

Und doch sind diese Untergruppen für die Zusammensetzung der Gruppe durchaus nicht von hervorragender Bedeutung. Hat die r-gliedr. Gruppe eine inv. Untergruppe $X_1f \dots X_kf$ und wird sie durch diese k Tr. und die $r-k$ weiteren Tr. $X_{k+1}f \dots X_rf$ bestimmt, so ist die letztere Gruppe von ganz besonderer Bedeutung. Bildet man aber die Größen $(\alpha_1 \dots \alpha_s)$ unter der Voraussetzung $X_1f = \dots X_kf = 0$ (ich lege stillschweigend wieder die erste adj. Form zu Grunde, so dass $X_1f \dots X_kf$ lineare Functionen in $\frac{\partial f}{\partial x_\kappa}$ enthalten, welche der Bed. (A) genügen), so führt das System der nicht verschwindenden $(\alpha_1 \dots \alpha_s)$ bei größtem Werte von s auf Functionen, welche für die Bildung der geg. Gruppe und für Eigenschaften ihrer adj. Gruppe von hervorragender Bedeutung sind. Dies gilt namentlich, wenn k die Parameterzahl in der größten inv. Untergruppe bezeichnet.

Nun noch eins, mein geehrter Herr Kollege! Ich habe hier immer vorausgesetzt, dass zur Bestimmeung der φ's nur diejenigen Eigenschaften vorausgesetzt werden, welche sich aus den beiden adjungirten Gruppen ergeben. Sobald sich dieselben aus der in Ihrer Arbeit entwickelten Invariantentheorie ergeben, werden sich damit sicherlich soviele weitere Eigenschaften ablesen lassen, dass damit wirklich etwas Ordentliches erreicht werden kann. Aber darauf kann ich wenigstens augenblicklich nicht eingehen.

Nun möchte ich gern noch einige Worte über Gedanken (oder besser Vermutungen) hinzufügen, welche Ihre beiden letzten Briefe angeregt oder doch weiter gefördert haben; aber der Brief ist schon gar zu lang geworden. Ich muss nur noch um Entschuldigung bitten, wenn ich mich zuweilen in meinem Briefe unklar ausgedrückt habe. Als ich den Brief begann, konnte ich mich nicht entsinnen, in welchem Hefte ich die angedeuteten Entwicklungen durchgeführt habe; daher musste ich mich ganz auf mein Gedächtnis verlassen und musste mehrere Formeln unterdrücken, die ich gern angegeben hätte. Jetzt mag ich den Brief nicht von neuem schreiben. So wünsche ich Ihnen denn fröhliche Ostern und ein glückliches Sommersemester und schließe mit den besten Grüßen

Ihr

W. Killing

15. *Killing an Engel* (G, Postkarte 1)

[Poststempel: Braunsberg, 16.7.86]

Erh. 18.7.86

Haben Sie mich denn ganz vergessen? Fast scheint es so, da ich von Ihnen gar nichts mehr höre. Oder wollen Sie mich mit dem Beweise des Satzes überraschen, den wir zuletzt als wahrscheinlich hinstellten?[69] – Um mich Ihnen wieder ins Gedächtnis zurückzurufen, denke ich beinahe daran, einige Stunden, wenn es möglich ist, mit Ihnen persönlich zu verbringen. Ich vertrete nämlich das Lyceum in Heidelberg. Da überlege ich, ob es vielleicht möglich ist, einige Stunden in Leipzig zu verweilen, falls Sie am 31. Juli oder 1. August dort sind. Es ist vorläufig eine vage Idee, da ich noch keinen eigentlichen Reiseplan gemacht habe, und ich vielleicht an

Vertretung am Lyceum Heidelberg

Besuch in Leipzig

[69]Vgl. 7(36) und das P.S. zu 8.

einem anderen Orte halten muß. Jedoch wünsche ich zu wissen, ob Sie alsdann dort sind. Besten Gruß!

Ihr W. Killing

16. *Engel an Killing* (M)

Leipzig 19.7.86
a. d. Pleisse 5

Sehr geehrter Herr Professor!

Mit vollem Rechte machen Sie mir Vorwürfe über mein Schweigen. Sicher hätte ich auch längst geschrieben, wenn ich etwas ordentliches zu schreiben gewusst hätte. Aber meine beiden Vorlesungen nahmen mich zu sehr in Anspruch, als dass ich für mich hätte etwas arbeiten können. Ausserdem aber musste ich auch wieder mit Lie an dem Buche über die Gruppen arbeiten.[70] Viel ist freilich auch da nicht fertig geworden.

Arbeit an Lies Buch

Heute möchte ich zunächst meine Freude aussprechen über die von Ihnen angedeutete Absicht Leipzig auf Ihrer Heidelberger Reise zu berühren. Da wir Mathematiker hier alle bis zum 5. August ungefähr lesen werden, treffen Sie Lie, Schur und mich am 1. August oder 31. Juli noch in Leipzig an. Wir alle werden uns sehr freuen Sie zu sehen. Was mich betrifft, so will ich nur bemerken, dass ich am 31. Juli (Sonnabend) von 11 bis 1 Uhr Vorlesung habe, sonst aber ganz frei bin. Also unterlassen Sie ja nicht Leipzig aufzusuchen und theilen Sie mir nur des genaueren mit mit welchem Zuge und auf welchem Bahnhofe Sie ankommen werden. –

Einladung nach Leipzig

Doch nun auch ein Bischen Wissenschaft. Es freut mich sehr, dass Sie auch die andere adjungirte Gruppe in den Kreis Ihrer Betrachtungen gezogen haben. Besonders würde es mich nun freuen, wenn es Ihnen gelänge auch für diese zweite adjungirte Gruppe der allg. proj. Gruppe z.B. die invarianten Functionen in so eleganter Form darzustellen wie für die erste adjungirte Gruppe.[71] Namentlich aber wäre es interessant den inneren Grund dafür zu wissen, dass sich in dem letzteren Falle die Sache so ganz allgemein machen lässt. –

adjungierte Gruppen

---

[70] [L1888]

[71] Gemeint ist wohl die Darstellung in 10. Killing kommt dem Wunsch Engels nach und gibt die Invarianten der „anderen" adjungierten Gruppe in [ZvG 1], S. 272f an. (Zu den adjungierten Gruppen vgl. 9(46).)

In der letzten Zeit habe ich viel über eine Verallgemeinerung der Jacobischen Identität nachgedacht, freilich bisher ohne viel positives Ergebnis. Leider verstehe ich zu wenig Invariantentheorie. Also die Sache ist diese.[72] *Verallgemeinerung der Jacobi-Identität*

Wie ich Ihnen schon mittheilte[73] drückt die Jacobische Identität nur aus, dass der Ausdruck (XY) eine Invariante der beiden inf. Trff. Xf und Yf ist. Ausserdem ist (XY) die einzige Invariante von Xf und Yf in der ∞ Gruppe aller Punkttransformationen, oder genauer jede solche Invariante hat die Form (XY), $((XY)X)$, $((XY)Y)$ u.s.w. Ebenso ist es mit den Inv. dreier inf. Trff. $((XY)Z)$ u.s.w.

Beschränken wir uns jetzt auf eine kleinere Gruppe; ich will der Einfachheit wegen eine endliche r-gliedrige nehmen. Da fragt es sich, was für Invarianten (d.h. inf. Trff.) haben die zwei inf. Trff. der Gruppe innerhalb der Gruppe?

Wir deuten die ∞^{r-1} inf. Trff. der Gruppe $X_1 f \ \ldots \ X_r f (X_i X_k) = \sum c_{iks} X_s f$ als Punkt eines Raumes. Dass $(X_i X_k)$ eine Invariante von $X_i f$ und $X_k f$ ist, drückt sich dann so aus (nach meiner letzten Note: Die Form $F = \sum_{iks}^{1 \ldots r} c_{iks} x_i y_k u_s$ gestattet alle infinitesimalen Collineationen der adjungirten Gruppe d.h. alle Collineationen (8) und (9) in der Note.

Die Gleichung $F = 0$ ordnet also den Punkten (x) und (y) einen Punkt eindeutig zu, welcher mit denselben invariant verknüpft ist. Diese Zuordnung entspricht eben der Klammeroperation.

Allgemein fragt es sich daher, ob zu den Punkten (x) und (y) noch andere Punkte eindeutig zugeordnet sind, invariantentheoretisch, ob die Form F noch Covarianten von der Form

$$\alpha_x^m \beta_y^n u_\gamma$$

besitzt, welche nicht durch Wiederholung der Klammeroperation hergeleitet werden können. Ich beschränke mich aber auf solche Covarianten, die sowohl in x als in y linear sind und frage dafür auch nach solchen Punkten (inf. Trff.) die $3, 4 \ldots r$ beliebigen Punkten (inf. Trff.) eindeutig zugeordnet sind.

Kurz ich frage nach allen Covarianten von F von der Form:

$$\sum_{i\ k\ s}^{1 \ldots r} a_{iks} x_i y_k u_s, \quad \sum_{i\ k\ j\ s}^{1 \ldots r} b_{ikjs} x_i y_k z_j u_s \quad \ldots, \quad \alpha_{x^{(1)}}^{(1)} \alpha_{x^{(2)}}^{(2)} \ldots \alpha_{x^{(r)}}^{(r)} u_\beta$$

[72] Engel scheint über die im folgenden skizzierten Verallgemeinerungen nichts publiziert zu haben. Die unten erwähnte „Note“ ist [E1886b].

[73] Vgl. 9.

mit Ausschluss derer, welche aus der Covarianten

$$F = \sum_{i\ k\ s}^{1 \ldots r} c_{iks} x_i y_k u_s$$

selbst hergeleitet werden können, also mit Ausschluss der inf. Trff. $((X_i X_k) X_j)$ u.s.w., welche durch Klammeroperation gebildet sind. Nenne ich zum B[eispiel] die inf. Trf., welche die Covariante $\sum b_{ikjr} x_i y_k z_j u_s$ drei beliebigen infinitesimalen Transformationen Xf, Yf, Zf der Gruppe zuordnet $\{X, Y, Z\}$ und verstehe unter Uf eine beliebige inf. Trf. der Gruppe, so gilt die Identität:

$$\{(XU), Y, Z\} + \{X, (YU), Z\} + \{X, Y, (ZU)\} \equiv \{X, Y, Z\} U)$$

welche ausdrückt, dass $\{X, Y, Z\}$ eine Invariante von X, Y, Z innerhalb der Gruppe ist.

Wer weiss, ob nicht für die einfachen Gruppen der Satz gilt: dass zwei, drei, ... inf. Trff. innerhalb der Gruppe keine anderen Invarianten haben, welche durch solche Covarianten der Form F dargestellt werden, also die durch Klammeroperatoren hergeleiteten?

Beispiel Als ein Beispiel diene folgendes.
Die dreigliedrige Gruppe $(X_1 X_2) = 0$, $(X_1 X_3) = X_1$, $(X_2 X_3) = cX_2$, $c \neq 1$. $X_1 f$, $X_2 f$ ist eine inv. UG. Deuten wir daher die inf. Trff. als Punkte einer Ebene, so haben wir die Figur:

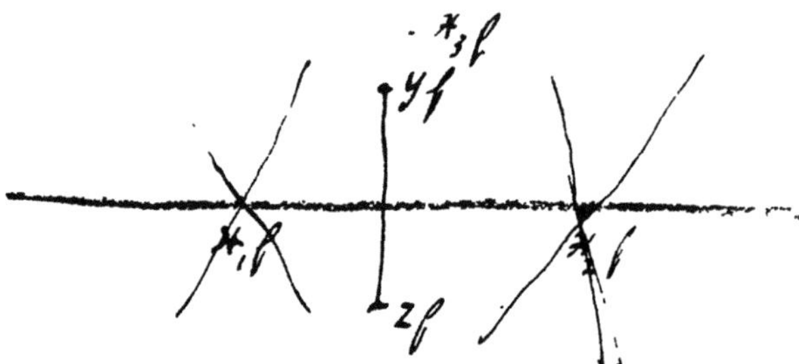

Jede Gerade durch $X_1 f$ und $X_2 f$ ist eine 2gliedrige Untergruppe. Nehmen wir jetzt zwei beliebige inf. Trff.

$$Yf = \lambda_1 X_1 f + \lambda_2 X_2 f + \lambda_3 X_3 f \qquad Zf = \mu_1 X_1 f + \cdots$$

der Gruppe, so schneiden sich die Geraden $X_1 f, X_2 f$ und Yf, Zf in einem Punkt, welcher die inf. Trf.

$$(\lambda_1 \mu_3 - \lambda_3 \mu_1) X_1 + (\lambda_2 \mu_3 - \lambda_3 \mu_2) X_2 = \{Y, Z\}$$

darstellt. Dies ist eine Covariante der Form F, welche zu unserer 3gliedrigen Gruppe gehört. Dagegen ist:

$$(YZ) = (\lambda_1\mu_3 - \lambda_3\mu_1)X_1f + c(\lambda_2\mu_3 - \lambda_3\mu_2)X_2f$$

und es besteht die 2Identität:

$$\{(YU)Z\} + \{Y(ZU)\} = (\{YZ\}U)$$

wo U eine beliebige inf. Trf. der dreigl. Gruppe ist. Ich muß fürchten, dass meine Auseinandersetzung nicht so ganz klar gerathen ist, doch wird Ihnen hoffentlich der zu Grunde liegende Gedanke verständlich sein.

Indem ich Sie nochmals bitte ja uns hier in Leipzig auf der Durchreise zu besuchen, verbleibe ich mit den herzlichsten Grüssen
Ihr ergebener

Friedrich Engel

NB. Ich wohne nicht mehr auf dem Grimmaschen Steinwege.

17. *Killing an Engel* (G7)

Braunsberg den 28. Juli 1886

Geehrter Herr Kollege!

Für Ihren lieben Brief besten Dank! Es ist mir bisher nicht möglich gewesen zu untersuchen, wie weit Ihre Vermutungen mit eigenen Untersuchungen in Berührung kommen. Sobald ich meine Arbeiten wieder aufnehme, will ich auch hierauf Rücksicht nehmen.

Ich gedenke am Sonntag $8^h\ 40^m$ Vormittags von Berlin abzufahren und dann über Wittenberg, $11^h\ 47^m$ in Leipzig einzutreffen. Hoffentlich störe ich Sie nicht gar zu sehr. *Besuch in Leipzig*

Um wenigstens nicht mit ganz leeren Händen zu erscheinen, lege ich hier den Anfang einer Arbeit bei, welche mich augenblicklich beschäftigt.[74] Leider bin ich in diesem Sommer sehr wenig zum ordentlichen Arbeiten gekommen; die Amtsgeschäfte haben meine Zeit wieder arg gekürzt, andere Zufälligkeiten störten in mannigfaltiger Weise. Jetzt möchte ich am liebsten ungestört der Arbeit mich widmen; aber ich konnte den Bitten meiner Kollegen, das Lyceum in Heidelberg zu vertreten, nicht füglich widerstehen, obwohl ich mich lange gesträubt habe. *Manuskript von [ZvG1]?* *Vertretung in Heidelberg*

[74] Im Nachlaß von Engel findet sich kein Manuskript von Killing. Spätere Briefe (vgl. 32(153)) deuten darauf hin, daß es sich um eine vorläufige Version von [ZvG 1] handelt. Zu diesem Zeitpunkt hat Killing schon mit der Untersuchung der Wurzeln der „charakteristischen Gleichung“ $|\Gamma_{\kappa\lambda}|$ begonnen (zur Definition vgl. 21(80)).

Was die Arbeit anbetrifft, so möchte ich Ihr Augenmerk auf §1, 5, 6, 7, 8 hinlenken. Den §3 habe ich nicht eingeschrieben, da mir die Zeit fehlte und ich lieber die weiteren Sachen Ihnen mitteilen wollte. Über die Fortsetzung (Beziehung der Unterdeterminanten von $|\Gamma_{\kappa\lambda}|$ zu einander) bin ich noch nicht ganz zum Abschluss gelangt, glaube aber wie die Unterdeterm. $r-1^{\text{ten}}$ Grades zeigen, mit der Formel (18) auszukommen.

charakteristische Gleichung

Entschuldigen Sie meine Eile; ich bin mit Geschäften überladen und so Gott will, werden wir uns sehen und sprechen können.

Empfehlen Sie mich den Herren Prof. Lie und Schur.

Mit bestem Gruße

Ihr

W. Killing

18. *Killing an Engel* (G8)

Braunsberg den 13. Okt. 1886

Leipzig 16.10.86

Verehrter Herr Kollege!

Zum Leipzig-Besuch

Endlich komme ich dazu, Ihnen und den andern Herren meinen verbindlichsten Dank abzustatten für die freundliche Aufnahme, die ich in Leipzig gefunden habe, und für die angenehmen Stunden die Sie mir dort bereitet haben. Namentlich Ihnen spreche ich hierfür meinen besten Dank aus und möchte Sie bitten auch den Hrn. Prof. Lie, Prof. Schur und Study meinen herzlichen Dank zu übermitteln. Meine Reise hat, besonderer Umstände wegen, länger gedauert als ich zuerst beabsichtigte. Ich bin erst am 2. Sept. wieder zurückgekehrt und habe mich dann wieder an meine unterbrochenen Arbeiten gegeben. Leider habe ich bisher den erwünschten Erfolg nicht gehabt. Abgesehen von den Schwierigkeiten, die in der Sache liegen und die ich durchaus nicht verkenne, muß ich gestehen, dass eine langdauernde Krankheit meines jüngsten Kindes[75] mich an aller Schaffensfreudigkeit hindert. Ich studire; aber meine Gedanken sind durch die äussern Umstände gar zu gelähmt.

Familie

Nur durch ein Vergessen habe ich Ihnen für Ihren schönen Beweis der Jacobischen Relation nicht gedankt. Wenn die Theorie der continuirlichen Gruppen, wie wir alle es nicht nur wünschen, sondern geradezu für notwendig halten, ein in sich abgeschlossenes, für

[75] Vgl. 10(55) und 20(79).

sich bestehendes Ganze bildet, so müssen Ihre Beweise eben auch ganz von allem Beiwerk frei sein. Jedes fremde Beiwerk ist aber um so störender, je fundamentaler der Satz ist, bei welchem es benutzt wird. Ihr Beweis des Jacobischen Theorems, dieses für unsere Theorie fundamentalen Satzes [?] bleibt aber ganz in der Gruppentheorie und genügt schon deshalb allein allen Forderungen, abgesehen von dem Umstande, dass er überaus natürlich und einfach ist.

Auf meine neuesten Untersuchungen kann ich leider nicht eingehen; ich thäte vielleicht bei den augenblicklichen traurigen Verhältnissen im Hause besser, dieselben ganz liegen zu lassen und eine Zeit abzuwarten, wo ich ordentlich arbeiten kann. Ich will deshalb auf einen Punkt aufmerksam machen, den ich bereits Lie gegenüber im *Lie* Gespräch erwähnte und dessen Wichtigkeit ich in der letzten Zeit wiederum erkannt habe. Lie teilt die zu einer gegebenen Zahl n *Einteilung der Gruppen* von Variabeln zugehörigen Gruppen bei beliebigem n in derjenigen Weise ein, die er für $n = 2$ im 16. Bande der Annalen[76] durchgeführt hat. Wie ich aus Ihrem und Lie's Aeußerungen bei meiner Anwesenheit schließen muss, ist dieselbe Einteilung für $n = 3$ auch bereits durchgeführt. Ehe ich mit Lie's Arbeiten bekannt war, neigte ich mich einer andern Einteilung zu; ich führte dieselbe aber nicht durch, da mir zunächst Untersuchungen über die Zusammensetzung selbst notwendig schienen. Dieser Überzeugung bin ich auch jetzt noch, ja meine letzten Untersuchungen haben mir die Notwendigkeit gezeigt, zunächst die Theorie der Zusammensetzung zu einem gewissen Abschluss zu bringen. Meine Einteilung beruht auf folgendem.

Jede inf. Transformation (und die Fortsetzung einer solchen) teilt den n-dimensionalen Raum in eine $(n-1)$-fach ausgedehnte Schar von Linien, so dass jede Linie in sich bewegt wird. Jetzt suche ich zunächst diejenigen Gruppen, in denen keine zwei Transformationen dieselbe Linienschar in sich bewegt. Dann ergibt sich für die Zahl r eine ganz bestimmte obere Grenze, die für jedes n mit Leichtigkeit bestimmt werden kann. Überhaupt lassen sich mit großer Leichtigkeit bei gegebenem n alle Gruppen bestimmen, bei denen dieselbe Linienschar nicht durch zwei verschiedene Tr. in sich bewegt wird. Wenngleich ich dies bisher nicht durchgeführt habe, ich vielmehr zunächst noch einige Sätze über die Zusammensetzung bedarf, zweifle ich kaum an der Richtigkeit.

Nachdem diese Gruppen bestimmt sind, ist der Übergang zu sol-

[76] [L1880]

chen Gruppen, bei denen dieselbe Schar von Linien in sich bewegt wird, nicht mehr schwierig. Besonders wichtig ist der Satz, dass jedesmal eine solche Gruppe eine Untergruppe der ersten Art enthält, wodurch die Untersuchung außerordentlich erleichtert wird. Auch die Beziehungen mehrerer solcher Linienscharen, wenn sie vorkommt, zu einander, ist recht einfach. *Die Zahl l* Dass die beiden Zahlen l und p hier ebenfalls eine wichtige Rolle spielen, will ich nicht unerwähnt lassen.[77]

Für $n = 2$ habe ich die angedeutete Einteilung durchgeführt und habe mich, ohne gerade ins einzelne zu gehen, überzeugt, wie man ohne Rechnung und ohne tiefere Überlegung alle Gruppen erhält. – Ich will noch bemerken, dass ich bereits in meiner Arbeit: Erweiterung des Raumbegriffes, auf diese Einteilung hingedeutet habe.

Wie erwünscht es mir wäre, auch die Resultate Ihrer Untersuchungen kennen zu lernen, brauche ich wohl nicht mehr zu erwähnen. Können Sie mir nicht dazu behülflich sein?

Mit den besten Grüßen an Lie und die andern Leipziger Bekannten

Ihr

W. Killing

19. *Engel an Killing* (M)

Leipzig 21.10.86

Sehr geehrter Herr Professor!

Die Beantwortung Ihres werthen Briefes will ich nicht länger aufschieben, denn um so eher darf ich doch hoffen bald von Ihnen wieder etwas zu hören. –

Zum Leipzig-Besuch An Lie und Schur habe ich Ihre Grüsse und Ihren Dank übermittelt, an Study habe ich ihn geschrieben, da derselbe im Winter nicht nach Leipzig kommt, sondern in Coburg zu Hause bleiben will, um zu arbeiten. Nehmen Sie noch nachträglich wieder die Versicherung entgegen, dass es uns allen, besonders aber mir hocherfreulich gewesen ist, Sie hier begrüssen zu können. So nahe man einander auch durch die Gemeinsamkeit der wissenschaftlichen Interessen kommen mag, die persönliche Bekanntschaft bewirkt doch immer eine noch engere Verbindung. –

[77]Zur Bedeutung von p vgl. 6(27); zur Definition des Ranges einer Lie-Algebra (im Sinne von Killing und im heute gebräuchlichen Sinn) vgl. 21(80) oder [ZvG 1] S. 254.

Sehr leid thut es mir, dass Ihnen schon wieder durch Krankheit in Ihrer Familie die Arbeitsfreudigkeit beeinträchtigt wird und ich wünsche von Herzen, dass Sie in Ihrem nächsten Briefe berichten können, dass alles wieder gut ist. –

Ihre Eintheilung der Gruppen scheint auch mir sehr gut, wenn auch die zweite Classe noch zu umfangreich sein dürfte und es daher wünschenswerth ist auch sie in Unterabtheilungen einzutheilen, was gewiss nach einem ähnlichen Princip geschehen kann. Es hat ja übrigens den Anschein, dass Sie schon selbst diess bedacht haben, da Sie von Gruppen sprechen, bei welchen mehrere solche Curvenschaaren auftreten. Wollen Sie übrigens nicht das Worth Bahncurve annehmen? Dass Sie also von Gruppen reden, bei welchen keine zwei inf. Trff. mit denselben Bahncurven vorhanden sind? Lie interessirte sich auch dafür, er hat wohl bei speciellen Gruppen bemerkt, dass die von Ihnen besprochene Eigenschaft wichtig ist, aber dass diess einen so schönen Gesichtspunkt für die Betrachtung der Gruppen im Allgemeinen abgeben könnte, daran hatte er nie gedacht. So hat er z.B. bei den Untersuchungen über die Helmh[oltz]'sche Arbeit, über welche er auf der Naturforscherversammlung berichtet hat, sehr wohl bemerkt, dass die Gruppe der Euclid[ischen] oder Nichteuclidischen Bewegungen in Ihre erste Klasse gehört und indem er darauf ausgeht, alle Gruppen zu bestimmen, welche den H[elmholtz]'schen Forderungen genügen, zeigt er zuerst, dass bei diesen Gruppen keine zwei inf. Trff. dieselben Bahncurven haben. Diese Sachen werden jetzt gerade ausgearbeitet und sollen in die Annalen kommen.

Zur Einteilung der Gruppen

Lie

Helmholtz

Sehr begierig bin ich, wie Sie beweisen, dass eine Gruppe des R_n welche Ihrer ersten Classe angehört, eine gewisse Anzahl der Parameter nicht übersteigen kann. Ich kann mir nicht denken, wie Sie es machen. Ist es richtig, wenn ich vermuthe, dass die Gruppe der Euclidischen Bewegungen des R_n die höchste Anzahl von Parametern enthält? Doch wohl kaum! Wegen der Zusammensetzung, denke ich mir, werden Sie den Satz brauchen, dass jede Gruppe mit mehr als $n^2 - 1$ Parametern jedenfalls n unabhängige inf. Trff. enthält, die paarweise vertauschbar sind? Oder hatten Sie diesen Satz schon damals bewiesen, als Sie hier waren? Doch ich will keine Vermuthungen mehr aussprechen. Interessant wird es Ihnen jedoch sein, dass es <u>unendliche</u> Gruppen giebt, bei welchen keine zwei inf. Trff. dieselben Bahncurven haben. Z.B. die Gruppe:

unendliche Gruppen

$$F(x)p + F(y)q,$$

F eine willkürliche Function, besitzt diese Eigenschaft; doch lege ich auf diese Gruppe weniger Gewicht, weil sie nicht durch Diffgl. definirt werden kann. Lässt man dagegen die beiden Curvenschaaren $y = \text{const}$ zusammenfallen, so enthält man eine Ausartung jener Gruppe, nämlich:

$$F(x)p + yF'(x)q \qquad F'(x) = \frac{dF}{dt}$$

und diese Gruppe besitzt ebenfalls die betreff. Eigenschaft, ist aber durch Diffgl. definirbar:

$$\xi_y = 0 \qquad \eta = y\xi_x.$$

Arbeit an Lies Buch

Von meinen eigenen Arbeiten ist nichts zu berichten, da ich in den Ferien nur für das Buch über die Trfsgr.[78] gearbeitet habe. Besonders viel Zeit haben mir die proj. Gruppen des R_3 gekostet, etwa 300 an der Zahl, die aber leider immer noch nicht reinlich aufgestellt sind. – Nur nebenbei habe ich einige Kleinigkeiten betrieben. So bemerkte ich, dass die Lie'sche Classification der Gruppen der Ebene eigentlich noch etwas weiter getrieben werden muss. Aus der Zahl der Gruppen die nur eine Curvenschaar invariant lassen, sind noch die abzusondern, die zwei unendlich benachbarte Curvenschaaren inv. lassen. Erst dann werden die verschiedenen Classen von Gruppen annähernd gleich stark. Nun interessiren mich von jeher die Ausartungen der Gruppen, ich fragte daher nach den Ausartungen der Gruppen, welche zwei Curvenschaaren inv. lassen, wenn diese Curvenschaaren zusammenfallen. Das giebt ganz hübsche Beziehungen zwischen Gruppen. Merkwürdig nur, dass nicht alle Gruppen, die zwei ∞ benachbarte Curvenschaaren stehen lassen, Ausartungen von andern Gruppen sind. –

Beispiele

Z.B. artet die Gruppe $p+q$, $xp+yq$, x^2p+y^2q aus in: p, $xp+yq$, $x^2p+2xyq$ oder in proj. Form: p, $xp+\frac{yq}{2}$, x^2p+yxq. Die erste Gruppe ist mit der proj. Gruppe des Kegelschnitts ähnlich, also bekommt man eine Ausartung der Nicht-Euclidischen Geometrie. Diese neue Geometrie hat Study in seiner Doktordissertation zuerst aufgestellt.

Studys Dissertation

Doch es wird Zeit zu schliessen, habe ich doch schon mehr als genug geplaudert.

[78] [L1888]

Mit dem nochmaligen Wunsche baldiger Besserung für Ihr Kind, sowie mit herzlichen Grüssen, die mir auch Lie und Schur aufgetragen haben, verbleibe ich Ihr

ergebener
Friedrich Engel

a. d. Pleisse 5

Noch möchte ich Sie auf einen allerdings selbstverständlich richtigen Satz aufmerksam machen, für den ich einen einfachen Beweis gefunden habe:

Jede krumme M_m des R_n gestattet weniger Collineationen als die ebene M_m des R_n.

20. *Killing an Engel* (G9)

Braunsberg den 29. Nov. 1886
Leipzig, 1.12.86

Geehrter Herr Kollege!

Haben Sie besten Dank für Ihren lieben Brief! Derselbe erweckte so recht große Sehnsucht in mir, es möchte mir möglich werden, einmal mehrere Wochen mit Ihnen zusammenzusein. Zwar weiß ich, dass mir das nie wird möglich sein; aber darum möchte ich es doch dringend wünschen. Denn einerseits hat mich die Genauigkeit, mit der Sie meine Gedanken sofort aufgefasst haben, in großes Erstaunen gesetzt. Als ich den Brief schrieb, waren meine Gedanken vollständig von dem Wunsche absorbirt: „Möge mein Kind recht bald wieder gesund werden"; deshalb habe ich mich ganz gewiss nur höchst ungenau ausdrücken können. Dennoch haben Sie meine Gedanken ganz genau aufgefasst. Beim mündlichem Verkehr würde sich das weit besser machen, und ich würde unbedingt großen Nutzen von einem solchen Gedanken-Austausch ziehen. Andererseits fehlt mir gerade manches, von dem ich weiß, dass Lie und Sie es ausgeführt haben. Ich würde in meinen Untersuchungen viel weiter kommen, wenn mir z.B. diejenigen Beispiele zu Gebote ständen, die Sie genau kennen. Ich kann mich kaum entschließen, dieselben selbständig zu entwickeln, da es mir eine immerhin recht große Arbeit verursachen würde. Vielleicht muss ich mich aber doch daran geben.

Wunsch nach persönlicher Zusammenarbeit

Familie

Lies Arbeiten

Was mich nun selbst betrifft, so habe ich seit längerer Zeit gar nicht mehr auf unserem gemeinschaftl. Gebiete gearbeitet. Mein kleines Mädchen wollte sich anfangs gar nicht bessern; die Gefahr dauerte sehr lange, und wenn eine Besserung einzutreten schien, kam wieder ein Rückschlag.[79] Bei der fortwährenden Angst wurden meine eigenen Kräfte sehr erschöpft. Dazu traten dann *Rektoratsgeschäfte* langweilige Rektoratsgeschäfte, an denen der Anfang des Semesters immer Überfluss hat. Als das nun besser wurde, musste ich 14 Tage *Geschworener* lang Geschworener sein und da das Los mich sehr häufig traf, habe ich bei gar manchem zu seiner Bestrafung mitgewirkt, allerdings, wo es nicht anders ging, auch einige freisprechen helfen. Es wäre überflüssig gewesen, unter diesen Umständen meine Kräfte an den Transformations-Gruppen zu verschwenden. Denn dasjenige, woran ich stehe, erfordert den Aufwand aller meiner Kräfte. Deshalb habe ich meine wenigen Mußestunden andern Gebieten zugewandt. Diejenigen Resultate sogar zu denen ich vorher gekommen war, sind mir fremd geworden. Sie müssen daher mit diesem kleinen Lebenszeichen vorlieb nehmen. Hoffentlich kann ich bald meine Arbeiten wieder ordentlich aufnehmen, und dann werde ich Ihnen hoffentlich auch etwas mitteilen können.

Herzliche Grüße an Sie und die übrigen Herren von

Ihrem

W. Killing

21. *Killing an Engel* (G10)

Braunsberg den 31. Jan. 1887

Leipzig 2.2.87

Geehrter Herr Kollege!

Obwohl ich mit meinen Untersuchungen nach keiner Seite hin zum Abschluss gekommen bin, möchte ich Ihnen ein kleines Lebenszeichen geben. Ich bin in diesem Winter recht stark behindert; *Krankheiten in der Familie* die Krankheiten in meiner Familie hören gar nicht auf, und ich muss jetzt schon zufrieden sein, wenn es nichts Lebensgefährliches ist. Aber es ist selbstverständlich, dass ich durch jede Krankheit der Meinigen stark in der Arbeit behindert werde. Dazu kommt, dass die Untersuchungen, zu denen ich nun einmal gekommen bin, gar wenig für mich passen. Auf dem nun einmal betretenen Gebiete glaube ich nur mit saurer Arbeit etwas, und dann nur etwas

[79]Demnach gab es außer den Töchtern Maria (1888–1969) und Anka (1890–1945) eine dritte Tochter (insgesamt also sieben Kinder), über die in den biographischen Quellen keine Angaben gefunden werden konnte. Siehe auch 10(55).

Weniges, leisten zu können. Daher fehlt mir die Liebe, die Hingebung an die Arbeit. Mehrmals habe ich andern Gebieten mich zugewandt. Aber schließlich wird hoffentlich der Gedanke überwiegen, dass, nachdem ich die betr. Untersuchungen begonnen habe, ich sie auch zu Ende führen muss. Nach dieser etwas langen Einleitung zur Sache! *„arbeiten ohne Liebe"*

Ich habe es für notwendig erkannt, die Determinante[80]

$$|\gamma_{\alpha\beta}| = \begin{vmatrix} \gamma_{11} & \cdots & \gamma_{r1} \\ \cdots & \cdots & \cdots \\ \gamma_{1r} & \cdots & \gamma_{rr} \end{vmatrix}$$

zunächst nur unter der Bedingung zu untersuchen, dass

$$\gamma_{\alpha\beta} = \sum_{\iota} y_\iota c_{\iota\alpha\beta} \qquad \text{und}$$

$c_{\iota\alpha\beta} + c_{\alpha\iota\beta} = 0$ ist, so dass die übrigen Bedingungen zwischen den $c_{\iota\kappa\lambda}$ nicht erfüllt zu sein brauchen. Offenbar ist die Determinante identisch gleich null. Bezeichne ich (ob diese Bezeichnungen beibehalten werden, weiss ich noch nicht), diejenige Unterdeterminante, welche man nach Weglassung der κ^{ten} Vertikal- und der λ^{ten} Horizontalreihe erhält, mit $\binom{\kappa}{\lambda}$, so ist $\binom{\kappa}{\lambda} = y_\kappa \varphi_\lambda$, wo $\varphi_1 \ldots \varphi_r$ homogene Functionen $r - 2^{\text{ten}}$ Grades sind. Sind die weiteren Bedingungen zwischen den $c_{\iota\kappa\lambda}$ erfüllt, so sind die $\varphi_1 \ldots \varphi_r$ Ableitungen derselben Function nach $y_1 \ldots y_r$. Im allgemeinen bestehen zwischen den $\varphi_1 \ldots \varphi_r$ besondere Beziehungen, welche spezielle Eigenschaften der

[80] Hier tritt (nach dem Hinweis in 17) zum ersten Mal die Matrix Γ von ad$Y$, $Y = \sum \eta_i X_i$ bez. der Basis $X_1, \ldots X_r$ auf. In der Einleitung zu [K1889] nennt Killing verschiedene Gründe, weshalb er die Wurzeln der „charakteristischen Determinante" $|\Gamma| = \det(\mathrm{ad}Y - \omega\mathrm{Id}) = \omega^r - \psi_1(\eta)\omega^{r-1} + \cdots \pm \psi_{r-1}(\eta)\omega$ zur Grundlage seiner weiteren Untersuchungen macht. Der wichtigste dürfte der sein, daß sie sich aus dem „naturgemäßen Problem [...] der Bestimmung aller in einer gegebenen Gruppe enthaltenen zweigliedrigen Untergruppen, in denen eine gegebene eingliedrige Untergruppe enthalten ist", ergibt.

Die hier folgenden Determinantenbetrachtungen werden in [K1889b] in allen Einzelheiten aus- und weitergeführt, u.a. mit dem Ziel, die Invarianz der Koeffizienten von $|\Gamma|$ (als Funktionen von $\eta_1, \ldots \eta_r$) unter der adjungierten Lie-Algebra zu beweisen.

Die erstmals in 18 erwähnte Zahl l wird in [ZvG 1], S. 254 als „die Zahl der voneinander unabhängigen Funktionen $\psi_1, \ldots \psi_{r-1}$" definiert, „so daß sich alle anderen durch diese ausdrücken lassen". Diese Zahl ist i.a. kleiner als der Rang k im heutigen Sinne; im Fall einer halbeinfachen Lie-Algebra stimmen beide Zahlen überein; vgl. auch 23(91). Für eine detaillierte Beschreibung der Zusammenhänge siehe Hawkins [H1982] S. 152.

Function angeben, von der im speziellen Falle $\varphi_1 \ldots \varphi_r$ Ableitungen sind.

Jetzt bezeichne ich (vorläufig) diejenige Unterdeterminante, welche man durch Auslassung der ι^{ten} und κ^{ten} Vertikal- und der λ^{ten} und μ^{ten} Horizontalreihe erhält, mit $\binom{\iota\kappa}{\lambda\mu}$, so ist

$$\binom{\iota\kappa}{\lambda\mu} = \binom{\iota}{\lambda\mu} y_\kappa - \binom{\kappa}{\lambda\mu} y_\iota,$$

wo $\binom{\iota}{\lambda\mu}$ von der Marke κ ganz unabhängig ist und durch die Gleichung:

$$\binom{\iota}{\lambda\mu} = \frac{1}{2(r-2)} \sum_\kappa \frac{\partial \binom{\iota\kappa}{\lambda\kappa}}{\partial y_\kappa}$$

definirt werden möge, so dass ist:

$$\sum_\iota \frac{\partial \binom{\iota}{\lambda\mu}}{\partial y_\iota} = 0.$$

Nun können die Ausdrücke $\binom{\iota}{\lambda\mu}$ auch in anderer Weise definirt werden, resp. man kann die Bildung dieser Ausdrücke leicht explicit angeben. Dann ergibt sich unmittelbar infolge der ersten Definition der Satz:

Wenn alle $\frac{r(r-1)}{2}$ Ausdrücke $\binom{\iota\kappa}{\lambda\mu}$ verschwinden, für welche λ und μ einen festen Wert haben, so verschwinden auch die r Ausdrücke:

$$\binom{1}{\lambda\mu}, \binom{2}{\lambda\mu} \cdots \binom{r}{\lambda\mu}.$$

Ferner hoffe ich, beim Beweise des folgenden Satzes keinen Fehler gemacht zu haben:

Wenn alle Unterdeterminanten $r-1^{\text{ten}}$ Grades verschwinden, so ist

$$\binom{\iota}{\rho\sigma} = \varphi_\iota \psi_{\rho\sigma}.$$

Diese Sätze lassen sich auf Unterdeterminanten $r-2^{\text{ten}}$, $r-3^{\text{ten}}$, ... Grades ganz einfach übertragen.

Ferner ist

$$\varphi_\lambda = \sum_{rho} \gamma_{\rho\alpha} \binom{\rho}{\alpha\lambda}, \quad \text{aber} \quad \sum_\rho \gamma_{\rho\alpha} \binom{\rho}{\lambda\mu} = 0,$$

wenn α von λ und μ verschieden ist. Die Übertragung auf Größen $\binom{\alpha\beta}{\rho\sigma\tau}\ldots$ führt auf weniger einfache Formeln.

Diese Untersuchungen sind noch nicht abgeschlossen. Solche Determinanten sind eben durchaus mein Gebiet nicht. Aber ich habe erkannt, wie notwendig diese Untersuchungen für die Theorie der Zusammensetzung der Gruppen sind.

Ob es mir gelingen wird, Ihnen betreffs meiner weiteren Untersuchungen über die Zusammensetzung ein irgend klares Bild zu machen, möchte ich bezweifeln. Ich wähle einige Beispiele, zunächst die allgemeinste Gruppe, für welche $p = r$, $l = 1$ ist (für zwei Variabele von Lie in der Form aufgestellt:[81] q, xq, x^2q, $\ldots$ $x^{r-4}q$, p, $2xp + (r-4)yq$, $x^2p + (r-4)xyq$.[82] Aber auch hier treten leichte Änderungen für ein gerades und ungerades r ein; ich beschränke mich auf ein ungerades r.

Beispiel $p = r$, $l = 1$

Im $(r-l)$-dimensionalen Bildraume nehme ich eine $(r-4)$-dim. Ebene E_{r-4} und eine zweidim. Ebene E_2 an. Beide Ebenen dürfen keinen Punkt gemeinschaftlich haben. In E_{r-4} nehme man eine $(r-3)$-fach gekrümmte Curve C^{r-4} vom $r-4^{\text{ten}}$ Grade an (dieselbe ist durch einen Parameter rational darstellbar). In E_2 nehme man einen Kegelschnitt K^2 an und ordne die Punkte von C^{r-4} und K^2 einander eindeutig stetig zu. Ferner construire man einen Kegel 2. [Ordnung?] Kg, welcher die E_{r-4} zur singulären Ebene hat und durch K^2 hindurch geht. Dann sind auch deren $(r-3)$-dim. Ebenen den Punkten von C^{r-4} eindeutig und stetig zugeordnet, und da jeder Punkt von Kg nur einer einzigen $(r-3)$-dim. Ebene angehört, so ist auch jedem Punkte von Kg ein einziger Punkt von C^{r-4} zugeordnet. Jeder Punkt von Kg enthält eine Gerade, welche eine zweigliedrige Untergruppe mit vertauschbaren Transform[ationen] abbildet; diese Gerade geht durch den nach dem Obigen zugeordneten Punkt von C^{r-4}. Auf diese Weise erhält man alle zweigl[iedrigen] Untergruppen, deren Tr[ansformationen] vertauschbar sind.

Da man von jedem Punkte des Bildraumes zwei Tangentialebenen an Kg legen kann, so sind unmittelbar jedem Punkte des Raumes zwei Punkte der C^{r-4} zugeordnet. Ist π der geg[ebene] Punkt des

[81] In der folgenden Formel ist (in Liescher Bezeichnungsweise) $p = \frac{\partial}{\partial x}$, $q = \frac{\partial}{\partial y}$.

[82] Diese Lie-Algebra ist direkte Summe der zu $\mathbf{sl}_2$ isomorphen, von $F = p$, $H = 2xp + (r-4)yq$ und $E = x^2p + (r-4)xyq$ aufgespannten Teilalgebra und dem von q, xq, x^2q, $\ldots$ $x^{r-4}q$ aufgespannten Abelschen Ideal, auf dem die Teilalgebra irreduzibel operiert. Die Darstellungstheorie der $\mathbf{sl}_2$ findet sich auch in [ZvG 1] S. 277f.

Raumes, sind π' und π'' die entpsrechenden Punkte von C^{r-4}, so stellen die Geraden $\pi\pi'$ und $\pi\pi''$ zweigl. Untergruppen dar, und π' und π'' stellen die Haupttransformationen einer jeden solchen Untergruppe dar. Legen wir in π' an C^{r-4} die Tangente, so liegt auch auf dieser ein Hauptpunkt für eine von π zu ziehende Gerade, welche eine zweigliedrige Untergruppe darstellt u.s.w. Endlich lege man in π' an C^{r-4} die $(r-3)$-dimensionale Schmiegungsebene und verbinde sie mit dem entsprechenden Punkte von K^2, so liegt auch auf dieser ein Hauptpunkt einer solchen Geraden. Um die Lage dieser Punkte zu bestimmen, ist eine weitere Zuordnung zu machen (für $r > 5$). Die Angabe im einzelnen würde mich hier zu weit führen. Ich bemerke nur folgendes: Auf E_2 ist ein Büschel von vierpunktig berührenden Kegelschnitten den auf der von den Tangenten der C^{r-4} gebildeten Fläche liegenden weiteren Curven $r-4^{\text{ten}}$ Grades zuzuordnen. Besonders interessant sind diejenigen dreigl. Untergruppen, welche keine vertauschbaren Tr[ansformationen] enthalten. Während in jeder Gruppe jede bel. Tr. einer dreigliedrigen Untergruppe angehört, wird diese Untergruppe im allgemeinen vertauschbare Tr[ansformationen] enthalten. Nur für $p = r$, $l = 1$ gehört jede bel[iebige] Tr[ansformation] einer dreigl. Untergruppe ohne vertauschbare Tr[ansformationen] an (Kegelschnitts-Gruppe); in jedem andern Falle muss die Tr[ansformation] besonderen Bedingungen genügen, wenn diese dreigl. Untergruppe keine vertauschb[aren] Elemente enthalten soll, während für $r > 3$ immer dreigl. Untergruppen mit vert[auschbaren] Elementen hindurchgehen.

Ich bemerke noch, dass diese Betrachtungen überhaupt unmittelbar alle Untergruppen der geg[ebenen] Gruppe liefert.

Beispiel $r=p=6$, $l=2$ Die Besprechung mancher Gruppen (z. B. der projektivischen) würde mich hier zu weit führen. Ich wähle ein überaus einfaches Beispiel: $r = p = 6$, $l = 2$: $(X_1X_2) = 2X_2$, $(X_1X_3) = -2X_3$, $(X_2X_3) = X_1$, $(X_4X_5) = 2X_5$, $(X_4X_6) = -2X_6$, $(X_5X_6) = X_4$ (die übrigen 0).[83] Dann construire man im Bildraume zwei Kegel K' und K'' mit einer zweidimensionalen singulären Ebene S' und S'' und durch ihren Schnitt ein Gebilde zweiter Ordnung F^2. Dann sind die Punkte von S' mit einander und mit den Punkten von S'' vertauschbar. Legt man durch einen beliebigen Punkt des Raumes eine Gerade, welche S' und S'' trifft; diese stellt eine zweigl. Untergruppe mit vertauschbaren Elementen dar. Um die andern zweigl.

[83] Diese Lie-Algebra ist isomorph zur direkten Summe $\mathbf{sl}_2 \oplus \mathbf{sl}_2$.

Untergruppen zu erhalten, nehme man zunächst an, der Punkt läge nicht auf F^2. Dann gehen vier solche Gerade hindurch; zwei Hauptpunkte liegen auf dem Schnitt von K' und S'', zwei weitere auf dem Schnitt von K'' und S'; die Tangentialebenen bestimmen diese Punkte unmittelbar. Die Hauptpunkte aller zweigl. Untergruppen, welche durch die sämtl[iche] Punkte des Raumes mit Ausschluss der F^2 gehen, liegen auf zwei Kegelschnitten. Dagegen füllen die Hauptpunkte für die in F^2 liegenden Punkte ein dreidim. Gebilde, das Schnittgebilde der beiden Kegel. Man erhält diese Gebilde auch, wenn man jeden Punkt des einen Kegelschnitts mit einem Punkt des andern Kegelschnitts durch eine Gerade verbindet.

Dreigliedrige Untergruppen (ohne vertauschbare Elemente) gehören notwendig der F^2 an und zwar stellt jede zweid. Ebene auf F^2 eine solche Untergruppe dar.

Ich habe dies Beispiel gewählt, weil sich manche Eigenschaften der Gruppen $l = 2$ daran in einfachster Weise darstellen.

Grüßen Sie Lie und Schur! Ich hoffe, auch einmal etwas von Ihnen zu hören.

Mit bestem Gruße

Ihr ergebener
W. Killing

22. *Engel an Killing* (M)

Leipzig 3.2.87

Sehr geehrter Herr Professor!

Vielen Dank für Ihren ausführlichen Brief; Sie haben mich durch denselben sehr beschämt, denn längst hätte ich schreiben sollen und ich hätte es auch längst gethan, kostete mich der Entschluss zum Schreiben nicht immer so viel Ueberwindung. –

Ich bedaure lebhaft, dass Sie in Ihrer Familie noch immer so viel Krankheit haben, hoffentlich bringt das Frühjahr eine ernstliche Wendung zum Bessern.

Freilich viel des Guten kann man sich von diesem Frühjahr kaum versehen[?], wer weiß, was es uns bringt. – Auch ich werde in den gegenwärtigen militärischen Vorbereitungen mit berührt. Ich weiss *Militär* heute (Donnerstag Abend) noch nicht, ob ich nicht noch eine Ordre zu einer 12-tägigen Uebung bekomme, die am Sonntag beginnt. Wenn ich aber jetzt drum rum komme, im März muss ich gewiss eine mitmachen. Jetzt freilich wäre es mir wenig erbaulich 14 Tage unfreiwillig Ferien machen zu müssen. –

Ihre Mittheilungen sind mir sehr interessant. Auch mir scheint es sehr richtig die Determinante $|\gamma_{\alpha\beta}|$ als solche zunächst zu untersuchen, ohne auf die Relationen zwischen den c_{iks} Rücksicht zu nehmen. Freilich bin auch ich zu solchen Untersuchungen nicht sehr geneigt. –

Als Antwort auf die zweite Hälfte Ihrer Mittheilungen, möchte ich Ihnen folgenden Satz beweisen:

Ein Satz von Engel

Satz. Jede r-gliedrige Gruppe, welche keine K[egel]schnittsgr. (von der Zusammensetzung p up u^2p) enthält,[84] enthält eine $(r-1)$gl[iedrige] inv. UG, diese enthält eine in der r-gliedr. invariante G_{r-2}, die G_{r-2} eine in der G_r inv. G_{r-3} u.s.w.[85]

Zum Beweis benutze ich folgenden Hilfssatz, den Lie wohl schon kennt, während er den andern Satz noch nicht kannte:

Hilfssatz. Enthält eine G_r ohne K[egel]schnittsg[ruppe] eine G_{r-1}, so enthält sie sicher auch eine invar. G_{r-1}.

Beweis. Ist die G_{r-1} nicht inv., so ∞^1 mit ihr gleichber[echtigte] UGruppen G_{r-1}, die von der adjungirten Gruppe untereinander vertauscht werden und zwar als einfache Mannigfaltigkeit entweder eingliedrig oder zweigliedrig (nicht dreigliedrig, weil keine Kschnittsgruppe vorhanden ist.) Es giebt also zu der G_r entweder eine meroedrisch isomorphe[86] G_1 oder eine solche G_2 eben die Gruppe, welche die ∞^1 G_{r-1} transformirt.[87] Also enthält die G_r entweder eine inv. G_{r-1} oder eine inv. G_{r-2}. Die event[uelle] G_{r-2} ist eine ebene M_{r-3} im R_{r-1} der ∞^{r-1} inf. Trff. der Gruppe. Durch diese M_{r-3} gehen ∞^1 ebene M_{r-2} die von der adjungirten Gruppe höchstens zweigliedrig transfomirt werden. Also bleibt eine dieser M_{r-2} sicher bei der adj[ungierten] Gruppe inv. d.h. es giebt auch hier eine inv. G_{r-1}, welche durch die inv. M_{r-2} dargestellt wird.

---

[84]Eine „Kegelschnittsgruppe" ist also eine zu $\mathbf{sl}_2$ isomorphe Lie-Algebra. Killing benutzt diesen Ausdruck im vorangehenden Brief ebenfalls. In [E1887] rückt Engel von dieser Bezeichnung ab. Zu dem heute sogenannten „Satz von Engel", der besagt, daß Lie-Algebren vom Rang 0 nilpotent sind, vgl. 65(240).

[85]Engel publiziert diesen Satz in [E1887] und beweist dort auch die Umkehrung, also den Satz, daß eine Lie-Algebra genau dann „integrabel" ist (diesen Namen führt Lie in [L1893] ein, heute sagt man auflösbar), wenn sie keine zu $\mathbf{sl}_2$ isomorphe Teilalgebra enthält. (Zu einer „Lücke" im Beweis siehe Fußnote 87.)

[86]Ein meroedrischer Isomorphismus ist ein surjektiver Homomorphismus.

[87]In [E1893b] bemerkt Engel, „daß dies gar nicht so selbstverständlich ist, daß es vielmehr erst bewiesen werden muß"; siehe auch 61. Diese „Lücke" wird in [E1893b] geschlossen.

Damit ist der Hilfssatz erwiesen. Nun noch ein Satz von Lie:

Enthält eine G_r eine G_m und enthält diese G_m eine inv. G_{m-1}, die G_{m-1} eine in der G_m inv. G_{m-2} u.s.w. so steckt die G_m in einer UG_{m+1} der G_r. –

Jetzt weiter:

Jede G_5 ohne K[egel]schnittsgr. enthält eine G_4, also eine inv. G_4, die G_4 enthält eine inv. G_3, die G_3 eine inv. G_2, die G_2 eine inv. G_1.[88] Nach einem anderen Satze von Lie kann man diese Untergruppen so umschachteln, dass die G_3 inv. in der G_5, die G_2 inv. in der G_5, die G_1 inv. in der G_5.

Also: enthält eine G_r ohne K[egel]schnittsgruppe eine G_5, so steckt dieselbe in einer G_6, jede ihrer G_3 steckt also in einer G_4, die G_4 in einer G_5, also enthält die G_r eine G_6. Die G_6 enthält eine G_5 also auch eine inv. G_5 u.s.w. Die G_6 steckt in einer G_7, ebenso die G_7 in einer G_8 u.s.w. also jede G_r ohne Kschnittsgruppe enthält eine G_{r-1}, also eine inv. G_{r-1} u.s.f.

Auf diese allerdings langwierige Weise lässt sich der Satz beweisen.

Für proj. Gruppen folgt daraus:

Jede proj. G_r die keine K[egel]schnittsgr. enthält, lässt sicher einen Punkt, eine hindurchgehende Gerade, eine durch diese gehende ebene M_2 u.s.w. invariant. *invariante Fahne*

Dieser Satz, dem ich schon seit einiger Zeit auf der Spur war, und dessen Beweis mir jetzt fehlerfrei zu sein scheint,[89] ist nicht unnützlich für die Bestimmung von Zusammensetzungen.

Vielleicht ist die Frage nicht unpassend:

Eine G_r mit K[egel]schnittsgruppe ist gegeben, welche ist ihre grösste UG, die keine Kegelschnittsgruppe enthält?[90]

Es ist andererseits leicht alle viergliedrigen und fünfgliedrigen Zusammensetzungen anzugeben, die eine Kegelschnittsgruppe enthalten.

Können Sie jetzt allgemein beweisen, dass jede G_r 5-gliedrige und 6-gliedrige Untergruppen enthält?

Doch es wird spät und mein Brief ist auch nicht kurz gerathen.

[88] G_2 in der Handschrift.

[89] Vgl. Fußnote 87.

[90] Hier fragt Engel nach dem „Radikal" einer Lie-Algebra; vgl. Killings Reaktion im folgenden Brief und Engels Antwort.

Drum lassen Sie mich schliessen. Lie und Schur erwidern Ihre Grüsse bestens. Mit herzlichen Grüssen

Ihr ergebener
Friedrich Engel

23. *Killing an Engel* (G11)

Braunsberg den 7. Februar 1887
Leipzig 9.2.87

Geehrter Herr Kollege!

Für Ihren Brief besten Dank! Ich benutze den ersten freien Augenblick, um Ihnen eine kurze Antwort zu schicken. Zu der Störung, welche Ihnen die erwartete Übung bringt, condolire ich Ihnen; indessen ist das Leben nun einmal an solchen Störungen reich, diesen *Politik* Winter das meinige wohl überreich. An einen baldigen Krieg kann ich so recht nicht glauben, obwohl ich glaube, dass wir uns mit Frankreich und Russland auseinander setzen müssen. Indessen im Kriegsfalle würden wir hier die Grausamkeiten der Russen sehr zu fürchten haben. Es wäre ja immerhin möglich, dass die Russen bis zu uns gelangten. Indessen wollen wir uns vorläufig keine unnötige Angst machen, Sie, dass Sie mit in den Krieg ziehen müssten, und ich, dass die Russen kämen. Ich hoffe, dass wir unsere friedlichen Bemühungen um Transformations-Gr. noch lange fortsetzen können.

Zum Satz von Engel Dass Ihr Satz mir nicht ganz neu ist, wird Ihnen meine Mitteilung selbst gezeigt haben. Indessen habe ich den Satz bisher nur für einen Teil seines Gültigkeitsbereiches beweisen können. Leider bin ich bis jetzt noch immer zu ungeschickt in den von Ihnen (und Lie) angewandten Betrachtungen; ich hoffe aber, dass ich mich endlich auch entschließen werde, dieselben anzuwenden. Mein im vorigen Sommer angewandter Beweis war folgender:

Es sei X_1 eine allgemeine Tr.,[91] $X_2 \dots X_l$ die mit ihr vertauschbaren, und die Gl. $|\gamma_{\lambda\mu} - \varepsilon_{\lambda\mu}\omega|$, wo $\varepsilon_{\lambda\mu} = 1$ oder 0, enthalte im allgemeinen keine gleichen Wurzeln, so lassen sich die

[91] Gemeint ist wohl, in heutiger Terminologie, ein „reguläres Element" oder ein X, so daß die Dimension von $L^0(X) = \{Y \in L;$ es gibt ein $n \in \mathbb{N}$ mit $(\mathrm{ad}X)^n(Y) = 0\}$ minimal ist. Killing scheint schon hier irrtümlicherweise davon auszugehen, daß für eine „ganz allgemeine Transformation" $L^0(X)$ stets Abelsch ist, was i.a. falsch, aber z.B. für halbeinfache Lie-Algebren richtig ist.

übrigen Tr. $X_{l+1} \dots X_\rho \dots X_r$ so bestimmen dass ist $(X_1 X_\rho) = \omega_\rho^{(1)} X_\rho$, $(X_l X_\rho) = \omega_\rho^{(l)} X_\rho$. Sind ρ und σ zwei Zahlen aus der Reihe $l+1 \dots r$, so müssen, wenn $p = r$ sein soll, mindestens l Combinationen $\rho\,\sigma$ existiren, dass ist:

$$(X_\rho X_\sigma) = c_{\rho\sigma 1} X_1 + c_{\rho\sigma 2} X_2 + \ \cdots \ + c_{\rho\sigma l} X_l.$$

In der $(l-1)$-dim. Ebene, deren Tr. mit X_l vertauschbar sind, müssen aber mindestens l Punkte existiren welche Kegelschnittsgruppen angehören. q.e.d.

Auch der Fall gleicher Wurzeln lässt sich auf dieselbe Weise abmachen; aber für $l = 0$ (wenn jede zweigl. Untergruppe vertauschbare Elemente enthält[92]) habe ich den Satz bisher nicht bewiesen und hier erkenne ich Ihre Priorität ausdrücklich an. Ich habe aber den Satz, dass dann $p < r$ sein müsse, ohne Beweis angenommen und danach die Gruppen aufgestellt.

Wenn Ihr Satz nach einer Richtung weiter geht, so bedarf es keiner Erwähnung, dass diese Erweiterung für $l > 0$ auch unmittelbar aus meiner Betrachtung folgt. Hinwiederum kann man für $l = 0$, wie die Aufstellung zeigt, noch wieder weitergehen; namentlich besteht, wenn ich mich recht entsinne, in diesem Fall der Satz, dass mindestens eine Tr. mit allen andern vertauschbar ist. *Zentrum*

Wie berechtigt Ihre Frage ist:

Eine G_r mit Kegelschnittsgr. ist gegeben, welches ist ihre größte Ugr., die noch eine Kegelschnittsgr. enthält (Sie schreiben allerdings keine)? zeigen folgende Sätze:

Ist $l = 1$, so existirt keine $4, 5 \dots (r-1)$-gl. Untergr., welche eine K[e]g[e]lschn[itts]gr. enthält (während in diesem Falle $4, 5 \dots (r-l)$-gl. Untergruppen existiren).

Die allgem. proj. Tr.gruppe des l-dim. Raumes enthält $(r-l)$-dim. Untergruppen (und niedrigere), und darunter sind auch immer solche mit K[e]g[e]lschn[itts]gruppen; dagegen gehört jede bel. inf. Tr. einer $(l+1)$-gl. Ugr. ohne K[e]g[e]lschn[itts]gr. an.

Was Ihre letzte Frage betr. eines Beweises für den Satz anbetrifft, dass jede Gr. 6-gl. Untergruppen enthält, so habe ich mich damit seit dem Sommer nicht beschäftigt; mein Bestreben richtet sich eben vor allem auf die verschiedenen Werte von l und die verschiedenen Arten der Ugr. Ich zweifle aber nicht dass für $l > 0$ die Betrachtung der obigen Gleichungen $(X_\rho X_\alpha) = \omega_\rho^{(\alpha)} X_\rho$ für $\alpha = 1 \dots l$, $\rho =$ *6-dim. Teilalgebra*

[92]Das bedeutet, daß für jedes X das charakteristische Polynom von ad$X$ die Form ω^r hat; dies ist äquivalent zu $l = 0$.

$l+1\dots r$ diesen Beweis liefert.[93]

Die besten Grüße an Sie, Lie und Schur. Ihnen wünsche ich, dass Ihre Übung in eine angenehme Zeit fällt und dass Ihnen der Kampf mit Russen und Franzosen erspart bleibt.

Ganz der Ihrige
W. Killing

Entschuldigen Sie das gar zu mangelhafte Papir; ich bemerkte dessen Dürftigkeit gar zu spät.

24. *Engel an Killing* (M)

Leipzig 12.2.87

Sehr geehrter Herr Professor!

Für Ihre schleunige Antwort besten Dank; ich will auch meinerseits schon jetzt antworten, da ich wieder etwas mitzutheilen habe. –

Zum Satz von Engel Dass Sie den von mir im letzten Briefe bewiesenen Satz schon besessen, wenigstens der Hauptsache nach, sehe ich nunmehr sehr wohl ein. Für mich möchte ich aber das Verdienst in Anspruch nehmen den Satz direkt bewiesen zu haben, gross ist das Verdienst ja auch nicht, da ich nur die einzelnen von Lie herrührenden Sätze in Verbindung mit einander angewendet habe. Aber ein wichtiger Satz bleibt's doch. Uebrigens folgt doch aus dem Satze für $l = 0$ *Zentrum* ohne Weiteres dass eine ausgezeichnete inf. Trf.[94] existirt, es ist die inf. Trf. der invarianten eingliedrigen Gruppe.

Nun mein neuer Satz:

neuer Satz Enthält eine <u>einfache</u> G_r $(r > 3)$ eine G_{3m} von der Zusammensetzung der Gruppe

$$(+) \qquad p_k,\ x_k p_k,\ x_k^2 p_k \quad (k = 1, 2 \dots m),$$

so enthält sie sicher keine Untergruppe mit mehr als $r - m - l$ Parametern.[95]

[93]In [K1990b] behandelt Killing in der angedeuteten Weise das Problem der Bestimmung der „größten" Teilalgebren einer Lie-Algebra.

[94]Eine infinitesimale Transformation heißt nach Lie „ausgezeichnet", wenn sie mit allen infinitesimalen Transformationn vertauschbar ist, also zum Zentrum der Lie-Algebra gehört.

[95]Für jedes k ist $p_k,\ x_k p_k,\ x_k^2 p_k$ eine zu $\mathbf{sl}_2$ isomorphe Lie-Algebra.

Der Beweis gründet sich darauf, dass es keine G_{3m} von der Zusammensetzung (+) in weniger als m Veränderlichen giebt, dass jede Gruppe von dieser Zusammensetzung in gerade m Veränderlichen mit der Gruppe

$$p_i \quad x_i p_i \quad x_i^2 p_i \qquad (i = 1 \ldots m)$$

durch Punkttransformation ähnlich ist, dass endlich diese Gruppe in keiner grösseren endlichen Gruppe in m Veränderlichen enthalten ist.

Daraus folgt, dass eine Gruppe, welche die G_{3m} enthält, in weniger als $m + 1$ Veränderlichen möglich ist.

Nehmen wir endlich hinzu, dass es zu jeder einfachen Gruppe G_r, welche eine G_{r-q} enthält, eine gleichzusammengesetzte Gruppe in q oder weniger Veränderlichen giebt, so sehen wir dass die G_r unter den gemachten Voraussetzungen keine UG mit mehr als $r - q - 1$ Parametern enthält. W.z.b.w.

Ich vermuthe nun, dass sogar der folgende Satz gilt:

Enthält eine G_r eine G_{3m} von der oben angegebenen Beschaffenheit, aber keine G_{3m+3} von dieser Art, so enthält sie eine UG mit $r - m - 1$ Parametern und wenn sie einfach ist keine UG mit mehr Parametern. *Vermutung*

Für $m = 0$ ergiebt sich hieraus der Satz in meinem vorigen Briefe.

Aber beweisen kann ich vorläufig diesen Satz noch nicht. Ich bin überzeugt, dass Ihre Untersuchungen auf die Spur eines Beweises führen können. Wüsste ich nur genau die Beziehungen, in welchen Ihre Zahl l zu der Anzahl von paarweise vertauschbaren inf. Trff. steht. Sollte vielleicht so ein Satz gelten wie der: jede einfache G_r ist in l Veränderlichen möglich, aber nicht in weniger? Vielleicht sind das alles Hirngespinste, aber vielleicht auch nicht. *Auskunft über l*

Würden Sie vielleicht die Freundlichkeit haben, mir kurz die Sätze mitzutheilen, welche Sie über l haben? Sie standen ja zum Theil in Ihrem Manuscript im Sommer, aber ich bin nicht mehr ganz im Bilde, wie man zu sagen pflegt. –

Meine Frage war doch so gemeint, dass ich die grösste Untergruppe ohne K[egel]schnittsgruppe suchte. Natürlich ist auch die Frage nach der grössten Untergruppe, welche eine K[egel]schnittsgruppe enthält, sehr berechtigt. Aber auch die andere Frage scheint mir angemessen. Z.B. die allg. proj. Gruppe des R_n enthält eine $\frac{n(n+3)}{2}$-gliedrige UG ohne Kegelschnittsgruppe und jede inf. Trf. ist in einer solchen $G_{\frac{n(n+3)}{2}}$ enthalten (es ist die UG welche einen Punkt, eine hindurchgehende Gerade u.s.w. enthält).[96]

Weltlage Diess also meine mathematischen Mittheilungen. – Die Weltlage sieht ja jetzt etwas friedlicher aus aber ich glaube es wäre nicht zum Vortheil von Deutschland, wenn der Krieg mit Frankreich noch weiter verschoben würde. Einmal kommt es doch und da ist es um so besser, je früher er kommt. – Wann ich an die Uebung komme weiss ich noch nicht.

Jedenfalls herrscht überall bei den Truppentheilen eine fieber- *Wahlen* hafte Täthigkeit; die Hauptsache ist natürlich der 21. Februar. Ich werde da zum ersten Male auch mitwählen. –

Lie und Schur erwiedern Ihre Grüsse bestens, nicht minder

Ihr ergebener

Friedrich Engel.

25. *Killing an Engel* (G12)

Braunsberg 27. April 1887

Erh. Leipzig 28.4.87

Geehrter Herr Kollege!

Ich habe Sie diesmal etwas lange auf Antwort warten lassen. Der 21. Februar, der bei der Übersendung Ihres freundlichen und wert- *Zu den Wahlen* vollen Briefes vor der Thür stand, ist längst vorüber; die Wahlen sind ja wohl in dem Sinne ausgefallen, wie Sie es zu wünschen schienen. Ich selbst, obwohl persönlich ein Anhänger des Septennats,[97] hätte nicht gedacht, dass die Wahlen ein so verschiedenes Resultat ergeben würden. Ob dasselbe Resultat herausgekommen wäre, wenn der jetzt beantragte Nachtrags-Etat damals bekannt geworden wäre, möchte mir sehr zweifelhaft scheinen. Hoffentlich gelingt es aber, einen Modus zu finden, der es gestattet, aus Tabak, Schnaps, Zucker und dergl. einen genügenden Ertrag zu gewinnen. – Doch da bin ich in die Politik geraten, was meine Absicht eigentlich nicht war.

Ohne auf die interessanten Sätze einzugehen, die Sie in Ihrem Briefe entwickeln, möchte ich zunächst etwas von meinen eigenen Untersuchungen mitteilen. Zunächst einige lose Bemerkungen!

---

[96]Bez. einer geeigneten Basis die Teilalgebra der oberen Dreiecksmatrizen in $\mathbf{sl}_{n+1}$.

[97]Siebenjährige Geltungsdauer des Militäretats unter Bismarck.

Der Fall $l = 0$ ist nicht wesentlich verschieden von dem Falle, dass die Coeffizienten $P_1, P_2 \ldots$ in der Gl. $\omega^{r-1} + P_1\omega^{r-2} + \omega^{r-3}P_2 + \cdots = 0$, welche die zweigl. Untergruppen liefert, sich sämtlich durch lineare Functionen der Coordinaten im $(r-l)$-dim. proj. Raume darstellen lassen, oder wie Sie sich ausdrücken, wo in der Gruppe keine Kegelschnittsgruppe enthalten ist.[98] Sobald man die Bildung aller Gruppen $l = 0$ kennt, kann man auch die Gruppen der letzteren Art unmittelbar hinschreiben, resp. die allgemeinen Vorschriften angeben, nach denen man ohne jede Rechnung zu allen verschiedenen Gruppen dieser Art gelangt. Es folgt das unmittelbar aus dem (zuerst von Ihnen bewiesenen) Satze, dass jede solche Gruppe eine invar. Untergruppe aus $r-1$ Parametern hat.[99] Wenn ich eine Stelle in Ihrem Briefe recht verstehe, scheinen Sie diese Folgerung nicht gezogen zu haben. *Der Fall $l = 0$*

Ich habe übrigens versucht, diesen Satz auf demselben Wege zu beweisen, der mich bereits vor längerer Zeit zu manchen nicht unwichtigen Resultaten geführt hat. Dieser Weg besteht, wie Sie wissen, darin, r inf. Transf. so zu wählen, dass die Jacobischen Relationen größtenteils von selbst befriedigt werden, und man diejenigen unter ihnen, welche von einander unabhängig sind, sofort übersieht. Es sei demnach (für $l = 0$) $X_1 f$ eine ganz allgemeine, aber im übrigen willkürliche Tr.,[100] von dasselbe gelte von $X_2 f$; dann führt $(X_1 X_2)$ auf eine von $X_1 f$ und $X_2 f$ unabhängige dritte Transf. $X_3 f$; $(X_1 X_3)$ möge zunächst wieder auf eine von X_1 X_2 X_3 unabh. Tr. $X_4 f$ [führen] u.s.w. Ist $X_\alpha f$ die erste Tr., zu der man auf diesem Wege gelangt, für welche $(X_1 X_\alpha)$ sich durch X_1 X_2 X_3 $\ldots$ X_α ausdrücken lässt, so muss $(X_1 X_\alpha)$ wegen $l = 0$ verschwinden. Daraus folgt der auch sonstig unmittelbar einleuchtende Satz, dass jede Tr. mindestens mit einer einfach ausgedehnten Mannigf. von Tr. vertauschbar ist.[101] Jetzt nehmen wir an, es gäbe Tr., welche nicht mit zwei-, drei ... dimensionalen Mannigf[altigkeiten] von Tr. vertauschbar sind, so kann man die r Tr. nach bel. Wahl von X_1 und

---

[98] Engels Satz in 22. Die Äquivalenz dieser beiden Aussagen erscheint in [ZvG 4] S. 181.

[99] Vielleicht denkt Killing daran, daß für eine auflösbare Lie-Algebra L (d.h. nach dem genannten Satz von Engel, vgl. 22, daß L keine Kegelschnittsgruppe enthält), das Ideal $[L, L]$ den Rang 0 hat; vgl. [ZvG 4] S. 180.

[100] Vgl. 23(91). Im folgenden wird adX_1 in Jordansche Normalform gebracht.

[101] In heutiger Terminologie: Das Zentrum einer nilpotenten Lie-Algebra ist mindestens 1-dimensional. Dieser Satz ist hier nur bewiesen für den Fall, daß L von $X_1, \ldots, X_\alpha$ aufgespannt wird; vgl. [ZvG 1] §9 S. 286. Für einen vollständigen Beweis vgl. Umlauf [U1891] S. 37.

X_2 so wählen, dass ist:

$$(X_1X_2) = X_3, \quad (X_1X_3) = X_4, \quad (X_1X_4) = X_5 \ldots$$
$$(X_1X_{r-1}) = X_r, \quad (X_1X_r) = 0.$$

Jetzt folgt unmittelbar:

$$\begin{aligned}(X_2X_3) &= c_{234}X_4 + \ldots + c_{23r}X_r \\ (X_2X_4) &= c_{345}X_5 + \ldots + c_{34r}X_r \\ &\ldots\ldots\ldots \\ (X_2X_{r-1}) &= \ldots X_r, \ (X_2X_r) = 0\end{aligned}$$

und entsprechend $(X_3X_4) = \ldots$ und man kann sehr leicht alle Coefficienten durch eine bestimmte Anzahl von ihnen ausdrücken. Es würde aber zu weit führen, die genauen Zahlen hier anzuführen. Ich erwähne nur, dass man den Fall, wo jede Tr. mit mehr Tr. vertauschbar ist, leicht auf den vorstehenden zurückführt. Ebenso ergibt sich unmittelbar, dass für $l = 0$ die Zahl p höchstens $= r - 2$ ist. Ich bemerke nochmals ausrücklich, dass ich den Beweis erst gemacht habe, als mir der Ihrige bekannt war (Priorität!).

Zum Fall $p = r$, $l = 1$ Sie erinnern sich vielleicht, dass ich im vorigen Sommer Ihnen die Bildung der Gruppen $p = r$, $l = 1$ für den Fall angeben konnte, wenn die entsprechende Gl. keine gleichen Wurzeln hat. Die Gleichheit der Wurzeln ändert an dem Resultate nichts Wesentliches. Es fehlte mir damals nur eine passende Bezeichnung, welche mir gestattete, einen bequemen Überblick über die verschiedenen Möglichkeiten zu geben. Dagegen war es mir damals nicht möglich, *Zum Fall $p = r$, $l > 1$* ebenso alle Gruppen für $p = r$, $l > 1$ unmittelbar hinzuschreiben. Das ist mir jetzt möglich, aber es fehlt mir für diesen verallgemeinerten Fall eine passende Bezeichnung, die sich mir hoffentlich bald bei weiterer Untersuchung ergeben wird.

Um Ihnen wenigstens ein Bild von meinen Untersuchungen zu geben, wähle ich einen Fall, welche dem für $p = r$, $l = 1$ zuerst von mir behandelten entspricht. Dabei muß ich einige frühere Resultate kurz erwähnen.

Wurzelsysteme Es sei wieder X_rf eine ganz allgemeine inf. Tr., und $X_{r-1}, X_{r-2} \ldots X_{r-l+1}$ damit vertauschbare (unter einander und von X_rf unabhängig).[102] Ferner seien die $X_1f, \ldots X_{r-l}f$ so gewählt,

[102] $X_{r-l+1}, \ldots, X_r$ spannen eine Cartansche Teilalgebra auf. Die folgenden Ausführungen stellen eine Skizze der wichtigsten Etappe in der Klassifikationen der halbeinfachen Lie-Algebren dar.

dass $(X_r X_1) = \omega_{11} X_1 \ldots (X_r X_\alpha) = \omega_{\alpha 1} X_\alpha \ldots$[103] (wobei die Annahme gemacht wird, dass die $\omega_{11} \ldots \omega_{\alpha 1} \ldots \omega_{r-l,1}$ sämtlich ungleich sind,[104] wenn nicht X_r besondere Lagen hat). Dann muss auch sein $(X_{r-1} X_\alpha) = \omega_{\alpha 2} X_\alpha \ldots (X_{r-l+1} X_\alpha) = \omega_{\alpha l} X_\alpha$, und es sind die $X_{r-1} \ldots X_{r-l+1}$ auch untereinander vertauschbar.Soll $(X_\alpha X_r)$ sich durch X_r, $X_{r-1} \ldots X_{r-l+1}$ ausdrücken lassen, so muß $\omega_{\alpha 1} + \omega_{r1} = 0 \ \ldots \ \omega_{\alpha l} + \omega_{rl} = 0$ sein. Damit also $p = r$ ist, müssen mindestens l solche entgegengesetzt gleiche[105] Wurzelsysteme vorkommen, und es müssen die Ausdrücke der entsprechenden $(X_\alpha X_r)$ nicht durch weniger als l lineare Functionen darstellbar sein. Ist jetzt $\omega_{1\nu} + \omega_{2\nu} = 0$ und $(X_1 X_\nu) \neq 0$, so ist auch $c_{12r}\omega_{\alpha 1} + c_{12r-1}\omega_{\alpha 2} + \cdots = \sum_\gamma (c_{1\alpha\gamma} c_{\gamma 2\alpha} - c_{2\alpha\gamma} c_{\gamma 2\alpha})$. (Ich habe noch vergessen zu bemerken, dass $(X_\alpha X_\gamma)$ für $\alpha, \gamma = 1 \ldots r - l$ nur dann von null verschieden sein kann, wenn $\omega_{\alpha 1} + \omega_{\gamma 1} \ \ldots \ \omega_{\alpha l} + \omega_{\gamma l}$ ein neues Wurzelsystem darstellt).[106]

Daraus ergibt sich, dass zu jedem Wurzelsystem $\omega_{\alpha\nu}$ eine ganze Zahl $\lambda_{\alpha 1}$ sich zuordnen lässt, dass $c_{12r}(2\omega_{\alpha 1} + \lambda_{\alpha 1}\omega_{11}) + c_{12r-1}(2\omega_{\alpha 2} + \lambda_{\alpha 1}\omega_{12}) + \ldots = 0$ ist. Da dieselbe Folgerung für mindestens l entgegengesezt gleiche Wurzelsysteme sich machen lässt, so ergibt sich der Satz: *Cartan-zahlen*

Es lassen sich immer l Wurzelsysteme *einfache Wurzeln (Basis)*

$$\begin{matrix} \omega_{11} & \cdots & \omega_{1l} \\ \omega_{31} & \cdots & \omega_{3l} \\ \omega_{51} & \cdots & \omega_{5l} \\ \cdots & \cdots & \cdots \end{matrix}$$

so auswählen,[107] dass jedes weitere Wurzelsystem $\omega_{\alpha 1} \ldots \omega_{\alpha l}$ sich in der Form darstellt:

$$\begin{aligned} \omega_{\alpha 1} &= m_1\omega_{11} + m_3\omega_{31} + m_5\omega_{51} + \cdots \\ \omega_{\alpha 2} &= m_1\omega_{12} + m_3\omega_{32} + m_5\omega_{52} + \cdots \\ &\cdots\cdots\cdots\cdots\cdots\cdots \\ \omega_{\alpha l} &= m_l\omega_{1l} + m_3\omega_{3l} + m_5\omega_{5l} + \cdots \end{aligned}$$

---

[103] Setzt man $H_1 = X_r, \ldots, H_l = X_{r-l+1}$, dann entspricht dem „Wurzelsystem“ $\omega_{i1}, \omega_{i2}, \ldots \omega_{il}$ die durch $\omega_i(H_j) = \omega_{ij}$ definierte Linearform ω_i auf der durch $H_1, \ldots, H_l$ aufgespannten Cartanschen Teilalgebra.

[104] Die Wurzelräume sind eindimensional.

[105] Mit ω ist auch $-\omega$ eine Wurzel.

[106] Aus $[X_{\omega_\alpha}, X_{\omega_\beta}] \neq 0$ folgt $\omega_\alpha + \omega_\beta$ ist eine Wurzel.

[107] $\omega_1, \omega_3, \omega_5, \ldots$ bilden eine Basis des Wurzelsystems (bis auf die Tatsache, daß die m_i nicht notwendig ganze Zahlen sind). Es ist $\omega_2 = -\omega_1$, $\omega_4 = -\omega_3, \ldots$ Die $\lambda_{\alpha i}$ sind die Cartan-Zahlen in Bezug auf diese Basis.

und zugleich ergeben sich die zugehörigen Coefficienten $\lambda_{\alpha 1}\ \lambda_{\alpha 3}\dots$ aus den Gleichungen:

$$\begin{aligned}\lambda_{\alpha 1} &= -2m_1 + m_3\lambda_{31} + m_5\lambda_{51} + \cdots\\ \lambda_{\alpha 3} &= m_1\lambda_{13} - \quad 2m_3 + m_5\lambda_{53} + \cdots\\ \lambda_{\alpha 5} &= m_1\lambda_{15} + m_3\lambda_{35} - \quad 2m_5 + \cdots\end{aligned}$$

so dass $m_1\ m_3\ \dots\ m_{2l-1}$ rationale Zahlen sind.

Will man nun zunächst alle einfachen Gruppen haben, so ergeben sich folgende Forderungen:

Beschreibung der Wurzelsyteme

a) Zu jedem Wurzelsystem muss ein entgegengesetzt gleiches existiren;

b) Sind $\omega_{\alpha\nu}$ und $\omega_{\beta\nu}$ zwei entgegengesetzt gleiche Wurzelsysteme, so muss $(X_\alpha X_\beta) \neq 0$ sein;

c) ich gehe (wobei ich die zweite Marke der Wurzeln weglasse) von einer bel. Wurzel ω_α aus, unter den $r-l$ Systemen $\omega_\alpha+\omega_1,\ \omega_\alpha+\omega_2\ \dots\ \omega_\alpha+\omega_{r-l}$ mögen sich die Wurzelsysteme $\omega_{\beta_0}\ \omega_{\beta_1}\ \omega_{\beta_2}\dots$ befinden; ich sehe wieder zu, wie viele unter den $\omega_{\beta_0}+\omega_1,\ \omega_{\beta_0}+\omega_2\ \dots\ \omega_{\beta_0}+\omega_{r-l}$ Wurzelsysteme sind; ebenso für $\omega_{\beta_1}+\omega_1\ \dots\ \omega_{\beta_1}+\omega_{r-l}$. Die so erhaltenen Wurzelsysteme seien $\omega_{\gamma 0},\ \omega_{\gamma 1}\dots$ u.s.w. Dann muss man, von jedem ω_α ausgehend, zu allen Wurzeln gelangen.

d) Ist $\omega_\alpha+\omega_\beta=\omega_\gamma$, so muss $c_{\alpha\beta\gamma}\neq 0$ sein.

e) Ist $\omega_\alpha+\omega_\beta+\omega_\gamma=\omega_\delta$ und zuleich $\omega_\alpha+\omega_\beta$ ein Wurzelsystem, so muss auch $\omega_\alpha+\omega_\gamma$ oder $\omega_\beta+\omega_\gamma$ ein neues Wurzelsystem sein.

Hierzu tritt noch ein nicht so einfach zu formulirendes Postulat, welches sich aus den Jacobischen Gl[eichungenq] ergibt.[108]

einfache Gruppen sind nur die bekannten

Die Durchführung dieser Bedingungen für kleine Werte von l hat mich dazu geführt, dass wenigstens für diese keine anderen einfachen Gruppen existiren, als die allgem[einen] projektivischen und diejenigen, welche eine allgemeine quadratische Form ungeändert lassen.[109]

[108]Bei der Klasifizierung der einfachen Lie-Algebren in [ZvG 2] §15f benutzt Killing vor allem die Eigenschaft $\lambda_{ij}\lambda_{ji}=0,1,2,3$ für $i\neq j$ (vgl. [ZvG 2] S. 22). Zu diesem fundamentalen Resultat wird er durch die heute sogenannte „Coxetertransformation" geführt, von der er zum ersten Mal in einem halben Jahr berichten wird; siehe 31(146).

[109]Hier hat Killing („für kleines l") die $\mathbf{G}_2$ übersehen, wie er schon auf der folgenden Postkarte (eine Woche später) feststellt. Außerdem fehlen die, Lie und Engel bekannten „Gruppen des linearen Complexes", d.h. die symplektischen Lie-Algebren; vgl. 10(52), 11(58, 59), 12(64). Die erste vollständige Liste der einfachen Lie-Algebren teilt Killing in 34 mit, für $l\leq 4$ in 31. Wie man aus den Briefen 41 („eine bisher nicht bekannte Form"), 74 und 82 erfährt, hält Killing die symplektischen Lie Algebren im Wesentlichen für seine Entdeckung.

Diejenigen Gruppen $p = r$, welche zusammengesetzt sind, zerfallen in zwei wesentlich verschiedene Gruppen, jenachdem die der invarianten Untergruppe angehörigen Tr. sämtlich miteinander vertauschbar sind oder nicht. (Dieser Ausdruck ist jedoch ungenau; es muss heißen: jenachdem mindestens eine inv. Untergruppe vorkommt, deren Tr. sämtlich mit einander vertauschbar sind oder keine inv. Untergruppe mit lauter vertauschbaren Tr. vorkommt). Gruppen der letzteren Art gibt es für jedes l nur in ganz beschränkter Anzahl und alle andern lassen sich daraus bilden, indem man eine inv. Untergruppe mit lauter vertauschbaren Elementen hinzufügt. Diese Gruppen (fast möchte ich sie halbeinfache nennen, wenn der Name nicht zu toll wäre[110]) nehmen an vielen Eigenschaften der einfachen teil. So vermute ich stark folgenden Satz: *„halbeinfach"*

Ist $r > p$ und die p-gl. Hauptuntergruppe eine „halbeinfache", und besteht letztere aus $X_1 f \ldots X_p f$ so kann man $X_{p+1} f \ldots X_r f$ stets so wählen, dass jede Tr. $X_{p+1} \ldots X_r$ mit <u>allen</u> Tr. der r-gl. Gruppe vertauschbar ist. *Vermutung zum Fall $r > p$*

Viele Einzelfälle desselben kann ich seit langem beweisen.

Mit dieser Einteilung der zusammengesetzten Gruppen in uneigentlich und eigentlich zusammengesetzte hängt übrigens auch der in Ihrem letzten Briefe angegebene Satz zusammen.

Wenn ich eine Bemerkung Ihres Briefes recht verstehe, so urteilen Sie über die Zahl l doch gar zu günstig. So kann für $r = 10$ noch $l = 2$ sein (starre Bewegung eines vierdim. Riemannschen Raumes[111]), aber diese Gruppe kann nicht für zwei Variabele vorkommen.[112] In meinem Manuskript, welches ich Ihnen im Sommer vorlegte,[113] findet sich übrigens kein hierauf bezüglicher Satz. *Zur Frage über l*

Hoffentlich habe ich diesmal nicht, wie in meinem letzten Briefe, aus Versehen eine falsche Zahl angegeben oder sonstig aus Flüchtigkeit etwas Falsches angegeben. Dergleichen passirt mir im Briefe ziemlich leicht.

[110] Eine halbeinfache Lie-Algebra ist demnach eine Lie-Algebra, die kein Abelsches Ideal besitzt. Ist $L = S \oplus R$ die Levi-Zerlegung von L (R ist das Radikal von L und S eine halbeinfache Teilalgebra) und gilt $[L, L] = S$, so ist R Abelsch. Die Vermutung im nächsten Absatz ist also zutreffend.

[111] $\mathbf{so}_5$

[112] Vgl. Engels Bemerkung im folgenden Brief.

[113] Vorläufige Version von [ZvG 1]; vgl. 17(74) und 32(153).

Grüssen Sie bestens von mir die Herrn Lie und Schur und seien Sie selbst bestens gegrüsst

von

Ihrem ergebenen
W. Killing

26. *Killing an Engel* (G, Postkarte 2)

Braunsberg 7.V.87

Erh.Leipzig 9.5.87

neue einfache Gruppen Die Bemerkung in meinem letzten Briefe, dass für kleine Werte von l nur die beiden angeführten Arten von einfachen existieren, beruhte auf Rechenfehlern.[114] Wenn ich mich nicht sehr irre, gibt es noch mehr einfache Gruppen. Es bestätigt sich damit eine Vermutung, die Sie in einem Briefe vom 8.IV.86[115] aussprachen. Es scheint die proj. Gr. des sechsfachen Raumes zu sein, welche einen gewissen[?] Ausdruck ungändert läßt.[116] Sie führen an, daß die betr. Gruppe für den 5-dim. Raum 16 Par. enthalte; eine einfache Gruppe von dieser Zahl Par[ameter] kommt mir höchst unwahrscheinlich vor. – Hoffentlich gelangen meine Untersuchungen, die sehr langsam voranschreiten, bald zu einem gewissen Abschluss. Besten Gruß! Ihr W.K.

27. *Engel an Killing* (M)

Leipzig 15.5.87

Sehr geehrter Herr Professor!

Ermutigung zur Publikation Vielen Dank für Ihren ausführlichen Brief. Derselbe erregt in mir sehr lebhaft den Wunsch, dass Sie bald einmal, wenigstens vorläufig einen Theil Ihrer Ergebnisse veröffentlichen. Gerade die Untersuchungen über die Wurzeln der Gleichung für ω erscheinen mir sehr wichtig, nur kann ich vorläufig nichts damit machen, weil mir Ihre anfänglichen Entwickelungen nicht mehr gegenwärtig sind. Besonders der Zusammenhang zwischen den verschiedenen Wurzelsystemen ist äusserst merkwürdig. Sie bekommen doch wohl geradezu eine Gruppe von Vertauschungen der Wurzeln unter einander[117]

[114]Erster Hinweis auf eine „Ausnahmegruppe", nämlich $\mathbf{G}_2$.

[115]Es handelt sich um Brief 11.

[116]Wie Killing und Engel später selbst finden (vgl. 27 und 28), ist das keine Realisierung der $\mathbf{G}_2$.

[117]Man könnte an die Weyl-Gruppe denken.

und es müssen sich daraus Schlüsse über die Galois'sche Gruppe der Gleichung ziehen lassen. – *Galois-Gruppe*

Dass es einfache Gruppen von neuer Zusammensetzung giebt, die trilineare u. dgl. Ausdrücke invariant lassen, ist mir wieder zweifelhaft geworden.[118] Doch habe ich die ganze Frage augenblicklich aus den Augen gelassen. – *Trilinearformen*

Ihre Eintheilung der zusammengesetzten Gruppen in halbeinfache (warum nicht?) und andere ist allem Anschein nach eine sehr glückliche und findet auch Lie's vollen Beifall. Eine zweite Eintheilung ist übrigens die folgende: *Beifall von Lie für „halbeinfach"*

1.) Gruppen die [?] eine discrete Anzahl von inv. UG enthalten, z.B. $p\ xp\ x^2p\ q$.[119] *Einteilung der Gruppen*

2.) Gruppen die eine contin[uierliche] Anzahl von inv. UG enthalten, z.B. $p\ q\ xq\ xp\ yq$; inv. UG: $p\ q\ xq\ axp + byq$.

Diese Unterscheidung ist bei intrans[itiven] Gruppen[120] sehr wichtig. Es gilt nämlich der von Lie aufgestellte Satz:

Ist eine r-gliedrige intr[ansitive] Gruppe des R_n vorgelegt, welche den R_n in ∞^{n-m} einzeln invariante M_m zerlegt, und enthält die Gruppe nur eine discrete Anzahl inv. UG, so transformirt sie die Punkte jedes einzelnen der invarianten M_m ebenfalls r-gliedrig das heisst holoedrisch isomorph.[121] *ein Satz von Lie*

Dagegen die Gruppe $q\ xq\ x^2q$ mit ∞^2 inv. 2gl. UG. transformirt die Punkte jeder Geraden $x = \text{const}$ bloss eingliedrig.

Es ist nun wünschenswerth zu wissen wie sich diese beiden Eintheilungen in einander ordnen. Vielleicht enthält eine halbeinfache Gruppe (mir scheint diese Benennung sehr gut und gar nicht ungereimt; bedenken Sie nur, dass das Wort einfach an und für sich gar keine Vorstellung von dem Wesen einer einfachen Gruppe giebt) niemals eine contin[uierliche] Anzahl von inv. UG.[122] *zur Bezeichnung halbeinfach*

Die 10-gliedrige Gruppe der nicht-euclidischen Geometrie des R_4 oder was dasselbe [ist] die Gruppe des linearen Complexes im R_3[123] kann allerdings als Punkttransformationsgruppe nicht in der Ebe-

[118] Vgl. 11, 27(116) und 28.

[119] Diese Lie-Algebra ist isomorph zu $\mathbf{gl}_2$. In der unter 2.) genannten Lie-Algebra wird der Kommutator von $p\ q\ xq$ aufgespannt, woraus sofort die Behauptung folgt.

[120] Definition und erste Sätze über transitive und intransitive Gruppen und Lie-Algebren in [L1888], S. 212.

[121] „Holoedrisch isomorph" (gleichzusammengesetzt) bedeutet „isomorph" im heutigen Sinne.

[122] Vgl. den folgenden Brief.

[123] Engel meint die $\mathbf{sp}_4$, die isomorph ist zu $\mathbf{so}_5$; vgl. den vorhergehenden Brief.

ne „leben", wohl aber als Berührungstrfsgruppe: die allgemeinste Gruppe von B[erührungs-]T[ransformationen], welche Kreise in Kreise überführt ist 10-gliedrig und hat die betreffende Zusammensetzung. Doch will ich auf diesen besonderen Fall nichts weiter geben. –

Arbeit an Lies Buch Seit ich wieder in Leipzig bin haben Lie und ich angefangen die ersten Kapitel des Buches neu zu bearbeiten.[124] Die sind die schwierigsten wenigstens wenn die Grundlage der Theorie functionentheoretisch ordentlich gelegt werden soll. –

Lie Nur ganz nebenbei habe ich über einige Kleinigkeiten nachgedacht. Sie wissen, dass Lie die inf. Trff. einer Gruppe in der Umgebung eines Punktes von allgemeiner Lage entwickelt und nach der Ordnung der Anfangsglieder in der Entwickelung infinitesimale Trff. nullter, erster u.s.w. Ordnung unterscheidet. Ich hoffe auf diese Weise Kennzeichen für die Ueberführbarkeit der Gruppen in proj. Gruppen zu finden. Es ist unzweifelhaft, dass sich da allgemeine Sätze aufstellen lassen nur die Beweise sind sehr schwer. Auch Kennzeichen für die Imprimitivität[125] u.s.w. müssen sich finden lassen. Ich glaube z.B., dass der Satz gilt: diejenige Untergruppe einer

primitive Gruppen prim[itiven] Gruppe die einen Punkt von allgemeiner Lage fest lässt, ist imprimitiv. Aber der Beweis, der Beweis![126]

Nicht ganz uninteressant ist auch der folgende Satz, den ich wirklich bewiesen habe:

intransitive Gruppen Ist eine projective Gruppe des R_n intransitiv und zerlegt sie den R_n in ∞^{n-m} einzeln invariante M_m, so enthält sie höchstens $m(n+l)$ Parameter. Also enthält eine intrans. proj. Gruppe des R_n höchstens $n^2 - l$ Parameter. Die einzige welche $n^2 - 1$ Parameter enthält ist diejenige welche alle ∞^1 ebenen M_{n-1} durch eine ebene M_{n-2} einzeln stehen lässt. –

Wie ist übrigens das folgende:

zu l Für eine UG einer (einfachen?) G_r hat die Zahl l den Wert λ, dann hat sie für die G_r selbst doch mindestens den Wert λ?[127] Nun ist für die Gruppe $p\ xp\ x^2p$ die Zahl $l = 1$, für $p\ xp\ x^2p\ q\ yq\ y^2q$ ist $l = 2$ (wenn ich nicht irre), für die Gruppe $p_\mu\ x_\mu p_\mu\ x_\mu^2 p_\mu^2$ $(\mu = 1 \dots m)$ ist $l = m$.

Also: enthält eine (einfache) Gruppe eine UG von der Zusam-

[124] *Theorie der Transformationsgruppen* Bd. I [L1888]

[125] Zur Definition von „primitiv" vgl. [L1888] S. 220.

[126] Einfügung von Killing: cf. Karte vom 16.5.87, worin die Unrichtigkeit dieser Vermuthung bestätigt[?] wird.

[127] Vgl. die interessante Antwort Killings im folgenden Brief.

mensetzung $p_\mu\ x_\mu p_\mu\ \ldots$ so ist für diese Gruppe l mindestens gleich m.

Sie schreiben in Ihrem letzten Briefe gar nicht über das Befinden Ihrer Familie, ich darf daher hoffen dass alles wieder gut ist. Hoffentlich auf die Dauer. Mit herzlichen Grüssen

Ihr ergebener
F. Engel

Lie, Schur und Study erwidern Ihre Grüsse bestens.

28. *Killing an Engel* (G13)

Braunsberg den 23. Mai 1887
Erh. Leipzig 24.5.87

Geehrter Herr Kollege!

Ihr freundlicher Brief nebst Karte[128] ist mir sehr interessant gewesen. Empfangen Sie meinen besten Dank dafür! Mancherlei Gründe lassen mich schon jetzt wieder antworten.

Wie es mit dem Ausdruck „halbeinfach“ wird, kann ich noch nicht sagen. Ich muss das Wesen der betr. Gruppen erst genauer kennen, ehe ich einen Namen vorschlagen kann. Jedenfalls werde ich wegen des Namens noch in briefl[ichen] Verkehr treten, ehe ich öffentlich einen Vorschlag mache. Soweit ich jetzt die Sache übersehen kann, wird allerdings kaum ein anderer Name möglich sein. Ebenso scheint es mir höchst wahrscheinlich, dass eine solche Gruppe niemals eine continuirl. Anzahl von inv. UG enthält. Nach meinen bisherigen Untersuchungen steht die Frage wegen der continuirl. Anzahl von inv. Untergr. in enger Beziehung zu der Zahl p. In dieser Hinsicht drängen sich sofort bei Beginn einer hierauf gerichteten Untersuchung gar mancherlei Sätze unmittelbar auf. *halbeinfach*

Wenn Sie mit der Ausarbeitung des Werkes über Tr.-Gr.[129] recht bald tüchtige Fortschritte machen, so wird es wohl niemanden so freuen als mich. Ich vermisse es überaus schmerzlich, dass ich noch immer nicht ganz mit den von Lie und Ihnen gefundenen Resultaten vertraut bin. Ich muß eben noch zu sehr meinen eigenen Weg gehen. So versuchte ich beim Studium Liescher Arbeiten seine Untersuchungen über die inf. Tr. in der Umgebung eines Punktes von allgem[einer] Lage zum Ausgange weiterer eigener Forschungen zu

[128] Eine Karte wurde nicht gefunden.
[129] [L1888]

machen, habe aber kaum etwas gefunden.[130]

Was den Satz anbetrifft, dass, wenn für die Ug. einer G_r die Zahl l den Wert λ hat, sie für die G_r selbst mindestens diesen Wert hat, so habe ich denselben bisher immer vorausgesetzt, ohne denselben nach allen Seiten streng bewiesen zu haben.[131] Eine Herleitung aus der bloßen Def. scheint recht viele Schwierigkeiten zu bieten. Einfacher ist der Beweis, wenn die charakt[eristische] Form der Gruppe zugrunde gelegt wird; aber es wäre da immerhin noch möglich, dass ich gewisse Möglichkeiten übersehen habe. Der Satz hat bisher für mich (abgesehen von einzelnen, streng bewiesenen Einzelfällen) nur theoretisches Interesse, und deshalb hatte ich mir bisher nur den allgemeinen Gang klar gemacht, ohne ihn im einzelnen durchzuführen. Da könnten sich noch Ausnahmen ergeben. Sicherlich darf aber der Satz [als richtig angenommen werden]: Enthält eine Gr. eine Ug. von der Zusammensetzung $p_\mu, x_\mu p_\mu, x_\mu^2 p_\mu$ $(\mu = 1 \ldots m)$, so ist für die Gr. l mindestens gleich m.

Publikation Ihr Wunsch, ich möchte wenigstens einen Teil meiner Resultate veröffentlichen, wird erfüllt werden, wenn es mir irgend möglich ist. Zwar ist es immerhin misslich, Sachen zu veröffentlichen, solange sie nicht ganz zum Abschluss gelangt sind. Aber andererseits ist es für mich selbst zu wichtig, einen Teil meiner Sachen zu fixiren, die bisher gelieferten Beweise gründlich auf Strenge u. dergl. zu prüfen, zu verhindern, dass mir das Hauptbeweismoment, welches manchmal nur im Kopfe behalten, aber nicht niedergeschrieben ist, mir verlorengeht u. dergl. Wahrscheinlich wird es ohne einige neue Namen nicht abgehen. Für die Zahlen r und p wären ganz kurze Namen auch sehr erwünscht, aber man kann sich recht gut helfen. Es will mir aber scheinen, als ob ein Name für l kaum entbehrt werden könne, und wenn mir kein besserer einfällt, möchte ich l *„Rang"* den Rang der Gruppe nennen. Ist dies Wort frei oder kennen Sie ein besseres?

Sie haben, wie Sie mir im Sommer sagten, den Satz, „dass die Determinante

$$\begin{vmatrix} \sum_\iota \eta_\iota c_{\iota 11} - \omega & \sum \eta_\iota c_{\iota 21} & \cdots & \sum \eta_\iota c_{\iota r1} \\ \sum \eta_\iota c_{\iota 12} & \sum \eta_\iota c_{\iota 22} - \omega & \cdots & \sum \eta_\iota c_{\iota r2} \\ \cdots & \cdots & \cdots & \cdots \\ \sum \eta_\iota c_{\iota 1r} & \sum \eta_\iota c_{\iota 2r} & \cdots & \sum \eta_\iota c_{\iota rr} - \omega \end{vmatrix}$$

[130] Bezieht sich auf Engels Bemerkungen im vorigen Brief.

[131] Man erkennt hier Killings intuitive Arbeitsweise.

durch die zweite adjungirte Gruppe[132] $d\eta_\iota = dt \sum_\rho \eta_\rho c_{\rho k \iota}$ ungeändert bleibt," durch direkte Determinantentransf. bewiesen, während ich die einzelnen Coeff. von $\omega^{r-1}, \omega^{r-2} \ldots$ untersuche. Wünschen Sie vielleicht, dass ich bei ev. Veröffentlichung Ihren Beweis sofort mitteile oder wollen Sie ihn gelegentlich selbst veröffentlichen?

Als einfachstes Beispiel einer einfachen Gr., welche keine der allg. bekannten Form ist, existirt eine 14-gl. Gruppe. Ich hatte ursprünglich nicht die einfachsten beiden Wurzelsysteme zu grunde gelegt; daher erschienen die Coefficienten nicht in der einfachsten Form. Für dieselbe ist $r = 14$, $l = 2$. Als Punkttransformation verlangt sie mindestens 5 Variabele und muss für diese Zahl bereits „leben".[133] Die Gruppe der Wurzeln ist ω_1, ω_2, $\omega_1+\omega_2$, $\omega_1-\omega_2$, $\omega_2+2\omega_1$, $\omega_1+2\omega_2$. Ich schreibe die $(X_\iota X_\kappa)$ der Reihe nach an die Seite (es soll $(X_1X_2) = 2X_{14} - 3X_{13}$, $(X_1X_3) = X_5$, $(X_1X_4) = 0$ sein etc. $(X_2X_3) = 0$, $(X_2X_4) = -X_6$ u.s.w.)

G_2 „lebt" im $\mathbb{R}_5$

Dann ist die Liste: [Siehe nächste Seite]

Die Form, in welcher diese Gruppe für 5 Variabele erscheint, habe ich noch nicht gesucht, kann aber auch nicht angeben, ob die betr. trilinearen Ausdrücke ungeändert bleiben.[134]

Da sehe ich, dass ich leider nur einen halben Bogen gegriffen habe. Entschuldigen Sie gütigst!

In meiner Familie geht es G[ott] s[ei] D[ank] ganz gut. Meine Frau kann freilich kaum je ohne Arznei auskommen, aber davon abgesehen können wir in diesem Jahre mit dem Gesundheitszustand sehr zufrieden sein. Haben Sie besten Dank für Ihre Teilnahme!

Familie

Empfangen Sie von mir die herzlichsten Grüße und übermitteln Sie solche auch an die bekannten Herrn!

Ihr ergebener
W. Killing

[132] Dies ist die (erste) adjungierte Gruppe im Sinne von Engel; vgl. 9(46). Mit der Mitteilung vom Sommer ist wohl das Manuskript von [ZvG 1] gemeint; vgl. 17.

[133] Engel beweist das in [E1900b]; vgl. 37(163). Von Killing ist kein Beweis bekannt.

[134] Bezieht sich auf 11, 26 und 27.

$2X_{14} - 3X_{13}$	X_5	0	X_7	$-3X_4$	X_9	X_6
	0	$-X_6$	$3X_3$	$4X_8$	$4X_5$	$-9X_{10}$
		$X_{14} - 2X_{13}$	0	$-X_2$	0	$-X_{11}$
			X_1	0	0	0
				$X_{14} - 3X_{13}$	X_{11}	X_2
					$4X_1$	$9X_{12}$
						X_{14}

[Im 14-dimensionalen komplexen Vektorraum mit der Basis $X_1, \ldots X_{14}$ wird durch die obige Tabelle eine antikommutative Verknüpfung definiert. Mit einem verhältnismäßig geringen Aufwand kann man sich davon überzeugen, daß die Jacobi-Identität erfüllt ist, und man kann wohl annehmen, daß Killing diese Rechnung durchgeführt hat. In der so definierten Lie-Algebra spannen die

0	$-\frac{1}{3}X_8$	0	0	0	$-X_1$
$3X_7$	0	0	0	0	X_2
$-X_{11}$	0	0	X_{10}	$-X_3$	0
0	$-X_{12}$	X_9	0	X_4	0
0	0	0	$-\frac{1}{3}X_8$	$-X_5$	$-X_5$
0	0	$-3X_7$	0	X_6	X_6
0	$\frac{1}{3}X_2$	0	$-\frac{1}{3}X_6$	$-X_7$	$-2X_7$
$-3X_1$	0	$-3X_5$	0	X_8	$2X_8$
	$X_{14}-X_{13}$	0	X_4	$-X_9$	$-3X_9$
		X_3	0	X_{10}	$3X_{10}$
			X_{13}	$-2X_{11}$	$-3X_{11}$
				$2X_{12}$	$3X_{12}$
					0

Vektoren X_{13} und X_{14} eine Cartansche Teilalgebra auf. Setzt man $H_1 := X_{14}$, $H_2 := X_{13}$ und $\omega_i'(H_j) := \delta_{ij}$ $(i,j = 1,2)$, so bilden ω_1', ω_2' eine Basis des Wurzelsystems, und die Wurzeln erhalten dann die heute übliche Form $\omega_1', \omega_2', \omega_1' + \omega_2', 2\omega_1' + \omega_2', 3\omega_1' + \omega_2', 3\omega_1' + 2\omega_2'$. Setzt man $\omega_1 := \omega_1' + \omega_1'$ und $\omega_2 := \omega_1'$, so ergeben sich die Wurzeln in der von Killing oben angegebenen Gestalt. Vgl. auch 38.]

29. *Engel an Killing* (M)

Leipzig 4.6.87

Sehr geehrter Herr Professor!

Militär Ihren werthen Brief will ich nicht länger unbeantwortet lassen; es könnte nämlich sonst lange mit meiner Antwort dauern, da ich morgen nun doch zu einer 13-tägigen Uebung nach Dresden muss. –

„Rang" Wenn Sie in nicht allzuferner Zeit die Hauptergebnisse Ihrer Untersuchungen veröffentlichen, so ist das sehr erfreulich; dann werde ich erst den rechten Nutzen für meine eigenen Untersuchungen davon haben. – Das Wort „Rang" ist vollkommen frei und ich weiß auch kein besseres. Nur muss wohl darauf Rücksicht genommen werden, dass man auch von dem Range einer algebraischen Gleichung spricht. Was das ist weiss ich allerdings nicht ganz genau; da aber Ihre Zahl l von einer Gleichung herkommt, so dürfen sich die beiden Begriffe: Rang der Gruppe und Rang der betreffenden Gleichung wenigstens nicht widersprechen. –

Invarianz der charakteristischen Gleichung Wenn Sie meinen Beweis mit veröffentlichen, so thun Sie mir einen Gefallen; ich habe sonst kaum Gelegenheit denselben irgendwo unterzubringen. Es ist Ihnen vielleicht angenehm, wenn ich denselben kurz ausführe.[135]

$$B_k f = \sum_{ij}^{1\ldots r} c_{jki} y_j \frac{\partial f}{\partial y_i}\,, \qquad \sum_1^r {}_j\, c_{jki} y_j - \varepsilon_{ki}\omega = u_{ki}$$

wo $\varepsilon_{ki} = 0$ wenn $i \neq k$ und $\varepsilon_{ii} = 1$. Dann ist $\Delta = \sum \pm u_{11} \ldots u_{rr}$ und es soll bewiesen werden, dass $B_k \Delta \equiv 0$.
Ich finde

$$B_s \Delta = \sum_{ki}^{1\ldots r} \frac{\partial \Delta}{\partial u_{ki}} \cdot B_s u_{ki}$$

$$B_s u_{ki} = \sum_{\nu j}^{1\ldots r} c_{jki} c_{\nu sj} y_\nu$$

$$\sum_1^r {}_j\, c_{\nu sj} c_{jki} + c_{skj} c_{j\nu i} + c_{k\nu j} c_{jsi} = 0$$

also wird

[135] Der Beweis ist als Fußnote abgedruckt in [ZvG 1] S. 262f.

$$B_s u_{ki} = \sum_1^r {}_j\, c_{skj} \sum_1^r {}_\nu\, c_{\nu ji} y_\nu + \sum_1^r {}_j\, c_{jsi} \sum_1^r {}_\nu c_{\nu kj} y_\nu$$

$$= \sum_1^r {}_j\, c_{skj}(u_{ji} - \varepsilon_{kj}\omega) \qquad (-c_{ski} - c_{ksi})\omega \text{ giebt null}$$

$$B_s u_{ki} = \sum_1^r {}_j\, (c_{skj} u_{ji} + c_{jsi} u_{kj})$$

$$B_s \Delta = \sum_{kj}^{1\ldots r} c_{skj} \cdot \sum_1^r {}_i\, u_{ji} \frac{\partial \Delta}{\partial u_{ki}} + \sum_{ij}^{1\ldots r} c_{jsi} \cdot \sum_1^r {}_k\, u_{kj} \frac{\partial \Delta}{\partial u_{ki}}$$

$$= \Delta \sum_{kj}^{1\ldots r} c_{skj} \varepsilon_{jk} + \Delta \sum_{ij}^{1\ldots r} c_{jsi} \varepsilon_{ji}$$

$$B_s \Delta = \Delta \{ \sum_1^r {}_k\, c_{skk} + \sum_1^r {}_i\, c_{isi} \} \equiv 0$$

Uebriges hat dieser Beweis durchaus nicht den Vorzug der Originalität, da er genau nach einem ähnlichen Verfahren in „Untersuchungen über Trfsgr. I Archiv for Math. og Naturvid.“ Band X gemacht ist.[136] –

Ihre 14-gliedrige einfache Gruppe ist entschieden äusserst wichtig. **G_2**
Da $l = 2$ ist, so enthält sie also keine 9-gliedrige UG von der Zusammensetzung $p_i\ x_i p_i\ x_i^2 p_i$ $(i = 1, 2, 3)$? Es ist übrigens auch nicht unmöglich, dass es im R_3 eine Berührungstransformationsgruppe von dieser Zusammensetzung giebt. Diese Frage liesse sich leicht beantworten, wenn ich wüsste wie viele Dimensionen die kleinste Mannigfaltigkeit hat, welche im R_r unter der adjungirten Gruppe invariant bleibt; vorausgesetzt, dass diese Mannigfaltigkeit durch homogene Gleichungen dargestellt wird. Uebrigens nennen wir die Gruppe $B_1 f \ldots B_r f$ die adjungirte Gruppe und [Der hier folgende Rest dieses Briefes befindet sich als Teil des Briefes 7 (Leipzig, 22.2.86) in Gießen; vgl. die Anmerkung in 7.] die zu ihr dualistische Gruppe nennen wir die zweite adjungirte.[137] *dualistische Gruppe*

In den R_5 haben wir uns wenigstens mit speziellen Untersuchungen noch nicht verstiegen. Dagegen ist ein junger Amerikaner, der seit vorigem Sommer bei Lie und mir arbeitet, unter meiner Aufsicht dabei alle primitiven Gruppen im R_4 zu bestimmen. Es scheint aber da gar nichts interessantes zu geben. Erst im R_5 scheint das gelobte Land zu sein. – *ein junger Amerikaner*

[136][L1886]

[137]Zur adjungierten und dualistischen Lie-Algebra vgl. 9(46).

Lie Gelegentlich sprach Lie mit mir darüber wieviele unabhängige paarweise vertauschbare inf. proj. Trff. es im R_n giebt. Die Frage ist sehr leicht zu beantworten und doch nicht unwichtig.

Satz Im R_{2n} giebt es höchstens $n(n+1)$:

$$p_1 \;\cdots\; p_n,\; x_{n+i}\cdot p_k \;(i,k = 1\ldots n)$$

Im R_{2n+1} giebt es höchstens $(n+1)^2$:

$$p_1 \;\cdots\; p_{n+1},\; x_{n+1+i}\cdot p_k \;(i = 1\ldots n, k = 1\ldots n+1).$$

Satz Einen nicht unwichtigen Satz habe ich beweisen können,[138] nämlich dass jede infinitesimale Trf. von der Form

$$(x + \sum_{i=2}^{\infty}\sum_{k=0}^{i} a_{ik}x^{i-k}y^k)p + (y + \sum_{i=2}^{\infty}\sum_{k=0}^{i} b_{ik}x^{i-k}y^k)p$$

durch eine reguläre Trf., welche den Punkt $x = y = 0$ invariant lässt, auf die Form $xp + yq$ gebracht werden kann. Für Trff. von der Form

$$(x + \cdots)p + c(y + \cdots)q$$

gilt leider der entsprechende Satz nicht allgemein, sondern nur in einzelnen Fällen, so viel ich sehe z. B. wenn $c = -1$.

Wenn man auf der geraden Linie einen Punkt etwa $x = 0$ auszeichnet und nur solche regulären Transformationen benutzt, die *ein- bis vierdim. Lie-Algebren* $x = 0$ invariant lassen, so giebt es übrigens unendlich viele Typen von zweigliedrigen Gruppen: xp, x^kp wo k irgendeine der Zahlen $2, 3\ldots$ Die Typen von eingliedrigen Gruppen sind schon schwieriger aufzustellen. Dreigliedrige Gruppen, die einen Punkt invariant lassen und deren inf. Trff. sich in der Umgebung dieses Punktes regulär verhalten giebt es nicht.

Wenn in der Ebene eine 4-gliedr. Gruppe einen Punkt $x = y = 0$ fest lässt und in der Umgebung dieses Punktes ihre inf. Trff. die Form haben

$$xq + \cdots,\; xp - yq + \cdots,\; yp + \cdots,\; xp + yq + \cdots$$

so ist die Gruppe durch eine im Punkte $x = 0$ $y = 0$ reguläre Trf. mit der Gruppe $xq,\; xp - yq,\; yp,\; xp + yq$ ähnlich.

Dieser Satz folgt aus dem obigen über $xp + yq$. Ähnliche Sätze zu beweisen ist mein Bestreben.

---

[138] Engel scheint diese Sätze nicht publiziert zu haben.

Doch genug für heute.

Lie, Schur und Study erwiedern Ihre Grüsse. Mit herzlichen Grüßen

Ihr ergebener
F. Engel

In den nächsten 14 Tagen bin ich also Vicefeldwebel d. R. im Schützenregiment N$^{\underline{o}}$ 108 Dresden.

30. *Killing an Engel* (G, Postkarte 3)

Braunsberg 4. VIII. 87
Leipzig 5.8.87

Entschuldigen Sie, dass ich so spät antworte. In den letzten Tagen kam so manche Störung vor, dass ich nicht gut antworten konnte. Außerdem dachte ich aber auch, Sie würden dem Spruch folgen: Qui tacet, consentire videtur, und überzeugt sein, dass ich schon rasch antworten würde, wenn mir Ihre Form nicht zusagte. – Mit eigenen Arbeiten ist es langsam voran gegangen, woran auch mancherlei Geschäftssachen schuld waren. Jetzt gehe ich auf einige Tage in das Ostseebad Kranz bei Königsberg. Nach meiner Rückkehr hoffe ich bald fertig zu werden. Mit den
besten Grüßen Ihr W. K.

31. *Killing an Engel* (G14)

Braunsberg den 18. Okt. 1887
Erh. Leipzig 26. Okt.

Verehrter Herr Kollege!

Gar zu lange habe ich damit gewartet, Ihnen für die Übersendung Ihrer „Beiträge zur Gruppentheorie“[139] zu danken. Das soll denn hiermit geschehen und ich spreche meine Freude darüber aus, dass Sie die Beiträge in endgültiger Form publicirt haben. Was den Sinn der Jacobischen Identität betrifft, so habe ich Ihnen ja in Leipzig selbst gesagt, wie ich mich freue, dass mit dieser für *Jacobi-Identität*

[139] [E1887]

die Gruppentheorie fundamentalen (im eigentlichen Sinne zu nehmen!) Identität ein natürlicher einfacher Gedanke verbunden werden kann.[140] Nur eine kleine Bemerkung möchte ich beifügen, die allerdings hinfällig wird, wenn ich Ihre Worte nicht richtig auffasse. Sie sprechen in der Einleitung davon, dass man sozusagen noch nicht einmal über ihre Existenzberechtigung in der Wissenschaft im Reinen ist. Soweit ich die Sache augenblicklich übersehen kann, rühren diese Zweifel von den beiden Voraussetzungen her, dass zweite Ableitungen überhaupt existiren und dass für diese die bekannte Relation $\frac{\partial^2 U}{\partial u \partial v} = \frac{\partial^2 U}{\partial v \partial u}$ besteht.[141] Nun will es mir scheinen dass auch Ihre Entwicklungen Voraussetzungen machen, aus denen sich die genannten beiden Annahmen herleiten lassen. – Übrigens machten Ihre Entwicklungen im ersten Augenblick den Eindruck, als ob ich selbst vor vielen Jahren ähnliche angestellt hätte. Die Durchsicht meiner Papire ergab, dass ich zuerst von einem ähnlichen Gedanken ausgehend die Herleitung einer solchen Identität versucht, aber nicht durchgeführt hatte.

Was Ihren zweiten Beitrag[142] betrifft, so hat derselbe nach Ihrer brieflichen Mitteilung sehr gewonnen. Nochmals besten Dank!

Meine eigenen Arbeiten sind gar zu langesam vorangeschritten.

Aufzählung der einfachen Gruppen

Das Resultat kann ich Ihnen mit wenigen Worten angeben. Ich habe die Bildung aller einfachen Gruppen gefunden und von den zusammengesetzten diejenigen für welche $p = r$ ist und welche keine ausgezeichnete Untergruppe (in Lie's Sinne)[143] haben. Die einzelnen Gruppen hier aufzuzählen, würde zu weit führen. Einige Bemerkungen mögen hier beigegefügt sein. Für $l = 2$ gibt es drei einfache Gruppen (wobei nur auf die $c_{\kappa\lambda\mu}$ Rücksicht genommen wird) eine 8-, eine 10- und eine 14-gliedrige; für $l = 3$ wieder drei, eine 15- und

[140] Bezieht sich auf Teil I von [E1887] *Vom Sinn der Jacobischen Identität.* Es wird der früher mitgeteilte Satz bewiesen (vgl. 11 und 47), daß der Jacobi-Identität für X, Y, Z in der Lie-Algebra L der Gruppe G die Identität $(U^{-1}TU)^{-1}(U^{-1}SU)(U^{-1}TU) = U^{-1}T^{-1}STU$ in G entspricht, wenn die infinitesimalen Transformationen X, Y, Z in L den „endlichen" Transformationen S, T, U in G entsprechen.

[141] Bei dem Beweis, daß die Lie-Algebra einer Gruppe (bei Lie) bzw. einer Raumform (bei Killing) unter dem Kommutator abgeschlossen ist, wird (stillschweigend) vorausgesetzt, daß die Funktionen, die eine infinitesimale Transformation definieren, sich in eine Taylorreihe entwickeln lassen; siehe auch S. 8.

[142] Teil II von [E1887] ist überschrieben *Zur Theorie der Zusammensetzung.* Hier wird der „Satz von Engel" (vgl. 22(85)) bewiesen.

[143] Eine „ausgezeichnete Untergruppe" ist eine Teilalgebra, die im Zentrum enthalten ist.

zwei 21-gliedrige. Für $l = 4$ giebt es, soweit ich mich im Augenblick besinne, eine 24-gl., eine 28-gl., zwei 36- und zwei 52-gliedrige Gruppen.[144] Ich habe die Aufgabe: Für ein gegebenes l alle einfachen Gruppen zu finden, auf folgende Aufgabe zurückgeführt: Alle Gleichungen l^{ten} Grades mit ganzzahligen Coefficienten zu finden, deren sämtliche Wurzeln Wurzeln der Einheit sind.[145] Indessen will ich bemerken, dass mich jede solche Gleichung auf eine Gruppe führt, dass aber die nicht passenden Gleichungen leicht abgesondert werden können. Im übrigen würde es mich zu weit führen, den Weg, sowie den ganzen Zusammenhang der betr. Gleichung $s^l + a_1 s^{l-1} + a_2 s^{l-2} + \cdots a_2 s^2 + a_1 s + 1 = 0$ mit dem Problem genauer darzulegen. Ich bemerke nur noch folgenden Satz:

zwei einfache Lie-Algebren d. Dimension 52

Coxeter-Transformation

Eine einfache Gruppe des Ranges l muss mindestens $l(l+2)$ Glieder enthalten und zwar gibt es immer eine einzige Gruppe dieser Gliederzahl, die allgemeine project. Umwandlung des l-dim. Raumes.

Ich werde meine Untersuchungen auf diesem Gebiete wahrscheinlich in mehreren Abschnitten publiciren, da eine Arbeit sicher gar zu umfangreich würde. Ein Teil liegt druckfertig vor. Übrigens ist keine Arbeit für mich so unangenehm, wie gerade die hiermit sich beschäftigende. Ich muss Ihnen gestehen, dass ich immer ohne Lust gearbeitet habe und dass ich stets von neuem versucht war, die Untersuchungen unvollendet liegen zu lassen. Nur die Hoffnung, endlich einmal zu einem genügenden Resultate zu gelangen, liess mich die Arbeit immer wieder von neuem aufnehmen. Auch jetzt bin ich noch nicht ganz fertig. Es ist ja ganz leicht für mich, bei nicht zu großem Werte von l alle einfache Gruppen hinzuschreiben; aber es erübrigt noch, alle diese Gruppen ganz allgemein zu charakterisiren.[146] Doch über diese Sache ein anderesmal näheres!

Publikation

„immer ohne Lust gearbeitet"

Ebenso habe ich noch die Gruppen für $p = r$ mit einer „ausgezeichneten" Transformation[147] noch nicht völlig durchgeführt, aber

[144] Für $l = 2$ sind das $\mathbf{sl}_2, \mathbf{so}_5$ und $\mathbf{G}_2$, für $l = 3$ $\mathbf{sl}_4, \mathbf{so}_7, \mathbf{sp}_6$, für $l = 4$ $\mathbf{sl}_5, \mathbf{so}_8, \mathbf{so}_9, \mathbf{sp}_8, \mathbf{F}_4$. Killing hat (auch noch in [ZvG 2]) zwei 52-dimensionale Lie-Algebren vom Rang 4 gefunden und übersehen, daß sie isomorph sind.

[145] Vgl. [ZvG 2] S. 19. Killing wird auf diese Gleichung durch die heute sogenannte Coxeter-Transformation geführt; siehe Hawkins [H1982] S. 136 und Coleman [1889] S. 33. Vgl. auch 34.

[146] Das könnte ein Hinweis darauf sein, daß Killing sich bewußt ist, daß bei der Klassifikation der halbeinfachen Lie-Algebren der Nachweis fehlt, daß zu den angegebenen neuen Wurzelsystemen (Ausnahme-Typen) tatsächlich Lie-Algebren mit diesen Wurzelsystemen existieren.

[147] d.h. mit nichttrivialem Zentrum

vor allem, weil mir dazu die Zeit fehlt. Mancherlei Resultate sind mir auch darüber bereits aufgestoßen, aber diese genügen nicht, um den systematischen Aufbau zu vollenden. Ähnlich geht es mir für die Gruppen $p < r$. Hier ist vor allem die Menge der verschiedenen Fälle, welche zu unterscheiden sind, durch die ich behindert werde. So habe ich für den Fall $l = 20$ (nach dessen Erledigung alle im zweiten Teil Ihrer Beiträge[148] behandelten Gruppen explicit hingeschrieben werden können), wo immer $p < r - 1$ ist, bereits eine sehr einfache Form aufgestellt, aber damit ist der explicite Ausdruck für irgend größere r nicht geleistet.

Zum Fall $p < r$

Nun etwas anderes!

$l = 1$, $p = r$

Erinnern Sie sich vielleicht noch der Mitteilungen, welche ich Ihnen vor einiger Zeit über folgende Gruppe gemacht habe:[149]

$$(X_\iota X_\kappa) = 0 \quad \text{für } \iota, \kappa = 1 \ldots r-3,$$
$$(X_{r-1}X_\kappa) = (r - 2(\kappa+1))X_\kappa f, \quad (X_r X_\kappa) = (r - \kappa - 3)X_{\kappa+1} f$$
$$(X_{r-2}X_\kappa) = -(\kappa - 1)X_{\kappa-1} f, \quad (X_{r-1}X_r) = 2X_r f$$
$$(X_{r-2}X_r) = X_{r-1} f, \quad (X_{r-1}X_{r-2}) = -2X_{r-2} f.$$

Es ist das die allgemeinste Gruppe für $l = 1$ und $p = r$. Bei diesen Gruppen gehen durch einen beliebigen Punkt des $(r-1)$-dim. Bildraumes $r - 1$ zweigl. Untergruppen, aber bei spezieller Lage des Punktes erhält man noch spezielle zweigl. Untergruppen. Diese Untersuchung führt dazu, die sämtlichen Untergruppen der vorgelegten Gruppe anzugeben und zu charakterisiren. Indessen habe ich dieselbe hauptsächlich aus einem anderen Grunde angestellt.

Raumformen

Für die oben angegebene Gruppe existiren in dem $(r-1)$-dim. Bildraume bevorzugte 1-, 2-, 3- ... $(r-2)$-dimensionale Gebilde, welche bei jeder der Gruppen angehörigen Tr. in sich bewegt werden. Auch übersieht man sofort, in welcher Weise die Punkte eines jeden solchen Gebildes nur unter Anwendung sämtlicher Tr. der Gr. bewegt werden können. Wird eine ähnliche Gr. auf irgendeinen m-dim. Raum $(m < r-1)$ angewandt, so ist die Art der Tr. im wesentlichen identisch mit der des m-dim. in sich verschobenen Gebildes im $(r-1)$-dim. Bildraume. Dies gilt allgemein für alle Gruppen. (Ausnahmen sind eben nur scheinbar). Dies ist der Grund, warum ich von Anfang an, ehe ich Lie's Arbeiten kannte, mir die Aufgabe gestellt habe, zunächst die Zusammensetzung der Gruppen zu

[148] Vgl. Fußnote 143.

[149] Vgl. 21(82). In dem folgenden Beispiel spannen $F = X_{r-2}$, $H = X_{r-1}$, $E = X_r$ eine zu $\mathbf{sl}_2$ isomorphe Teilalgebra auf, die auf dem, von den übrigen Elementen aufgespannten Abelschen Ideal irreduzibel operiert.

studiren. Erst wenn ich dies Problem vollständig gelöst habe, werde ich dazu übergehen, die in einer Raumform von n Dimensionen möglichen Tr. aufzustellen.[150]

Da ich während des Schreibens genötigt wurde, den Brief zu unterbrechen, ist derselbe leider einige Tage liegen geblieben.

Herzliche Grüße an Sie, Lie, Schur und Study.

Ihr

W. Killing

32. *Killing an Engel* (G15)

Braunsberg den 6. Nov. 1887

Erh. Leipzig 7.11.87

Geehrter Herr Kollege!

Indem ich Ihnen für Ihren freundlichen Brief meinen besten Dank sage, möchte ich mir erlauben, von Ihrem mir so hochwillkommenen Anerbieten Gebrauch zu machen und Sie zu bitten, mir die ersten Bogen Ihres Buches zuzuschicken.[151] Sie können ja versichert sein, dass es mir überaus wichtig ist, die definitive Festsetzung Ihrer beiderseitigen Untersuchungen kennen zu lernen, und da ist eine „rohe Correctur" hochwillkommen.

Zugleich mit diesem Briefe geht der erste Teil meiner Arbeit an Felix Klein für die Annalen ab. Dieser Teil wird aber für Sie nichts Neues enthalten; es sind im Wesentlichen diejenigen Untersuchungen welche ich Ihnen vor mehr als $1\frac{1}{4}$ Jahren mitteilte.[152] Indessen ist ein großer Teil des folgenden bereits druckfertig, und ich will nicht hoffen, dass mir einige noch nicht zum definitiven Abschluß gelangte Partien Schwierigkeiten machen werden. Übrigens sind die benutzten Entwicklungen ganz elementar; auch würde ich wohl schon früher zu dem betr. Resultate gelangt sein, wenn ich nicht anfangs geglaubt hätte, eine gewisse Untersuchung ganz entbehren zu können. Hierzu führte mich der Fall $l = 3$. Als ich dann einsah, dass ich die betr. Untersuchung unbedingt nötig hätte, griff

[ZvG1] an Klein

[150] Zu den hier eingeflochtenen Bemerkungen über die Zuasammenhänge zwischen Geometrie (Raumformen) und Lie-Algebren vgl. 4 u.a.

[151] Hier fehlt wohl ein Brief von Engel. Das genannte Buch dürfte Bd. I von Lies *Theorie der Transformationsgruppen* [L1888] sein.

[152] Es dürfte sich um das Manuskript von [ZvG 1] handeln, das Killing Engel bei seinem Besuch in Leipzig überreicht hat; vgl. 17(74) und 25.

ich erst die Aufgabe gar zu speziell an, ohne eine Mahnung zu beachten welche Kronecker im Kolleg öfters gab. Als ich endlich wagte, das Problem in voller Allgemeinheit anzugreifen, war es auch eigentlich schon gelöst, und ich musste nur über die Einfachheit staunen.

Ihre Mitteilung über die primitiven Gruppen[153] des R_4 habe ich leider nicht recht verstehen können, da ich mit dem Pfaffschen Problem[154] zu wenig vertraut bin. Ich gedenke mich aber bald mit allem, was die Tr.-Gr. betrifft, ordentlich bekannt zu machen.

Mit besten Grüßen an Sie, Lie, Schur und Study

Ihr

W. Killing

33. *Engel an Killing* (M)

Leipzig 2.2.88

Sehr geehrter Herr Professor!

Für heute nur wenige Worte.

[ZvG1] an Teubner

Gestern habe ich die Revision Ihrer Annalenarbeit[155] an Teubner zurückgesandt; ich habe sie ziemlich genau durchgesehen und hoffe, dass kein sinnstörender Denkfehler mehr darin ist. Einige kleinere waren doch stehen geblieben. Auf S. 259 waren die beiden adjungirten Gruppen miteinander verwechselt u. dgl.

Jedenfalls bin ich sehr erfreut, dass die Abhandlung nun endlich gedruckt vorliegt.

Anbei folgen die Druckbogen 9 - 19 unseres Buches. Nur noch eine Frage. Sind Sie bei Ihren Untersuchungen auf folgenden Satz gekommen:[156]

adjungierte Darstellung der $\mathbf{sl}_2$

Enthält eine Gruppe eine K[egel]schnittsgr. X_1f, X_2f, X_3f, so lassen sich die übrigen inf. Trff. der Gruppe folgendermassen wählen: $X_1, X_2, X_3, X_0', X_1' \dots X_{m'-1}', X_0'', X_1'' \dots X_0^{(q)}, X_1^{(q)} \dots X_{m^{(q)}-1}^{(q)}$ und es ist

[153]Die genannte Mitteilung fehlt. Zum Begriff der primitiven Gruppe vgl. 27(125).

[154]Zum Pfaffschen Problem vgl. 5, 7, 8.

[155][L1888]

[156]Im folgenden wird die adjungierte Darstellung der zu $\mathbf{sl}_2$ isomorphen Teilalgebra (Kegelschnittsgruppe, vgl. 22(84)) $\langle X_1, X_2, X_3\rangle$ in irreduzible Teildarstellungen, die Killing vorher bestimmt hat (vgl. 21(82) und 31(150)), zerlegt.

$$\left.\begin{aligned}(X_1X'_\mu) &= \mu X'_{\mu-1}\\(X_2X'_\mu) &= (2\mu - m' + 1)X'_\mu\\(X_3X'_\mu) &= (m' - \mu - 1)X'_{\mu+1}\end{aligned}\right\}(\mu = 1\dots m')$$

$$\left.\begin{aligned}(X_1X''_\mu) &= \mu X''_{\mu-1}\\(X_2X''_\mu) &= (2\mu - m'' + 1)X''_\mu\\(X_3X''_\mu) &= (m'' - \mu - 1)X''_{\mu+1}\end{aligned}\right\}(\mu = 1\dots m'')$$

....

....

$$\left.\begin{aligned}(X_1X^{(q)}_\mu) &= \mu X^{(q)}_{\mu-1}\\(X_2X^{(q)}_\mu) &= (2\mu - m^{(q)} + 1)X^{(q)}_\mu\\(X_3X^{(q)}_\mu) &= (m^{(q)} - \mu - 1)X^{(q)}_{\mu+1}\end{aligned}\right\}(\mu = 1\dots m^{(q)})$$

Ich bin darauf gekommen durch einen Satz den Study über proj. Gruppen von K[egel]schn[i]ttszusammensetzung aufstellte und den ich bewiesen habe (Study bewies ihn nur zum Theil). Ihre Formeln auf S. 278[157] sind offenbar ein besonderer Fall meines Satzes (nämlich $m'' = m''' = \ldots = m^{(q)} = 1$). *Ein Satz von Study*

So viel für jetzt.

Mit herzlichen Grüssen Ihr ergebener

F. Engel

34. *Killing an Engel* (G16)

Braunsberg 4. Febr. 1888

Leipzig 6.2.88

Geehrter Herr Kollege!

Ich hatte mir schon vorgenommen, an Sie heute zu schreiben, als heute morgen Ihr freundlicher Brief und die wertvolle Sendung ankam. Wie sehr ich erfreut bin, dass das Werk so rasch voranschreitet, brauche ich Ihnen nicht zu sagen. Schon der Umstand, dass ich Lie's Entdeckungen im Zusammenhang und in definitiv festgesetzter Form kennen lerne, ist für mich von der höchsten Bedeutung, da ich manche Arbeit Lie's nur kurze Zeit habe einsehen können, auch Lie selbst manche seiner ersten Feststellungen nachher wieder aufgegeben hat. Von den vielen andern Gründen will ich gar nicht sprechen. *Verhältnis zu Lies Arbeiten*

[157] [ZvG 2] S. 277, wo Killing den Fall $l = 1, p = r$ abhandelt und dabei die irreduziblen Darstellungen der $\mathbf{sl}_2$ bestimmt; siehe 33(157).

Es freut mich, dass Ihnen meine Arbeit zur Revision vorgelegen hat. Die Correkturbogen, welche mir vorlagen, waren so voll Fehlern, dass ich es nicht für möglich hielt, alle zu entfernen. Leider kann ich mit Ihren Citaten (S. 259, S. 278) von meiner Arbeit nichts machen, da die von mir durchgesehenen Seiten die Zahlen 1 - 39 an der Stirn tragen.

halbfertige Arbeiten

Es ist immer schlimm, von halbfertigen Arbeiten zu sprechen, da man zu leicht in Gefahr kommt, unrichtige Resultate anzugeben oder ein an sich richtiges Resultat ungenau darzustellen, so dass mindestens der Leser falsche Folgerungen daraus zieht. Ich habe mir schon oft vorgenommen, das nicht mehr zu thun, und doch wurde ich nur zu oft meinem Vorsatz untreu. So ist es mir auch in meinem vorletzten Briefe an Sie ergangen. Ein an sich richtiges Resultat (Zusammenhang einfacher Gruppen mit gewissen Gleichungen[158]) hatte mich zu einer falschen Annahme geführt, welche nur für $l = 2, 3, 4$ richtig ist, und diese wurde, wie es scheint, von Ihnen ohne Absicht noch erweitert. Jetzt habe ich den zweiten Teil meiner Untersuchungen an Klein geschickt. Dieser behandelt die einfachen Gruppen und gelangt hauptsächlich zu folgendem Resultate:[159] Für $l = 2$ gibt es drei Gruppen ($r = 8, 10, 14$), für $l = 3$ ebenfalls drei (eine von 15 und 2 von 21 Gliedern), für $l > 3$ gibt es jedenfalls mindestens vier verschiedene Arten; für eine ist $r = l(l+2)$, für eine zweite $r = l(2l-1)$ und zwei $= l(2l+1)$; für $l = 5$ und für $l > 8$ gibt es <u>nur</u> diese vier Arten. Für $l = 4$ kommen zwei aus 52 Gliedern gebildete Gruppen hinzu, für $l = 6$ eine von 78, für $l = 7$ von 133 und für $l = 8$ von 248 Gliedern hinzu. Von den vier allgemeinen sind drei längst bekannt, die vierte ist von mir in expliziter Form angegeben, ebenso die dritte für $l = 2$. Bei den andern habe ich vorläufig dem Leser noch eine ganz unbedeutende Rechnung überlassen, welche gestattet, auch hier die explicite Form hinzuschreiben (also alle nicht verschwindenden $(X_\iota X_\kappa)$ anzugeben).[160] Ich hoffe

[ZvG2] an Klein

Hauptergebnisse in [ZvG2]

[158]Vgl. 31(146).

[159]Hier sind aufgezählt: für $l = 2, 3, 4$ vgl. 31(145); für $l > 3$ und $l > 8$: $\mathbf{sl}_{l+1}$ (Dim. $l(l+2)$), $\mathbf{so}_{2l}$ (Dim. $l(2l-1)$), $\mathbf{so}_{2l+1}$ und $\mathbf{sp}_{2l}$ (Dim. $l(2l+1)$). Wie einige Zeilen weiter schon anklingt, betrachtet Killing die „vierte“ Klasse, also die symplektischen Lie-Algebren („Gruppen des linearen Complexes“ nach Lie und Engel) als seine Entdeckung (zumindest deren „explizite Form“). Zu der Behauptung von Lie, er habe diese Gruppen eher gekannt vgl. 74 und 82.

Weiter werden die Ausnahmealgebren aufgezählt (außer $\mathbf{G}_2$, die vorher schon aufgeführt wurde): $\mathbf{F}_4$ (Dim. 52; Killing hat übersehen, daß die beiden von ihm angegebenen isomorph sind), $\mathbf{E}_6$ (Dim. 78), $\mathbf{E}_7$ (Dim. 133) und $\mathbf{E}_8$ (Dim. 248).

[160]Am Beispiel der $\mathbf{G}_2$ hat Killing diese „unbedeutende Rechnung“ jedenfalls

noch immer, eine einfachere Darstellung dieser Form zu finden.

Wenn ich sagen sollte, dass ich durch das angegebene Resultat befriedigt bin, würde ich die Unwahrheit sagen. Ich habe mehrfach versucht, einen Fehler im Beweis zu finden, bisher ohne Erfolg. Ich habe einen zweiten Beweis geführt, den ich nicht veröffentlicht habe; da derselbe aber wesentlich auf denselben Principien beruht, so gewährt er keine größere Sicherheit. Auch sprechen andere (ebenfalls nicht publicirte) Untersuchungen für die hohe Wahrscheinlichkeit des angegebenen Resultats. Daher glaubte ich, es sei am besten, die Resultate samt Beweis möglichst rasch zu publiciren, da dann am ehesten eine gründliche Prüfung stattfinden kann, und es ist mir von großer Wichtigkeit, dass möglichst bald volle Sicherheit über diese Frage (nach der Zusammensetzung der einfachen Gruppen) gewonnen wird. Ich bitte Sie also dringend, sobald Sie meine neue Arbeit bekommen, gründlich dieselbe inbezug auf ihre Richtigkeit zu prüfen.

Fehlersuche

Bitte um gründliche Prüfung

Ihr Satz über Gruppen mit Kegelschnitts-Ugr. ist mir neu.

Nochmals besten Dank dafür, dass Sie aus meiner Arbeit Druckfehler u. dergl. eliminirt haben und freundliche Grüße!

Ihr ergebener
W. Killing

35. *Killing an Engel* (G, Postkarte 4)

Braunsberg den 11. April 1888

Zwar habe ich eine ganze Menge Fragen an Sie zu stellen, resp. Sachen mit Ihnen zu überlegen. Aber ich komme augenblicklich nicht dazu. – In welches Heft der Annalen meine Arbeit II aufgenommen wird, weiß ich nicht; es scheint ja nach dem dritten Hefte des 31. B., dass ziemlich viel Stoff aus früherer Zeit vorliegt. – An Herrn Study habe ich den betr. Bogen geschickt; es war mir lieb, die Adresse desselben wieder zu erhalten. Besten Gruß!

[ZvG2] an Study

Ihr
W. Killing

---

ausgeführt und Engel mitgeteilt; vgl. 28. Da die Verifizierung der Jacobi-Identität in diesem Fall noch mit geringem Arbeitsaufwand durchgeführt werden kann, erfordert dies für die anderen Ausnahmealgebren einen enormen Rechenaufwand. Ob Killing das wirklich durchgeführt hat, darf wohl bezweifelt werden.

36. *Killing an Engel* (G, Postkarte 5)

Br. 24.V.88

kleine Änderungen an [ZvG2]

Wie Sie mir vor einiger Zeit schrieben, beabsichtigen Sie das Manuskript des II. Teils meiner Arbeit Sich von Teubner geben zu lassen. Sollten Sie dasselbe etwa jetzt haben, so würde ich Sie sehr bitten, es mir auf einen Tag zukommen zu lassen. Ich wünsche einige kleine Anderungen anzubringen, welche ohne jeden Einfluss auf die gewonnenen Resultate sind, auch bei ihrem geringen Umfange immerhin noch bei der Korrektur angebracht werden können, welche ich aber lieber vorher machen möchte.

Abgesehen von vielen äußern Störungen, welche mich am Arbeiten gehindert haben (u.a. Geburt eines Mädchens),[161] komme ich auch sonst in meinen Untersuchungen nicht voran.

Mit besten Grüßen Ihr W. Killing

37. *Engel an Killing* (M)

Leipzig 14.6.88

Sehr geehrter Herr Professor!

G_2 lebt im $\mathbb{R}_5$

Schon lange habe ich gestrebt Ihre 14-gliedrige einfache Gruppe aufzustellen, doch schreckte ich immer vor der vermeintlichen Grösse der Rechnung zurück. Gestern ist es mir endlich gelungen. Ich wusste nach Ihrer Angabe,[162] dass die Gruppe im R_5 leben kann, sie musste also eine primitive Gruppe des R_5 sein. Doch wie unter den vielen möglichen Fällen, die da eintreten können den richtigen finden? Vorgestern nun überlegte ich mir, dass eine primitive Gruppe des R_5 wahrscheinlich nur dann 14 Parameter haben kann, wenn sie folgende Eigenschaft besitzt. Sobald man einen Punkt festhält, bleibt ein ebenes Bündel von ∞^3 Richtungen invariant und in diesem Bündel ein Kegel 3. O. (sowie ein linearer Complex, wenn die Geraden des Bündels als Punkte des R_3 gedeutet werden). Alle andern prim[itiven] Gruppen des R_5 sind entweder bekannt oder können, so viel ich sehe, nicht 14 Parameter haben. Ich bestimmte nun die betr. Gruppen und fand folgende:

[161] Killings Tochter Maria wurde am 13.4.1888 geboren.
[162] 28(133)

$$
\begin{aligned}
&P_1 = p_1,\ P_2 = p_2,\ P_3 = p_3 - 3x_2p_3,\ P_4 = p_4 + x_1p_5,\ P_5 = p_5\\
&W = x_5p_5 + x_1p_1 + x_2p_2 + x_3p_3 + x_4p_4 + x_5p_5\\
&S_1 = x_1p_2 + 2x_2p_3 + 3x_3p_4 - 3x_2^2p : 5\\
&S_2 = 3x_1p_1 + x_2p_2 - x_3p_3 - 3x_4p_4\\
&S_3 = 3x_2p_1 + 2x_3p_2 + x_4p_3 - 3x_3^2p_5\\
&V_1 = x_5p_1 - x_3^2p_2 - x_3x_4p_3 - x_4^2p_4 + 2x_3^3p_5\\
&V_2 = x_5p_2 + 3x_2^2p_1 + 4x_2x_3p_2 + (x_2x_4 + x_3^2)p_3 + 3x_3x_4p_4 - 6x_2x_3^2p_5\\
&V_3 = x_5p_3 - 3x_1x_2p_1 - (2x_1x_3 + x_2^2)p_2 - (x_2x_3 + x_1x_4)p_3 - 3x_3^2p_4\\
&\qquad +(3x_1x_3^2 - 3x_2x_5)p_5\\
&V_4 = x_5p_4 + x_1^2p_1 + x_1x_2p_2 + x_2^2p_2 + (3x_2x_3 - x_1x_4)p_4 + (x_1x_5 - x_2^3)p_5\\
&T = (x_1x_5 + x_2^3)p_1 + (x_2x_5 - x_1x_3^2 + 2x_2^2x_3)p_2\\
&\qquad +(x_3x_5 + x_2x_3^2 + x_2^2x_4 - x_1x_3x_4)p_3\\
&\qquad +(x_4x_5 - x_3^3 + 3x_2x_3x_4 - x_1x_4^2)p_4 + (x_5^2 + 2x_1x_3^3 - 3x_2^2x_3^2)p_5
\end{aligned}
$$

Ihre Zusammensetzung ist:[163]

$$
\begin{aligned}
&(V_kT) = 0\ (k = 1\dots 4)\ \underline{(WT) = 2T}\ (S_iT) = 0\ (i = 1\dots 3)\\
&\underline{(S_1S_2) = -2S_1}\ (S_1S_3) = S_2\ (S_2S_3) = -2S_3\\
&(V_1S_1) = V_2\ (V_1S_2) = 3V_1\ (V_1S_3) = 0\ (V_2S_1) = 2V_3\ (V_2S_2) = V_2\\
&(V_2S_3) = 3V_1\ (V_3S_1) = 3V_4\ (V_3S_2) = -V_3\ (V_3S_3) = -2V_2\\
&(V_4S_1) = 0\ (V_4S_2) = -3V_4\ (V_4S_3) = V_3\\
&(WS_i) = 0\ (V_kW) = -V_k\\
&(V_1V_2) = (V_1V_3) = (V_2V_4) = (V_3V_4) = 0\ (V_1V_4) = T_1\ (V_2V_3) = -3T\\
&(P_5S_i) = 0\ \underline{(P_5T) = W}\ \underline{(P_5W) = 2P_5}\\
&(P_5V_k) = P_k\ (P_kT) = V_k\ (P_kW) = V_k\ (k = 1\dots 4)\\
&(P_1S_1) = P_2\ (P_1S_2) = 3P_1\ (P_1S_3) = 0\\
&(P_2S_1) = 2P_3\ (P_2S_2) = P_2\ (P_2S_3) = 3P_1\\
&(P_3S_1) = 3P_4\ (P_3S_2) = -P_3\ (P_3S_3) = 2P_2\\
&(P_4S_1) = 0\ (P_4S_2) = -3P_4\ (P_4S_3) = P_3\\
&(P_1V_1) = (P_1V_2) = 0\ (P_1V_3) = -S_3\ (P_1V_4) = \tfrac{1}{2}S_2 + \tfrac{1}{2}W\\
&(P_2V_1) = 0\ (P_2V_2) = 2S_3\ (P_2V_3) = -\tfrac{1}{2}S_2 - \tfrac{3}{2}W\ (P_2V_4) = S_1\\
&(P_3V_1) = -S_3\ (P_3V_2) = -\tfrac{1}{2}S_2 + \tfrac{3}{2}W\ (P_3V_3) = -2S_1\ (P_3V_4) = 0\\
&(P_4V_1) = \tfrac{1}{2}S_2 - \tfrac{1}{2}W\ (P_4V_2) = S_1\ (P_4V_3) = (P_4V_4) = 0\ (P_1P_4) = P_5\\
&(P_kP_5) = 0\ (k = 1\dots 4)\ (P_1P_2) = (P_2P_3) = (P_2P_4) = (P_3P_4) = 0\\
&(P_3P_1) = -3P_5
\end{aligned}
$$

Die Gruppe ist, wie ich mich soeben überzeugt habe, einfach; sie lässt die Pfaffsche Gl.

[163]Daß die Gleichungen in T, W und P_5 unterstrichen sind, soll vermutlich anzeigen, daß diese drei Transformationen eine zu $\mathbf{sl}_2$ isomorphe Teilalgebra aufspannen. Ebenfalls zu $\mathbf{sl}_2$ isomorph ist die von S_1, S_2, S_3 aufgespannte Teilalgebra. Hiermit sind, wie Killing im Brief 38 bemerkt, die „ganz allgemeinen Transformationen" (reguläre Elemente) $\alpha W + \beta S_2$ gegeben.

$$dx_5 - x_4 dx_1 + 3x_3 dx_2 = 0$$

invariant ist also in eine Gruppe von Berühr[ungs]tr[ans]f[ormationen] des R_3 überführbar.[164] Diese von mir seinerzeit ausgesprochene Vermuthung bestätigt sich also. Ob die Gruppe in eine project[ive] übergeführt werden kann muss ich noch untersuchen. Vermuthlich giebt es in jedem R_{2n+1} ähnlich gebildete Gruppen (im R_3 die Gruppe des lin[earen] Complexes). Wenn ich nicht irre enthält die Gruppe eine gewisse K[egel]schnittsgruppe, die in keiner grösseren UG steckt. Ich gedenke diese Sachen zu einer Note für die Leipziger Berichte zu verarbeiten;[165] vorher möchte ich aber gern wissen was Sie zu diesem Ergebnisse sagen und ob Sie vielleicht selbst die Gruppe schon bestimmt haben. Mit herzlichen Grüssen

$\mathbf{G}_2$ als Gruppe von Berührungstransform. des $\mathbb{R}_3$

Ihr ergebener

F. Engel

38. *Killing an Engel* (G16a)

Braunsberg 18. Juni 1888

Leipzig 19.6.88

Sehr geehrter Herr Kollege!

Es ist mir sehr interessant, dass Sie die betr. Gruppe für den R_5 wirklich aufgestellt haben und noch dazu in einer sehr einfachen Form. Zudem sind die Betrachtungen, durch welche Sie zu der Aufstellung kommen, sehr ansprechend. Ich hoffe also, recht bald Ihre Herleitung in Druck zu sehen.

über $\mathbf{G}_2$

Was meine eigenen weiteren Untersuchungen über diese Gr. anbetrifft, so dürfte ich die betr. kurzen Notizen kaum sobald wieder auffinden. Dieselben gründen sich auf den 13-dim. Raum, dessen proj. Coordinaten die η_ι für $\iota = 1 \dots 14$ sind. Man könnte auch den 14-dim. [Raum] für η_ι als Cartesische Coordinaten benutzen. Danach überzeugt man sich unmittelbar, dass die Gruppe in einem R_5 vorkommt. Zudem habe ich mich soeben überzeugt, dass sie in keinem R_4 (als Punkttransf.-Gr.) vorkommen kann. Ich denke, ich habe Ihnen früher das einfache Princip angegeben,[166] und brauche darauf jetzt nicht einzugehen.

[164] Publiziert in [E1893a] und [E1900a].
[165] Vgl. Fußnote 165.
[166] Vielleicht ist 28 gemeint.

Ich weiß augenblicklich nicht, welche Darstellung ich Ihnen damals mitgeteilt habe und kann deshalb für den Augenblick nicht übersehen, in wie weit die von Ihnen gegebene Zusammensetzung mit der meinigen übereinstimmt. Diejenige Darstellung, welche ich in meinem letzten (im Februar an Klein übersandten) Manuscript befindet,[167] dürfte an Einfachheit der Coefficienten das Möglichste leisten. Aber auch diese Darstellung leidet an einem gewissen Mangel an Übersichtlichkeit. Dieser würde sich, soweit ich die Sache übersehen kann, am besten vermeiden lassen, wenn man die 14 inf. Tr. in drei Gruppen teilte: P_1, P_2, wo $\eta_1 P_1 + \eta_2 P_2$ eine ganz allgem. Tr. darstellt[168] (oder genauer ausgedrückt die durch eine ganz allgemeine Tr. gehende zweigl. Ugr. mit vertauschb[aren] Elementen) darstellt. Dann sechs Tr. $S_1 \ldots S_6$ (von speziellem Charakter) und dann endlich $V_1 \ldots V_6$ von noch speziellerem Charakter. Die sechs $S_1 \ldots S_6$ können dann noch als $S_1, S_1'; S_2, S_2'; S_3, S_3'$ zusammengestellt werden, und ebenso die $V_1 \ldots V_6$. Wenn ich Ihnen die älteste Darstellung mitgeteilt habe,[169] bei der ich sofort sah, dass die Coefficienten sich etwas vereinfachen lassen, so entsprechen die $S_1, S_1', S_2, S_2', S_3, S_3'$ den $X_1, X_2, X_5, X_6, X_7, X_8$, und die $V_1, V_1', V_2, V_2', V_3, V_3'$ den $X_3, X_4, X_9, X_{10}, X_{11}, X_{12}$ (nur würde man die Marken $1, 2, 3$ jedesmal in anderer Weise einander zuordnen). Diese Überlegung lässt es mir zweifelhaft scheinen, ob Ihre Darstellung wirklich die einfachste ist. Denn bei Ihrer Darstellung ist $\alpha W + \beta S_2$ eine ganz allgem. inf. Tr., so dass jeder bel. im 13-dim. Raume enthaltene Punkt (wofern er nicht auf gewissen Gebilden liegt) hierfür genommen werden kann. Dagegen gehört jede andere der von Ihnen benutzten inf. Tr. einem R_7 oder einem R_5 an (sechs einem R_7 und sechs einem R_5).

Ich selbst werde sobald wohl noch nicht dazu kommen, die Frage nach der Darstellung von Gr. zu behandeln, deren Zusammensetzung gegeben ist. Daher hier nur kurz folgende Bemerkung: die eine Darstellung ist mit der Zusammensetzung sofort gegeben; dieselbe besteht darin, zwischen den r Variabeln $r - m$ Bedingungen anzunehmen (hier ist die Darstellung in einem R_m gemeint, und $r > m$ vorausgesetzt, worauf der andere Fall zurückgeführt wird). Ein zweiter Weg besteht darin, die geom[etrischen] Eigenschaften der betr. Gebilde zu untersuchen; daraus ergeben sich die Eigenschaften der Gr. und dann bietet auch die Darstellung keine

[167] [ZvG 2] S. 44ff

[168] P_1, P_2 spannen eine Cartansche Teilalgebra auf.

[169] Es folgt die Darstellung in der Tabelle von 28.

Schwierigkeit.

Wie ich im Augenblick übersehe, kommt die Gr. in einem R_5, R_6, R_7 vor. Ihre Bemerkung betr. der Kegelschnittsgr., welche in keiner größeren Ugr. steckt, verstehe ich nicht recht; das wird sich aus der betr. Note schon ergeben.

Meine Arbeit habe ich eben wieder in Händen gehabt, musste aber sehen, dass ich daran nicht das zu ändern fand, was ich erwartet hatte.

Mit bestem Gruß

Ihr

W. Killing

39. *Killing an Engel* (G, Postkarte 6)

Br. 19. Okt. 1888

Leipzig 20. Okt.

Da es mir augenblicklich an Zeit fehlt, Ihren so eben in meine Hände gelangenden werten Brief zu beantworten,[170] möchte ich Sie nur bitten, das durchgestrichene $< r$ doch ja wieder herstellen zu lassen. Ich begreife nicht, wie ich bei der Korrektur diesen Fehler habe ma-
Bedenken von Engel chen können. Betreffs Ihrer Bedenken erhalten Sie bald Antwort; die folgenden §§ sind jedenfalls von mir mit viel größerer Liebe redigirt,[171] als dieser (zwar unentbehrliche, aber) höchst langweilige §10. Auch geht §19 nochmals (ebenso langweilig) auf diesselbe Frage ein. Vorläufig besten Gruß!

Ihr

W. K.

40. *Killing an Engel* (G, Postkarte 7)

[Poststempel: Braunsberg 20.10.88]

Leipzig 21.10.88

[*ZvG*2] *§10* Es kann keinem Zweifel unterliegen, dass Sie in beiden Punkten Recht haben; will man, wie ich bei der Formel $(X_r(X_{r-\lambda}X_\alpha)) = \sum e_{\alpha\beta}(\;)$ thue, mit X_r anfangen, so ist zum mindesten eine weitläufige Rechnung nicht zu vermeiden. Betreffs der Formel (4)[172] gilt in

[170] Offenbar fehlt hier ein Brief von Engel, in dem die im folgenden genannten Bedenken mitgeteilt werden.

[171] §10 in [ZvG 2], §19 in [ZvG 3]. Zu den genannten Bedenken Engels vgl. die folgende Postkarte.

[172] Vgl. [ZvG 2], Seite 6 Mitte. Auf die beiden hier genannten Formeln beziehen

der That die gemachte Voraussetzung, dass im $[X_r \ \dots \ X_{r-i}]$ das X_{r-i} wirklich vorkommt. Dies ist aber durchaus nicht notwendig, so dass der Beweis in der mitgeteilten Form für Formel (4) hinfällig wird.[173] Indessen möchte ich diese Formel (obwohl sie für den zu erweisenden Satz, wie Sie bemerken, nicht notwendig ist) nicht entbehren; es ist nur nötig, wenn jene Voraussetzung nicht eintrifft, betreffs der Reihenfolge $X_{r-i}, X_{r-i-1} \dots$ eine bestimmte Anordnung zu treffen. Die Reihenfolge in der Arbeit ist dadurch bestimmt, dass in $(X_r X_{r-i-1})$ die X_{r-i} vorkommt; trifft die letztere Voraussetzung nicht ein, so muss man eine andere Festsetzung über die Reihenfolge treffen; dann bleiben die Formeln (4) und (5) bestehen.

Besten Gruß! Ihr W. K.

41. *Killing an Engel* (G17)

Braunsberg den 22. Okt. 1888

Erh. Leipzig 24.10.88

Geehrter Herr Kollege!

Für die genaue Durchsicht meiner Arbeit[174] besten Dank! Wie ich Ihnen schon im Februar schrieb, ist es dringend notwendig, jedes Glied in der Beweiskette betreffs seiner Gültigkeit genau zu prüfen. Das Resultat, dass gerade für $l = 2, 4, 6, 7, 8$ besondere Gruppen existiren welche für ein anderes l nicht vorkommen,[175] und dass für $l = 3, 5$ und $l > 8$ nur vier Formen von einfachen Gr. möglich sind,[176] ist (wenigstens für mich, wahrscheinlich aber für jeden) so unerwartet, dass man fast einen Fehlschluss vermuten sollte. Wie schon bemerkt, ist selbst im Falle, dass ein Fehler vorhanden sein sollte, das Resultat an sich wichtig genug; ich habe für $l = 2, 6, 7, 8$ je eine, für $l = 4$ zwei und für jede $l > 2$ noch eine bisher nicht bekannte Form[177] angegeben und aus allgemeinen

unerwartete Ausnahmegruppen

sich offenbar die in der vorangehenden Postkarte genannten Bedenken.

[173] Engel hat also festgestellt, daß die genannten Formeln (wie auch die Formel (5), vgl. 43, 2. Absatz) „in der Allgemeinheit nicht stattfinden“. In [ZvG 2], Seite 6 wird in einer Fußnote ausführlich zu Engels Einwänden Stellung genommen (etwa im Sinne der folgenden Bemerkungen).

[174] [ZvG 2]

[175] die Ausnahmealgebren $\mathbf{G}_2, \mathbf{F}_4, \mathbf{E}_6, \mathbf{E}_7, \mathbf{E}_8$

[176] die klassischen Lie-Algebren $\mathbf{sl}_{l+1}, \mathbf{so}_{2l+1}, \mathbf{sp}_{2l}, \mathbf{so}_{2l}$

[177] Mit den zuletzt genannten sind die symplektischen Lie-Algebren $\mathbf{sp}_{2l}$, $l > 2$ gemeint, deren Entdeckung („Herleitung aus allgemeinen Prinzipien“) Killing für sich reklamiert; vgl. 34(160).

Principien hergeleitet. – Betreffs des Citirens ist die Sache etwas schlimm; ich kann aus dem Manuskript nur schwer betr. Druckseite finden. Indessen habe ich jetzt jedesmal die von Ihnen angegebene
Korrektur Stelle gefunden. Auf Seite 6[178] bei der Formel $(X_r(X_{r-\lambda}X_\alpha))$ sind
[*ZvG*2] die beiden Teile des Beweises, wie Sie richtig angeben, umzustellen.
§*10* Betreffs der Gl. (4) S. 6. ist allerdings implicite die notwendige Voraussetzung gemacht, dass $[X_rX_{r-1}\dots X_{r-k+2}]$ das X_{r-k+2} wirklich enthält.[179] Ich bemerkte schon auf der Karte, dass dies geschehen ist, um eine feste Reihenfolge der $X_{r-i}\dots X_{r-k+1}$ zu erhalten. Man würde, wenn man, wie ich thue, die Formel (4) für nicht ganz unwichtig hält (nicht für den nächsten Zweck aber für die Zusammensetzung entsprechender Gruppen), am besten (durch Berücksichtigung der Elementarteiler) die $X_{r-i}\dots X_{r-k+1}$ in Klassen teilen, für deren erste $(X_rX_{r-2})\dots(X_rX_{r-i'})$ sich nur durch $X_r\dots X_{r-i+1}$ ausdrückt, während die zweite $X_{r-i}\dots X_{r-i'}$ hinzunimmt u.s.w.[180] Eine Andeutung hierüber findet sich in §19[181] allerdings bei einer andern Gelegenheit. Die genaue Durchführung würde aber ziemlich weitläufig sein.

Der Beweis auf S. 8[182] für mehrfache Wurzeln ist nicht ganz einfach. Es ist eben ein Mangel bei meinem Ausgangspunkte, dass die Elementarteiler höherer Ordnung immer eine gesonderte Betrachtung verlangen. Ich habe indessen den Nachweis nun doch in §19
[*ZvG*3] (dritter Teil) mitgeteilt. In diesem § beweise ich den Satz: wenn
§*19* $\psi_r(\eta)\dots\psi_{r-k+1}(\eta)$ identisch verschwinden, ohne dass die entsprechenden Unterdeterminanten identisch null sind, so ist die Zahl $p < r$ (also die Gruppe nicht ihre eigene Haupt-Ugr.).[183] Dabei ergiebt sich auch der hier in §10 in betracht kommende Satz.

Dass auf S. 10[184] $\omega'_\alpha = \omega'_\beta = \omega'_\gamma$ sein muss, glaubte ich nicht angeben zu müssen, da ich auch schon vorher $\omega_\alpha, \omega_\beta, \omega_\gamma$ trotz der Gleichheit mit verschiedenen Marken versehen hatte. Dagegen hätte ich im folgenden genau angeben müssen, welche Sätze des §10 vorausgesetzt wurden; indessen würde es selbst hier zu weitläufig werden, hierauf näher einzugehen.

---

[178] in [ZvG 2]; vgl. 40(173, 174).

[179] Ebenda.

[180] Durchgestrichen ist an dieser Stelle der Satz: „Dabei müsste man annehmen, die erste Zahl sei möglichst groß angenommen, dann könnte die zweite Klasse nur aus einer inf. Tr. bestehen u.s.w. (wenn sie überhaupt vorkommt)."

[181] [ZvG 3] S. 59ff

[182] §10 in [ZvG 2]

[183] [ZvG 3] Seite 66

[184] [ZvG 2] §11

Ich wäre Ihnen sehr dankbar, wenn Sie mir einen Satz angeben könnten, in welchem es statt „jede Tr." heißen müßte: „Jede allgemeine Trf." Ich habe nochmals alle betr. Sätze im Manuskript durchgesehen und keinen einzigen gefunden. Die betr. Sätze sind allerdings nur unter der Voraussetzung einer allgemeinen Tr. bewiesen, und werden auch für die folgenden Beweise nur unter dieser Voraussetzung benutzt. Indessen gelten sie, wenn ich nicht einen Satz übersehen habe, bei dem eine Ausnahme stattfindet, auch für jede spezielle Lage. Ich erinnere mich bestimmt, dass ich bei der Abfassung die Worte: „jede Trf." mit Absicht gewählt habe, um hierauf hinzudeuten. Ob die Beweise für spezielle Lagen einer wesentlichen Änderung bedürfen, kann ich im Augenblick nicht übersehen.[185]

Was die von Ihnen gütigst bemerkten Druckfehler auf S.9 und 14 betrifft, so finden sich erstere im Manuskript nicht, dagegen habe ich [auf] S. 14 wirklich einmal X_{r+l-1} statt X_{r-l+1} geschrieben.

Mit besten Grüßen

Ihr

W. Killing

42. *Killing an Engel* (G, Postkarte 8)

Br 23.X.88

Erh. Leipzig 24.10.

Da das Manuskript des dritten Teiles längst in Ihren Händen sein muss, kann ich Ihnen nur raten, zunächst §19 anzusehen. Sie finden dort den gemachten Nachweis, dass die Gr. ausgezeichnete Trff. in dem betrachteten Falle enthält. Als ich am Sonnabend Abend die Korrektur des dritten Bogens las, beschloss ich, die Darstellung der einfachen 14-gl. Gruppe für $n = 5$ aus der bloßen Form der $(X_\iota X_\kappa)$ herzuleiten. Dies habe ich dann am Sonntag Morgen ausgeführt und bin, wie ich nachträglich sehe, bis auf einige (sicherlich willkürliche) Constanten auf dieselbe Darstellung gekommen, welche Sie aus einer gewissen geometr[ischen] Eigenschaft geschlossen hatten.[186] Damit (aus der Übereinstimmung) dürfte die Natürlichkeit dieser Darstellung erwiesen sein, und es ist zu bewundern, dass Sie durch geometrische Betrachtungen in einem doch ziemlich complizirten Falle wirklich dies erreicht haben.

[*ZvG*3] *§19* *Zentrum* *zu* $\mathbf{G}_2$

Besten Gruß! Ihr W. K.

[185]Vgl. Engels Kommentar im nächsten Brief.

[186]vgl. 28

43. *Engel an Killing* (M)

Leipzig 25.10.88

Sehr geehrter Herr Professor!

Vielen Dank für Ihren letzten Brief und die Karte. Mein heutiger Brief soll der letzte sein, mit dem ich Sie wegen der Abhandlung II belästige. Wenn ich auch den §19 noch nicht verdaut habe, so würde ich es doch für unrecht halten, wegen des bewussten Punktes den Druck zu verzögern.

In meinem letzten Briefe hatte ich leider wieder über $X_{r-i} \dots$
[*ZvG*2] X_{r-k+1} falsches behauptet. Sie stellen es in dem Ihrigen richtig, aber
§*10* daraus folgt doch offenbar, dass die Relation (4) im Allgemeinen nicht stattfindet.[187] Sind unter den $X_{r-i} \dots X_{r-k+i}$ etwa gerade h unabh. vorhanden, für welche ist:

$$(X_r X_{r-i}) = [X_r \dots X_{r-i+1}], \dots$$

$$(X_r X_{r-i-h+1}) = [X_r \dots X_{r-k+1}]$$

so lautet die GL. (4) offenbar:

$$(X_r X_{r-i}) = [X_r \dots X_{r-i+1} X_{r-i} \dots X_{r-i-h+1}]$$

In §11 steht: „Der beim Beweis ausgeschlossene Fall, dass ω_α <u>weitere</u> Wurzeln ω_β gleich ist", soll doch wohl heißen „weiteren".

Warum schreiben Sie nachher in der Gl. $(Y_{r-1} X_{\alpha_1}) = \omega'_\alpha X_{\alpha_1} f + \cdots$ nicht $\tilde{\omega}'_\alpha$?

Vor dem ersten Satz über die Zahl $a_{\alpha\iota}$, möchte ich die Stelle: „Ersetzt man hierin α_0" u.s.w. folgendermaßen ändern:

"Hierin kann man α_0 durch $\alpha_1 \dots \alpha_\kappa$ ersetzen, wenn man nur κ durch $\kappa - 2 \dots$ ersetzt."

Der Gedanke erscheint mir so klarer ausdrückt.

Bald nach dem Satze über $a_{\alpha\iota}$ verstehe ich die Bemerkung über den Fall, dass die linke Seite von (6) verschwindet, nicht ganz. Doch ist das Nebensache.

Ihr Satz, dass alle Wurzeln sich linear und homogen mit rat. Coeff. durch l ausdrücken lassen erregt meine ganze Bewunderung, ebenso wie die Betrachtungen, welche Sie dazu führen.[188]

In §13 schreiben Sie nach Gl. (4) zweimal „Determinante" statt Diagonale.

---

[187] Vgl. 40(174).

[188] [ZvG 2] §12, S. 17 Mitte

Bis §13 eingerechnet habe ich nun alles Wesentliche verstanden und controlirt, abgesehen von jenem Fall der vielfachen Wurzeln. Die Entwicklungen von §14 an zu controliren ist mir dagegen zur Zeit nicht möglich. Ich werde aber, wenn ich die Durchsicht Ihrer Abh. III beendet habe, zu II zurückkehren und auch diese Theile genau studieren.

Meine Bemerkung über die Nothwendigkeit „allg. inf. Trf." zu sagen, sollte natürlich nicht bedeuten, dass ich die Richtigkeit der Sätze für specielle Trff. in Zweifel ziehe; ich hielt nur dafür, dass Sätze, die nur für allg. Trff. bewiesen sind auch nur für solche ausgesprochen werden sollten, oder dass wenigstens eine Bemerkung über diesen Punkt erforderlich wäre.

Bitte geben Sie mir recht bald auf einer Karte über die Formel (4) bez. (5) Bescheid,[189] mir scheint, dass dieselben sich nicht aufrecht erhalten lassen; dann schaffe ich die Bogen in die Druckerei.

Jacobische Relationen

Noch eine Bemerkung. Sie reden immer von Jacobischen Rel[ationen]. Das ist nicht gerechtfertigt. Die Identität rührt von Jacobi her, obwohl sie Jacobi nicht einmal für Ausdrücke von der Form Xf ausgesprochen hat. Aber nun solche Relationen, die aus der Identität folgen als Jacobische zu bezeichnen, das ist doch zu viel Ehre. Wenn Sie daher nichts dagegen haben, möchte ich in Abh. III Jacobische Identität für Jac[obische] Rel[ation] herstellen.

In §10 ist der Beweis dass die Gruppe $X_r \dots X_{r-k+1}$ den Rang null hat nicht so einfach wie er sein könnte.[190] Aus den Relationen

$$(X_r X_\alpha) = [X_1 \dots X_{r-k}], \;\dots\; (X_{r-k+1} X_\alpha) = [X_1 \dots X_{r-k}],$$

die allerdings nicht alle abgeleitet sind, folgt doch sofort, dass die charakt. Gl. für $\mu_0 X_r + \cdots \mu_{k-1} X_{r-k+1}$ im Allgemeinen genau so viel verschwindende Wurzeln besitzt, wie die Gl. innerhalb der Untergruppe $X_r \dots X_{r-k+1}$. Die charakt. Gl. der r-gliedrigen Gruppe zerfällt eben und der eine Faktor ist die charakt. Gl. der Untergruppe.

mehrfache Wurzeln

Endlich noch eine kleine Betrachtung die ich eben durchgeführt habe.

Es sei $\omega \neq 0$ eine h-fache Wurzel der charakt. Gl. für X_r $(h > 1)$, dann kann ich $X_1 \dots X_h$ so wählen dass wird:

[189] Vgl. 40(174).
[190] [ZvG 2] S. 8 Mitte

$$
\begin{aligned}
(X_r X_1) &= \omega X_1 \\
(X_r X_2) &= a_{21} X_1 + \omega X_2 \\
(X_r X_3) &= a_{31} X_1 + a_{32} X_2 + \omega X_3 \\
&\dots\dots\dots\dots\dots\dots \\
(X_r X_h) &= a_{h1} X_1 + \cdots + \omega X_h
\end{aligned}
$$

Dann ist zunächst in bekannter Weise:

$$X_r(X_1 X_2) = 2\omega(X_1 X_2)$$

Nehmen wir nun an dass 2ω keine Wurzel ist, so wird $(X_1X_2) = 0$, also $X_r(X_1X_3) = 2\omega(X_1X_3)$ also $(X_1X_3) = 0 \dots (X_1X_h) = 0$.

Nun wird

$$X_r(X_2 X_3) = 2\omega(X_2 X_3)$$

also $(X_2X_3) = 0, (X_2X_4) = 0$ u.s.w. also überhaupt $(X_iX_k) = 0$ $(i, k = 1 \dots h)$.

Hierin liegt eine natürliche Einteilung der vielfachen Wurzeln.

Mit herzlichen Grüßen Ihr

F. Engel

Vielleicht sind diese Betrachtungen Ihnen schon bekannt, sie sind ja zum Theil nur Anwendungen von Ueberlegungen die Ihnen eigenthümlich sind. Vielleicht stehen Sie auch in Abh. III, das weiss ich noch nicht.

44. *Killing an Engel* (G18)

Braunsberg den 26. Okt. 1888

Erh. Leipzig 27.10.

Geehrter Herr Kollege!

Sie erwerben sich um meine Arbeit wirklich große Verdienste. Ich hatte bisher vor, die Arbeit ungeändert zu lassen und vielleicht später eine Korrektur anzubringen; indessen sehe ich auf Ihr freundliches Drängen hin, dass es ja ganz gut angeht, hier einen kleinen *Änderungen in* [*ZvG2*] Nachtrag anzubringen und dafür den unrichtigen Absatz in §11 ganz auszulassen. Die beiden Abschnitte, der Zusatz und das Auszulassende, heben sich auch räumlich auf, so dass eine Versetzung im Folgenden nicht notwendig wird. Ich überlasse es demnach ganz Ihrem Ermessen, ob Sie es für angebracht halten, dass bei der Formel (5) die beiliegende Fußnote angebracht wird und dafür auf S. 10 der Abschnitt „Den letzten Teil ... “ durch die wenigen Worte (s.

unten!)[191] ersetzt wird. Ebenso finde ich es ganz passend in §11 die Stelle: „Ersetzt man hierin $\alpha_\nu \ldots$" in der vorgeschlagenen Weise zu ändern: „Hierin kann man α_0 durch $\alpha_1 \ldots \alpha_\kappa$ ersetzen, wenn nur κ durch $\kappa - 2 \ldots - \kappa$ ersetzt." Kleinere Änderungen bitte ich nur durchzuführen, ohne mich zu fragen. Zwei Sachen standen richtig im Manuskripte, dagegen habe ich wirklich zweimal in §13 Determinante statt Diagonale geschrieben.

Ihre Bemerkung über die Vereinfachung in §10 ist ohne Zweifel richtig; aber ich möchte keine weiteren Zusätze machen. Hoffentlich gelingt es Ihnen, die lästigen Überlegungen in §§10 u. 19 durch einen eleganten Beweis der betr. Sätze unnötig zu machen.

Was das folgende betrifft, so wird vor allem zu prüfen sein, ob §15 keinen Fehler enthält. Das Prinzip ist aber richtig und damit ist schon viel gewonnen. Die Überlegungen in §16 genügen hoffentlich für den nächsten Zweck; dieselben sind aber im dritten Abschnitt noch mal durchgeführt.

§23 enthält einen Fehler, der aber für das Haupt-Resultat oh- [*ZvG*3]
ne Bedeutung ist. Ich fand denselben, sobald ich das Manuskript §*23*
an Klein abgeschickt hatte. Näheres später! Nochmals die Bemerkung, dass ich die Anbringung der Verbesserungen Ihrem Ermessen ganz überlasse; sollte Korrektur nötig sein, so haben Sie wohl die Freundlichkeit, dieselbe zu lesen. Mir entgehen Druckfehler nur zu leicht.

In höchster Eile, um zu versuchen[?], ob der Brief noch mit dem Abendzuge abgeht.

Herzlichen Gruß!

Ihr

W. Killing

Auch betreffs der Jacobischen Relationen haben Sie recht; ich habe geglaubt, Lie hätte diesen Ausdruck eingeführt und mich immer darüber gewundert, – also wohl Versehen meinerseits ohne jede böse Absicht.

45. *Killing an Engel* (G, Postkarte 9)

Br. 27.X.88

Erh. 29.10.88

So sehr ich auch empfinde, wie viel die Arbeit durch den projektier-

---

[191] Eine Beilage ist nicht gefunden worden; offenbar ist die Fußnote auf S. 6 von [ZvG 2] §10 gemeint.

[ZvG2] §10, 11 ten Zusatz in §10 und die Weglassung in §11 gewinnen würde, so möchte ich doch die Entwicklung ganz Ihnen überlassen. Vielleicht ist übrigens bei der Eile im einzelnen der richtige Ausdruck nicht gefunden. *mehrfache Wurzeln* Ihre Bemerkung über mehrfache Wurzeln kommt in meinen Arbeiten nicht vor; aber es dürfte zweifelhaft sein, ob dieselbe (für Gruppen $p = r$) von großer Bedeutung sein würde. Für diese Gruppen wird die Wichtigkeit der vielfachen Wurzeln überhaupt schon im Teile III, noch mehr in IV herabgedrückt. Darüber ein andermal!

Herzliche Grüße!

Ihr

W. K.

46. *Killing an Engel* (G19)

Braunsberg 10. Nov. 1888

Erh. 12/11 88 Leipzig

Sehr geehrter Herr Kollege!

Ich habe mich jetzt entschlossen, diejenigen wesentlichen Verbesserungen, welche ich nachträglich gefunden habe, im Teile III vorzunehmen und nicht, wie ich bisher beabsichtigte, zu einem vierten *Hauptergebnis in [ZvG4]* Teile zu vereinigen. Der vierte Teil soll sich dann mit den Gruppen beschäftigen, welche nicht ihre Haupt-Ugr. sind und wird an erster Stelle den Satz enthalten: „Wenn eine Gr. G_r eine H[aupt]-Ugr. G_p hat, welche für sich betrachtet ihre eigene H[aupt]-Ugr. ist, so kann man $r-p$ Tr. $Z_1 \dots Z_p$ so wählen, dass (für X_ρ als bel. inf. Trf. der G_r) $(Z_i X_\rho)$ sich nur durch diejenige Trf. darstellt, welche der invarianten Untergruppe von G_p angehört." Ist aber G_p einfach oder halbeinfach, so bilden $Z_1 \dots Z_p$ eine ausgezeichnete Ugr. von G_r.[192]

Änderungen in [ZvG3] Die Umänderungen mögen etwa in folgendem bestehen. In der Einleitung können Verbesserungen erwähnt werden, welche Sie noch an Teil II anbringen wollen, ferner eine genaue (am liebsten von Ihnen selbst formulirte) Angabe betreffs Ihrer Stellung zu weiteren in Teil III anzubringenden Verbesserungen; dann wird das Haupt-Resultat dahin abzuändern sein: Jede Gr., welche Ihre H[aupt]-Ugr. ist, und nicht zerfällt, kann zusammengesetzt werden aus einer einfachen Gr. und einer Gruppe vom Range null.[193]

---

[192] Dieser Satz befindet sich in [ZvG 4], §30 Seite 181ff.

[193] Ersetzt man hier „einfach" durch „halbeinfach" (wie in [ZvG 3] geschehen),

In §22 müssen die mehrfachen Elementarteiler ausgeschlossen werden. Die Überschrift in §23 ist umzuändern; außerdem sind formelle Änderungen anzubringen, und mehrere Unrichtigkeiten zu verbessern. Dann möchte ich als §24 einen neuen § einschieben, welche die vollständige Erweiterung von §23 enthält. Es ist vielleicht doch gut, die Betrachtung ganz allgemein durchzuführen, da die bloße Annahme von Elementarteilern zweiten Grades die allgemeinen Eigenschaften nicht deutlich genug hervortreten läßt. Trotz eines Widerwillens, den ich gegen die ganze Arbeit habe, glaube ich mich dieser Arbeit unterziehen zu müssen. Der bisherige §24 wird etwa ziemlich ungeändert als §25 beibehalten werden können. Dagegen halte ich es für nötig, alle aus den einfachen Gruppen A) – D) zu bildenden zusammengesetzten Gruppen (für $p = r$) so weit anzugeben, dass das Niederschreiben in expliciter Form keine Mühe mehr verursacht. Zu dem Ende ist es notwendig, diejenigen Formen in vollständig expliciter Form anzugeben, bei denen die invariante Ugr. nur vertauschbare Transformationen enthält. Die Lösung dieser Aufgabe würde einen §26 erfordern.

Widerwillen gegen die ganze Arbeit

Wenn hierdurch auch der Umfang der Arbeit noch etwas anwächst (§22 wird nur wenig vergrößert, §23 sogar etwas gekürzt), so erlangt auf diese Weise das Thema einen vollen Abschluss. Mit der Ausarbeitung dieser Umänderungen und Zusätze bin ich noch nicht fertig. Mit einer eventuellen Zusendung des Manuskriptes hat es aber keine Eile.

Empfangen Sie nochmals meinen besten Dank für die Mühe, welche Sie sich bereits mit Teil II gegeben haben.

Mit den besten Grüßen

Ihr

W. Killing

47. *Engel an Killing* (M)

Leipzig 25.11.88

Sehr geehrter Herr Professor!

Verzeihen Sie, dass ich erst heute Ihren letzten Brief beantworte; ich bin aber jetzt mit der Ausarbeitung des ersten Kapitels des 2. Abschnitts unseres Buches[194] beschäftigt und das nimmt nebst

---

so hat Killing hier den Satz von Levi für den Fall $L = [L, L]$; vgl. [ZvG 3] §24 S. 107. Im Beweis ist allerdings eine Lücke; vgl. Hawkins [H1982] S. 155.

[194]Bd. II von Lies *Theorie der Transformationsgruppen* [L1890a].

der Vorlesung fast meine ganze Zeit in Anspruch.

Mit Ihren Plänen zur Verbesserung der Abh. 3 bin ich natürlich sehr einverstanden, insbesondere ist es mir sehr erfreulich, dass Sie auf die Elementartheiler genauer eingehen wollen.

Heute habe ich eine Mittheilung für Sie.

In Ihren Braunsberger Abh.: „Zur Th[eorie] d[er] L[ies'chen] Trfsgr" findet sich ohne Beweis der folgende schöne und neue Satz[195] (ich wähle die durchsichtigere Fassung welche die Symbolik der Substit[utions]th. an die Hand giebt):

Kommutator Sind S und T zwei beliebige Trff. der r-gliedrigen Gruppe: $X_1f \dots X_rf$ oder G_r, so gehört die Trf. $S^{-1}T^{-1}ST$ stets der inv. Untergruppe der (X_iX_k) an.

Ich habe einen sehr einfachen Beweis dieses Satzes. Nämlich so: $X_1f \dots X_pf$ sei die inv. UG. der (X_iX_k), sodass

$$(X_iX_k) = \sum_1^p {}_s\, c_{iks}X_sf \quad (i, k = 1 \dots r),$$

wo nicht alle p-reihigen Det[erminanten] verschwinden, deren Horizontalreihen die Form haben:

$$|\, c_{ik1} \dots c_{ikp} \,| \,.$$

Es giebt dann offenbar eine mit $X_1f \dots X_rf$ isomorphe $(r-p)$-gliedrige Gruppe: G_{r-p}, welche erhalten wird, indem man die inv. UG $X_1f \dots X_pf$ der G_r der Identität congruent setzt, wenn man also in den Rell. $(X_iX_k) = \sum$ die Symbole $X_1f \dots X_pf$ durch Null ersetzt. Diese G_{r-p} besteht somit aus vertauschbaren Trff. *Faktoralgebra*

Sind nun S, T zwei bel. Trff. der G_r und $\mathcal{S}$, $\mathcal{T}$ die entspr. der G_{r-p}, so entspricht der Trf. $S^{-1}T^{-1}ST$ die Trf. $\mathcal{S}^{-1}\mathcal{T}^{-1}\mathcal{S}\mathcal{T}$ welche offenbar die Identität ist. Nun aber sind die Trff. der Gruppe $X_1f \dots X_pf$ die einzigen Trff. der G_r, welchen innerhalb der G_{r-p} die Identität entspricht. Also gehört $S^{-1}T^{-1}ST$ stets der Gruppe: $X_1f \dots X_pf$ an.

Uebrigens lässt sich auch leicht das Umgekehrte beweisen, dass $S^{-1}T^{-1}ST$ sämmtliche Trff. der Gruppe: $X_1f \dots X_pf$ sind, dass man also aus den endlichen Trff. der Gruppe: $X_1f \dots X_rf$ sofort die endlichen Trff. der Hauptuntergruppe ohne Integration finden kann.

[195] [K1886] §2, Seite 8; vgl. das folgende auch mit 11(57).

Ich möchte diese Dinge in einer kleinen Note veröffentlichen,[196] wollte aber doch vorher Ihnen Mittheilung davon machen, um zu erfahren, ob Sie etwas dazu zu bemerken haben.

Mit herzlichen Grüssen Ihr

ergebener
F. Engel

48. *Killing an Engel* (G, Postkarte 10)

Poststempel Braunsberg 27.11.88
Erh. 29.11.88

Es kann mich nur sehr freuen, wenn Sie darauf aufmerksam machen wollen.[197] Ich möchte daher brieflich auf meinen Beweis nicht eingehen, da derselbe auf ganz andern Principien beruht und wohl auch complicirter ist. Indessen kommt es m. E. vor allem auf die Umkehrung an, und diese dürfte von mir wahrscheinlich gar nicht erkannt oder zum wenigsten durchaus nicht gewürdigt sein, während sie m. E. die Hauptsache ist.

Die Zusätze zu Teil III sind soweit fertig, dass sie nur noch der endgültigen Redaktion ermangeln, welche erst möglich ist, wenn mir das Manuskript wieder vorliegt. Das hat aber wohl noch einige Wochen Zeit, da die Arbeit doch noch nicht gedruckt wird. [*ZvG*3]

Mit besten Grüßen

Ihr
W. K.

49. *Killing an Engel* (G20)

Braunsberg 3. Jan. 1889
Erh. Leipzig d. 5.1.89

Geehrter Herr Kollege!

Engels Referat von [*K*1886]

Vor einigen Wochen ging mir die Besprechung meiner Programm-Abhandlung von 1886 zu, welche Sie in den Fortschritten der Math. veröffentlichten.[198] Obwohl ich durch dieselbe außerordentlich überrascht worden bin, und ich mich sehr sehnte, eine Aufklärung von

[196] Das scheint nicht geschehen zu sein.

[197] Bezieht sich wohl auf den von Engel im vorigen Brief bewiesenen Satz Killings aus [K1886] über $S^{-1}T^{-1}ST$.

[198] Engels Referat von [K1886] im Jahrbuch über die Fortschritte der Mathematik 18 (1886) S. 315.

Ihnen zu erhalten, wurde ich leider bis jetzt durch äußere Geschäfte am Schreiben verhindert. Wer Ihre Bemerkungen über den vorletzten § liest, wird doch sicherlich die Meinung erhalten, Sie hätten Unrichtigkeiten in demselben gefunden. Dem widerspricht aber unser Briefwechsel; ich habe Sie auf Fehler in jenem § aufmerksam gemacht und darauf haben Sie ausdrücklich anerkannt, dass ich Sie zuerst darauf aufmerksam gemacht habe.[199] Die Verbesserung nebst genauer Angabe der Fälle, wo die Sätze nicht mehr vollständig gelten, liegt seit Jahren nahezu druckfertig im Pult, und nur der Umstand, dass die Sache für die Gruppentheorie ohne besondere Bedeutung ist, hat mich bisher bestimmt, die Sache nicht zu veröffentlichen.

Jacobische Relation

Auch darüber ließe sich sprechen, wie es kommt, dass Sie mehr als zwei Jahre lang an dem – allerdings ungenauen – Ausdruck „Jacobische Relation“ still vorbeigegangen sind, und jetzt plötzlich demselben eine so große Wichtigkeit beilegen. Aber ein anderer Punkt ist mir augenblicklich wichtiger. Ich habe den betr. Satz, über den Sie im letzten Briefe schrieben, nur in der Form damals gefunden, wie ihn Ihr Referat angibt. Dass mir jede Erweiterung damals entgangen ist, geht ganz deutlich aus dem letzten Alinea des Lehrsatzes hervor. Was ich später etwa gefunden habe, kommt nicht in betracht. Ich habe bei der Antwort auf Ihren letzten Brief unterlassen, die Arbeit selbst nochmals einzusehen, und deshalb konnte ich in meiner Antwort nicht sogleich feststellen, dass die in Ihrem Briefe mitgeteilte Form bereits eine bedeutende und wichtige Erweiterung meines Satzes sei.

Mit der Bitte um Aufklärung des hoffentlich vorhandenen Missverständnisses und besten Wünschen für das neue Jahr

Ihr

W. Killing

50. *Engel an Killing* (M)

Leipzig 6.1.89

Sehr geehrter Herr Professor!

Rechtfertigung

Es thut mir sehr leid, dass ich Ihnen durch mein Referat Anstoss gegeben habe und allerdings ist mein Ausdruck „der § ist nicht frei von Fehlern“ sehr unglücklich gewählt und ich hätte diesen Satz

[199] Vgl. 8.

weglassen sollen. Dass aber der Satz auf S. 15 falsch ist,[200] das hatte ich auch ohne Ihre brieflichen Mittheilungen gesehen, da die Gruppe $(X_1, X_2) = X_1$ eine zweite adjungirte Gruppe besitzt, welche überhaupt keine Function von u_1, u_2 invariant lässt.[201] Dass ausserdem der Ausdruck „lineare Gruppe" in einem ganz unmöglichen Sinne gebraucht ist,[202] werden Sie jetzt gewiss zugeben. Die Rechnungen des §5 habe ich niemals controlirt, dazu sind sie mir viel zu verwickelt, deshalb habe ich natürlich auch in diesen Rechnungen niemals Fehler finden können, aber dass der Satz auf S. 15 falsch ist, das konnte ich erkennen auch ohne die Rechnungen zu controliren.

lineare Gruppe

Jedenfalls bitte ich sehr um Entschuldigung für das was ich über den §5 im Allgemeinen Ungünstiges gesagt habe, denn da muß ich allerdings fürchten dass er durch Ihre brieflichen Mittheilungen veranlasst ist. Aber mein Urtheil über den Satz S. 15 würde ich auch dann wiederholen, wenn ich das Referat noch einmal zu schreiben hätte.

Ich schrieb das Referat, wenn ich nicht irre im Juni und fand dabei die Verallgemeinerung Ihres Satzes aus §2.[203] Was Sie nun darüber für Bedenken haben, verstehe ich nicht. In dem Referat ist doch der Satz vollkommen nach Verdienst gewürdigt. Meine Bemerkung, dass sich der Satz ergänzen lässt u.s.w. soll natürlich andeuten, dass ich damals als ich das Referat schrieb, mehr wusste als Sie in der Abhandlung sagen. Kann das anders verstanden werden?

Was die „Jacobischen Relationen" anbetrifft, so hatten die mich allerdings schon lange unangenehm berührt und ich benutzte deshalb diese Gelegenheit einmal gegen dieselben energisch zu protestiren, dass ich es nicht vorher brieflich that[204] ist eine Ungeschicklichkeit von mir, für die ich ebenfalls um Verzeihung bitten muss.

Leider ist es mir einfach unmöglich den 3. Theil Ihrer Abhandlung über die Zusammensetzung[205] in der wünschenswerthen Weise durchzugehen, das würde zu viel Zeit und Geduld erfordern und ich habe fast gar keine Zeit. Ich werde Ihnen deshalb das Manuscript in den nächsten Tagen zuschicken. Wenn Sie Ihre Aenderungen angebracht haben wird es dann hoffentlich gleich gedruckt werden. Mit

keine Zeit für [ZvG3]

200 [K1886]
201 Vgl. 8.
202 Ebenda
203 Gemeint ist der Satz in 47.
204 Das ist in 43 geschehen; vgl. auch Killings Zustimmung im Nachsatz zu 44.
205 [ZvG 3]

den besten Wünschen für das neue Jahr Ihr ergebener

F. Engel

51. *Killing an Engel* (G21)

Braunsberg 23. Januar 1889

Erh. Leipzig 24.1.89

Geehrter Herr Kollege!

Ich danke Ihnen sehr, dass Sie das Manuskript einer Durchsicht haben unterziehen wollen. Im allgemeinen halte ich Ihre Änderungen für berechtigt, in besonderen Fällen nicht; so scheint mir „irreduktibel" richtiger als „irreducibel". Doch das sind Nebensachen.

Engels Referat Die andere Angelegenheit[206] hat, wenngleich Sie ihr durch Ihren Brief die Schärfe vielfach genommen haben, für mich das Rätselhafte und Unerklärliche nicht verloren. Selbst mehrere Angaben Ihres letzten Briefes stehen wieder in direktem Gegensatz zu früher von Ihnen gemachten Angaben, so dass ich annehmen müsste, Sie hätten das vergessen, was auch schlecht angeht. Übrigens glaubte ich mich gegen die Vermutung, die der Gr. $(X_1X_2) = X_1f$ entsprechende Gr. habe eine Invariante, genug durch Angaben des §5 u. des §6 geschützt zu haben, wenngleich die Bedingung $p = r$ in den Satz selbst nicht aufgenommen ist.

Sie haben bei der Korrektur des zweiten Teiles meiner betr. Untersuchungen und jetzt wieder mich zu großem Dank verpflichtet, so dass ich immer auch auf Beseitigung dieses Missverständnisses hoffe.

Mit freundlichen Grüßen

Ihr

W. Killing

Nachschrift. Betreffs des Satzes über TUT^{-1} beabsichtigte ich in meinem Briefe nur, ein Missverständnis zu beseitigen, welches eine Ihnen früher gesandte Karte vielleicht hätte hervorrufen können.[207]

W. K.

[206] Die folgenden Bemerkungen beziehen sich noch einmal auf Engels Referat von [K1886]; vgl. 49 und 50.

[207] Vgl. 47 und 48. Welches Mißverständnis hier gemeint ist, ist nicht klar; es scheint ein Brief zu fehlen.

52. *Engel an Killing* (G)

Leipzig 2.2.89

Sehr geehrter Herr Professor!

Professor Dyck (München, Hildegardstr. $1\frac{1}{2}$) schreibt mir soeben, dass Ihre Abhandlung III jetzt in Satz kommen kann (wahrscheinlich für Bd. XXXIV, 1). Er möchte daher das Manuscript möglichst bald haben; an mich schrieb er, weil er es bei mir vermuthete. *Dyck* [*ZvG*3]

Wollen Sie nun vielleicht die Güte haben Dyck sogleich Bescheid zu geben, wann Sie ihm das Manuscript senden können?

Sodann haben Sie wohl Klein versprochen eine Note hinzuzufügen, in welcher Sie das Verhältniss Ihrer Untersuchungen zu den Lieschen auseinandersetzen. Es würde sich darum handeln diejenigen Begriffe und Sätze kurz anzugeben, am Besten mit Citaten, welche sie aus der Lieschen Theorie benutzt haben. Sie würden dabei Gelegenheit haben einige frühere irrthümliche Angaben, die wesentlich durch meine Briefe veranlasst sein dürften, richtig zu stellen. Ich meine die Punkte, an denen Sie mir zu viel Ehre gegeben haben z.B. die Benennung „adjungirte Gruppe" (§2, S. 259), die nur von Lie herrührt.[208] *Klein* *Verhältnis von Killings Arbeiten zu denen von Lie*

Dann die Gruppen ohne Kegelschnittsgruppe (S. 255). Die Classe, welche von diesen Gruppen gebildet wird ist zuerst von Lie betrachtet und zwar schon in seinen frühesten Untersuchungen. Neu und von mir ist nur, dass diese Classe sich kürzer als der Inbegriff aller Gruppen ohne Kegelschnittsgruppe definiren lässt.[209] *auflösbare Liealgebren*

Die Zahl der von Ihnen benutzten Lieschen Sätze ist ja nicht gross und Sie können mit Recht hervorheben, dass Ihre Untersuchungen nach einer Richtung gehen, welche von Lie nicht verfolgt worden ist.

Mit der betreffenden Note ist es jedenfalls nicht eilig, dieselbe könnten Sie mir daher, falls Sie sonst dazu geneigt sind, mittheilen, ehe Sie an Dyck abgeht, damit wir vielleicht noch darüber verhandeln können. Am wünschenswerthesten ist mir, dass Ihre Abhandlung III recht bald gedruckt wird. Mit den besten Grüßen Ihr ergebener

F. Engel

[208] Vgl. [ZvG 1] S. 259, wo Killing die Bezeichnung „den Herren Lie und Engel" zuschreibt; vgl. auch 9(46).

[209] Zu dem genannten Satz von Engel vgl. 22.

53. *Killing an Engel* (G22)

Braunsberg 4.II.89
Erh. Leipzig 6.2.89

Geehrter Herr Kollege!

Haben Sie besten Dank für Ihren Brief! Leider hatte mir eine Erkältung in den letzten 14 Tagen solche Kopfschmerzen verursacht, dass ich nichts Ernstliches arbeiten konnte. Ich werde daher das Manuskript erst in einigen Tagen an Dyck senden können.

Verhältnis von Killings Arbeiten zu denen von Lie

Betreffs der von Ihnen erwähnten Note dürfte ein Missverständnis eingetreten sein. Über das Verhältnis meiner Untersuchungen zu denen Lie's zu schreiben, ist wenigstens vorläufig für mich eine Unmöglichkeit. Ich beabsichtige nur, in einer Note zu Teil III einige ungenaue Angaben richtig zu stellen. Ebensowenig kann ich aber zugeben, dass Ihre Briefe diese Irrtümer veranlasst hätten. Worin der tiefere Grund hierfür liegt, mag ich nicht erörtern. Meine Erklärung würde etwa lauten:[210]

Das Bestreben, mich den Bezeichnungen des Hrn Lie, sobald ich mit dessen Arbeiten bekannt geworden war, vollständig anzuschließen, hat mich mehrmals zu kleinen Irrtümern verleitet. Der Grund hierfür dürfte darin zu suchen sein, dass mein Streben anfänglich weniger darauf gerichtet war, die Hrn Lie eigentümlichen Methoden kennen zu lernen als vielmehr in seinen Arbeiten diejenigen Sätze aufzusuchen, zu denen ich unanhängig von ihm, aber später als er gelangt war. Hierbei habe ich z. B. Jacob[i-]Identität mit Jac[obi-]Relation verwechselt und geglaubt, Hr Lie habe eine für die Gruppentheorie wichtige Gleichung mit letzterem Namen belegt (wozu er als erster Entdecker ein Recht hätte), um ihre Beziehung zu Jacobis bekannter Entdeckung hervorzuheben; da ich sehe, dass Hr Lie den Namen Jac[obi-]Identität vorzieht, habe ich keinen Grund, den andern Namen beizubehalten. Auch zeigt mir sein Werk, dass mehrere Bezeichnungen und Zuordnungen Hrn Lie allein gehören, während ich bei Abfassung des ersten Teiles ... nicht wusste, wie weit Hr Engel dabei beteiligt sei und deshalb von der Bezeichnung (u. dgl.) der Herren Lie und Engel sprach. Ebenso dürfte eine Bemerkung ... dem Verdienst des Hrn Lie nicht völlig gerecht werden und das des Hrn Engel zu sehr hervorheben.

Vielleicht sind in jener Arbeit auch noch einige andere derartige Notizen nicht ganz genau, gleichwie ich an einer andern Stelle den

[210]Die folgenden Erläuterungen finden sich ausführlicher als Fußnote in [ZvG 3], Seite 58f.

ganzen Inhalt der §§3 u. 4 meiner Abh. Erweiterung des Raumbegriffs Hrn Lie zuschrieb, obwohl einige darin enthaltene kleinere Einzelheiten zuerst von mir angegeben sind.

In solcher Weise dürfte die Erklärung den thatsächlichen Verhältnissen am vollkommensten entsprechen.

Mit freundlichen Grüssen

Ihr

W. Killing

54. *Killing an Engel* (G, Postkarte 12)[211]

Braunsberg 13.II.90

Verehrte Herr Kollege!

So eben erfahre ich durch Schur, dass Lie krank ist. Diese Nachricht, welche ich in meiner vollständigen Abgeschlossenheit erst jetzt erhalte, hat mich tief erschüttert. Ich bitte Sie recht dringend, mir recht bald einige genauere Mitteilungen zukommen zu lassen. Hoffentlich wird doch Lie zu Ostern seine frühere Thätigkeit wieder aufnehmen können. Mit freundlichen Gruße *Lies Krankheit*

Ihr W. Killing

55. *Engel an Killing* (G)

Leipzig 18.2.90

Sehr geehrter Herr Professor!

Erst gestern habe ich bei der Rückkehr von einem Aufenthalte in Berlin Ihre Karte vorgefunden; deshalb kommt meine Antwort so spät.

Mit Lie geht es bedeutend besser, und die Besserung schreitet continuirlich fort, aber langsam, er ist aber immer noch recht gedrückt, doch hat er jetzt selbst wieder Hoffnung, dass er ganz wieder hergestellt wird. Ob er freilich schon zu Anfang des Sommersemesters seine Thätigkeit wird aufnehmen können, ist noch fraglich. *Lies Befinden*

Gestern bekam ich einen Brief von ihm. Er meint darin, dass er schon lange Zeit ihm selbst unbewusst nervös gewesen ist und dass er deshalb auch gegen Sie ungerecht war.[212] Er hofft später Gelegenheit zu finden Ihre großen Leistungen öffentlich anzuerkennen. *Verhältnis Lie/ Killing*

[211]Eine Postkarte mit der Nr. 11 wurde nicht gefunden.

[212]Welcher konkrete Anlaß hier gemeint ist, ist nicht bekannt. Zu Lies Meinung über Killings Arbeiten vgl. [L1893], S. 768ff.

eue Realisierung der $\mathbf{G}_2$ Ich habe vor kurzem gefunden, dass die bewusste 14-gliedrige Gruppe im R_5 noch in einer anderen Form leben kann. Die von mir vor $1\frac{1}{2}$ Jahren aufgestellte Gruppe des R_5 kann nämlich durch eine Berührungstransformation des R_5 in eine neue Gruppe von Punkttrff. des R_5 übergeführt werden und diese neue Gruppe lässt ein System von drei Pfaffschen Gleichungen invariant welches folgende Form erhalten kann:[213]

$$dx_3 - x_2 dx_1 = 0, \; dx_4 - x_2^2 dx_1 = 0, \; dx_5 - x_1 x_2 dx_1 = 0.$$

Durch Betrachtung dieser Gruppe bin ich zu allgemeinen Sätzen über Systeme von Pfaffschen Gleichungen gelangt.

Der 2. Bd. der Trfsgr.[214] geht Ihnen im Auftrage von Lie zu, nachdem ich ihn nunmehr glücklich zum Abschluss gebracht habe.

Herzliche Grüße Ihr

F. Engel

56. *Killing an Engel* (G23)

Braunsberg 25.II.90

Verehrter Herr Kollege!

Geschworener Da mir heute die Verbrecher Ruhe lassen (ich bin schon wieder Geschworener), so will ich Ihnen für Ihren freundlichen Brief meinen Dank abstatten, den ich Ihnen gern früher ausgesprochen hätte.

Zunächst bitte ich Lie meinen verbindlichen Dank auszusprechen für die wertvolle Zusendung und zugleich für die große Freude, die er mir durch Zusendung des zweiten Teiles seines Werkes gemacht hat. Das ist nun für mich ein ganz neues Gebiet, und ich hoffe mich bald darin einzuarbeiten.

Krankheit von Lie u. Killings Vater Es freut mich außerordentlich, dass Lie's Besserung stetig fortschreitet. Nach Ihren und Schurs Mitteilungen muss ich annehmen, dass die Krankheit sehr große Ähnlichkeit besitzt mit derjenigen, an welcher mein Vater vor etwa 12 Jahren litt. Der Grund dürfte auch wohl in beiden Fällen in Überanstrengung liegen. Auch bei meinem Vater ging die Besserung anfangs sehr langsam voran; aber jetzt ist er bereits seit vielen Jahren nach jeder Richtung gesund trotz seiner 78 Jahre. Ich hoffe und wünsche, dass Lie sehr bald hergestellt sein wird und dass dann die trübe Stimmung ganz weichen wird.

---

[213] Die folgenden Differentialgleichungen finden sich in dieser Form weder in [E1893a] noch in [E1900a]; vgl. auch 57 und 67.

[214] [L1890a]

Den Differentialgleichungen hatte ich während meiner Studienzeit nur wenig Fleiß gewidmet. Ich glaubte auch anfangs, für die Theorie der Tr.-Gr. ziemlich ohne eine tiefere Theorie der Diff.-Gl. auskommen zu können. Dass das aber nicht angeht, habe ich vor einiger Zeit bereits erkannt, und ich suche dem Mangel abzuhelfen. Ich glaube, dass schon das Studium des zweiten Bandes der Tr.-Gr. hierin mich wesentlich unterstützen wird.

So interessant mir nun auch Ihre Bemerkungen über die einf. 14-gliedr. Gr. des R_5 [sind], so möchte ich mir folgende Bemerkung erlauben. Wie Sie sich erinnern werden, habe ich, nachdem Sie mir Ihre Darstellung der Gruppe im R_5 angegeben hatten, ebenfalls eine Darstellung aus andern Principien hergeleitet und bin zu Ihrer (ersten) Darstellung gelangt. Wenn ich mich nun recht entsinne, lieferten meine Untersuchungen den Nachweis, dass jede andere Darstellung im R_5 mit der gefundenen ähnlich sein müsse. Ich kann allerdings meine damals durchgeführten Rechnungen (die ich auch rasch wiederholen könnte) augenblicklich nicht finden; auch entsinne ich mich nicht bestimmt. Vielleicht wollen Sie selbst auch gar nicht behaupten dass Ihre beiden Darstellungen nicht ähnlich seien, aber dennoch glaubte ich diese Bemerkung beifügen zu sollen. **G_2**

Mit herzlichen Grüßen

Ihr

W. Killing

57. *Engel an Killing* (G)

Dresden N. d. 8.3.90

Sehr geehrter Herr Professor!

Schon wieder bin ich auf acht Wochen zum Militär eingezogen und dies Mal nicht gerade in der schönsten Jahreszeit, dafür werde ich dann wenigstens wieder einmal grosse Ferien haben. *Militär*

Ihre Behauptung, dass die 14-gliedrige Gruppe des R_5 nur in einer Form auftreten könne, beruht auf einem Irrthum.[215] Sie enthält vielmehr zwei neungliedrige Untergruppen, die nicht mit einander gleichzusammengesetzt sind und hat demnach zwei verschiedene *zwei nicht ähnliche Formen der* **G_2**

[215]Die folgenden Bemerkungen hat Engel in [E1893a] und in [E1900a] publiziert.

Formen, die nicht durch Punkttransformation mit einander ähnlich sind. In der einen Form lässt sie das System der Pfaffschen Gleichungen:[216]

$$\text{(I)}\quad dx_3 - x_2dx_1 = 0 \quad dx_4 - x_2^2dx_1 = 0 \quad dx_5 - x_1x_2dx_1 = 0$$

invariant, in der andern das System

$$\text{(II)}\quad \begin{cases} dx_5 - x_3dx_1 - x_4dx_2 = 0 \\ dx_2^2 - \sqrt{3}dx_3dx_4 = 0 \\ dx_2dx_4 - 3dx_1dx_3 = 0 \end{cases}$$

und das System II lässt sich offenbar nicht durch Punkttransformation in das System I überführen. Im ersten Falle enthält die Gruppe überdies in der Umgebung eines Punktes von allgemeiner Lage zwei infinitesimale Transformationen von zweiter Ordnung in den x, im zweiten Falle enthält sie blos eine solche Transformation. Keine von beiden Gruppen lässt sich in eine projective Gruppe verwandeln.

„merkwürdige einfache Gruppen"

Uebrigens bin ich jetzt in der Theorie der Systeme von Pfaffschen Gleichungen soweit fortgeschritten, dass ich voraussehe, dass die Untersuchung der Systeme von Pfaffschen Gleichungen in 6 und mehr Veränderlichen ebenfalls auf merkwürdige einfache Gruppen führt, und dass sich auf diese Weise Gruppen von den Zusammensetzungen, welche Sie gefunden haben, bekommen werde. Freilich wird das noch manche Anstrengung kosten.

Wünschen Sie die 14-gliedrige Gruppe, welche das System I invariant lässt, zu sehen, so werde ich sie Ihnen mittheilen, sie ist allerdings etwas lang.

Nun leben Sie wohl. Herzliche Grüsse. Ihr ergebener

Friedrich Engel

58. *Killing an Engel* (G24)

Braunsberg 21. April 1890

Erh. Leipzig 26.4.

Sehr geehrter Herr Kollege!

Leider war es mir bisher nicht möglich, auf Ihren freundlichen Brief zu antworten. Mancherlei Geschäfte nahmen meine volle Thätigkeit in Anspruch. Wie Ihnen die militärischen Übungen, so waren mir verschiedene Umstände durchaus hinderlich.

[216] In dieser Form finden sich die Gleichungen weder in [E1893a] noch in [E1900a]; vgl. auch 55 und 67.

Für Ihre Behauptung, dass Ihre beiden Darstellungen der einfachen 14-gliedrigen Gruppen im R_5 nicht ähnlich sind, haben Sie ja sehr viele Beweise beigebracht, von denen jeder für sich genügt. Es unterliegt daher keinem Zweifel, dass mich meine Erinnerung getäuscht hat. Allerdings habe ich meine Herleitung selbst nicht wieder finden können; nur das Resultat werde ich mir gemerkt haben. Ich suchte mir fünf inf. Transformationen aus, die in möglichst einfacher gegenseitiger Beziehung stehen. Von diesen inf. Tr. nahm ich an, dass sie einen Punkt in ein fünffach ausgedehntes Gebiet hineinbringen. Darin wird mein Versehen gelegen haben. G_2

Leider kann ich Ihre Untersuchungen über die Pfaffschen Gleichungen nicht ordentlich würdigen. In der Theorie der Differentialgleichungen bin ich noch immer nicht vollständig bewandert, wenigstens nicht in dem Maße, wie ich es selbst im Interesse der Gruppentheorie dringend wünsche. Allerdings hat mich das Studium des zweiten Bandes von Lie's Werk[217] bereits wesentlich gefördert, aber ich fühle meine Lücken doch noch sehr. Aus diesem Grunde bedaure ich auch, die Preisfrage der Jablonowskischen Gesellschaft[218] nicht in Angriff nehmen zu können, so sehr ich mich auch freue, dass auf diese Weise die Aufmerksamkeit weiterer Kreise auf die Tr.-Gr. gelenkt ist. *Jablonowskische Gesellschaft*

Die Theorie der systatischen Gruppen ist einer ganz natürlichen Verallgemeinerung fähig. Lie fragt an der betr. Stelle nur: wenn ein Punkt allgemeiner Lage in Ruhe gehalten wird, bleibt dann noch jeder Punkt eines gewissen Gebildes in Ruhe?[219] Nun gestatte die Gr. noch Bewegungen, wenn zwei Punkte in Ruhe gehalten werden, von denen jede einzelne allgemeine Lage hat und deren gegenseitige Lage ebenfalls nicht besondern Bedingungen genügt; dann kann man fragen, ob nicht mit der Ruhe der beiden Punkte ein gewisses Gebilde in Ruhe gehalten wird. In gleicher Weise kann man fortfahren, bis man zu der größten Zahl von Punkten gelangt, bei welcher noch Bewegung möglich ist. Die Lösung der hier in betracht kommenden Fragen ist sehr einfach. Die entsprechenden Lehrsätze sowohl wie die Beweise schließen sich ganz eng und natürlich an die von Lie für den von ihm betrachteten Fall an. Für gewisse Sätze hat man nur die gleichzusammengesetzte Gruppe mit $2n, 3n \ldots$ Variabeln zu betrachten: *systatische Gruppen*

[217] [L1890a]

[218] Die „Fürstl. Jablonowskische Ges. d. Wiss.“, 1774 gegründet von dem polnischen Fürsten Jozef Aleksander J. (1711–1777) in Leipzig, bestand bis 1939.

[219] Das ist die Liesche Definition der systatischen Gruppe; vgl. [L1888] S. 501.

$$\sum_i \xi_{\alpha\iota}(x)\frac{\partial f}{\partial x_\iota}, \quad \sum \xi(x')\frac{\partial f}{\partial x'_\iota}, \quad \sum \xi(x'')\frac{\partial f}{\partial x''_\iota} \quad \cdots$$

Andere Sätze bleiben ganz ohne jede Änderung bestehen. Eine weitere Frage ist allerdings folgende: Wenn eine gewisse Anzahl $(1, 2, \ldots)$ von Punkten in Ruhe gehalten wird, wann wird dann zugleich ein (oder mehrere) hindurchgehendes Gebilde in sich bewegt? Die allgemeine Lösung dieser Aufgabe kann ich allerdings im Augenblick nicht übersehen.

Hoffentlich ist Lie bereits wieder recht gut hergestellt. Statten Sie ihm doch nochmals meinen besten Dank für die freundliche Zusendung des zweiten Bandes ab.

Mit herzlichen Grüßen

Ihr

Wilh. Killing

59. *Engel an Killing* (G)

Leipzig 8.5.90

Sehr geehrter Herr Professor!

Besten Dank für Ihren Brief. Ihre Bemerkungen über die Verallgemeinerung des Begriffs „systatisch" habe ich mit Interesse gelesen.

Referat über [ZvG1] und [ZvG2] Ich habe jetzt für die Fortschritte der Math. einen Bericht über Ihre beiden ersten Abhandlungen über die Zusammensetzung gemacht und ich hoffe, dass Sie mit diesem Berichte zufrieden sein werden. Mir ist da übrigens von Neuem etwas aufgestossen, worauf ich Sie aufmerksam machen möchte. Sie reden nämlich in Abh. I öfter davon, dass sich alle $\psi(\eta)$ „rational" durch l unter ihnen ausdrücken lassen. Das „rational" begründen Sie aber gar nicht. Können Sie das wirklich beweisen?[220]

Lies Befinden Lie ist noch nicht wieder hier, aber seine Stimmung ist im Allgemeinen gut und hoffnungsvoll und die Aerzte erklären, dass er jedenfalls im Laufe des Sommers wieder hergestellt werden wird und im Winter wieder lesen kann.

Rang 0 Umlaufs Dissertation Haben Sie mittlerweile über die Gruppen vom Range Null allgemeine Ergebnisse gefunden? Wenn nicht und wenn Sie nichts dagegen haben möchte ich einen meiner Schüler an die Untersuchung dieser Gruppen setzen, ich glaube fast, dass es gelingen wird, die allgemeine Form dieser Gruppen zu bestimmen.

[220] Vgl. [ZvG 1] S. 266 und Killings Antwort im nächsten Brief.

Mit dem Arbeiten will es immer noch nicht recht gehen, die 8-wöchentliche Uebung, während denen ich leider keinen Strich habe machen können liegt mir noch immer in den Gliedern, doch wird das hoffentlich bald vergehen.

Mit herzlichen Grüssen

Ihr

F. Engel

60. *Killing an Engel* (G25)

Braunsberg 11.V.90

Erh. Leipzig 14.V.90

Geehrter Herr Kollege!

Obwohl die Ihnen gestern übersandte Abhandlung schon die Antworten auf die in Ihrem werten Briefe an mich gerichteten Fragen enthält, will ich doch mit der Antwort schon deshalb nicht zögern, weil ich an das Studium vorläufig gar nicht denken kann, vielweniger Vorbereitungen zu einer wissenschaftlichen Publikation zu treffen vermag.

Dass Lie's Befinden sich immer mehr bessert, freut mich außerordentlich. Sicherlich macht die Besserung jetzt immer größere und raschere Fortschritte.

„lapsus“

Ich dachte übrigens, ich hätte das „rational“ schon längst Ihnen gegenüber auf Ihre Anfrage zurückgenommen. Es ist das ein „lapsus“, der mir leider zu leicht entschlüpft, aber im Grunde um so unverzeihlicher ist, weil ich die Invarianten der allgem. projektiven Gruppe gerade in Zus. I[221] anführe und man hier die Unrichtigkeit meiner Behauptung sofort sieht.

„Wenn ich Schüler hätte ... “

Vorschläge für weitere Untersuchungen

Wenn ich Schüler in Mathematik hätte, würde ich manche Partie über Zusammensetzung ausführen lassen. Die einfachen Gruppen vom Range 4 – 8 bieten Stoff für leichte Seminararbeiten; und ich glaube, die Zusammensetzung aller Gr., welche ihre eigenen Haupt-Untergr. sind, würde für eine Dissertation einen passenden Gegenstand liefern. Dann fehlen eigentlich nur die Gr. vom Range null, deren Bearbeitung dringend wünschenswert ist und keine große Schwierigkeit bietet. Ich würde vorschlagen, erst diejenigen Gr. zu behandeln, wo im allgem. die char. Determinante außer ω einen

[221] [ZvG 1] S. 272

einzigen Elementarteiler (nämlich ω^{r-1}) besitzt. Dann sind selbstverständlich in (A) (S. 287 B. 31)[222] die Coeff[izienten] $a_1 \dots a_{r-1}$ sämtlich gleich 1 zu setzen. Aber die weitere Behandlung dieser Gruppen würde für $r > 7$ mit meiner Methode wenig Aussicht auf Erfolg haben. Ob Lie's (allerdings indirekte) Methode die Coeff[izienten] $c_{\iota\kappa\sigma}$ leichter liefert, kann ich nicht beurteilen. Den besten Weg haben wir sicher in früheren Briefen gegenseitig erwähnt: nämlich eine von der Formel (6) auf S. 257 B. 31unabhängige Formelreihe, welche a) aus der Jac. Identität folgt und b) im Verein mit (6) im stande ist, alle Folgerungen aus der Jac[obi-] Id[entität] zu ersetzen.

Bei diesen Gr. tritt bereits die in Zus. IV (B. 36 S. 162) angeregte Frage entgegen, wieviele der Coeff[izienten] c als wesentlich veränderlich (stetig) angesehen werden können. Anders ausgedrückt: Wenn eine r-gl. Gr. so beschaffen sein soll, dass ihre char. Det. im allgem. einen Elementarteiler ω^{r-1} enthält, und zugleich Gr. von derselben Zusammensetzung als identisch betrachtet werden, welche Zahl von Ausdehnungen kommt dann der Gesamtheit der verschiedenen Gr. zu? So scheint (ich kann für den Augenblick die Berechtigung meiner Vermutung nicht streng prüfen) für $r = 4$ unter der gemachten Voraussetzung eine einfach unendliche Schar verschieden zusammengesetzter Gr. zu existiren.

Nach Festsetzung dieser Gruppen, welche wegen der Bedeutung der Elementarteiler eine feste Klasse darstellen, würde ich zu weiteren Klassen übergehen. Die weitere Untersuchung würde sehr einfach sein, wenn das Zerfallen des Elementarteilers ω^{r-1} auch das Zerfallen der Gr. (in dem Sinne: B. 34 S. 74)[223] nach sich zöge. Wenngleich wenig Aussicht ist, dass ein solcher Satz existirt, würde eine dahin zielende Untersuchung doch angebracht erscheinen.

Hierbei wollen Sie mir einige Unebenheiten im Ausdruck zu gut halten. Es würde mich freuen, wenn diese Bemerkungen für die weitere Untersuchung brauchbar wären.

Mit besten Grüßen Ihr

W. Killing

Der Brief, welcher durchaus nicht in einem Zuge geschrieben ist, war, wie ich soeben sehe, beendet, aber noch nicht abgeschickt. Ich möchte noch auf folgenden Punkt aufmerksam machen:

222[ZvG 1]

223[ZvG 3]

Mit der Zusammensetzung hängt auch folgende Frage eng zusammen. Wenn zwei Gr. von gleicher Zusammensetzung gegeben sind, so fragt es sich, auf wieviel fache Weise man sie so aufeinander beziehen kann, dass auch die durch Aufeinanderfolge zweier Tr. der einen Gr. enthaltene Tr. der durch Folge der entsprech. Tr. erhaltenen Tr. der andern Gr. entspricht. So kann man für Kegelschnittsgr. in jeder eine Tr. ganz beliebig (nur allgemein) annehmen und erhält dadurch jedesmal eine eindeutige Zuordnung. Dagegen wird man, wenn die Gr. die Zusammensetzung $(X_1X_2) = X_3$, $(X_1X_3) = (X_2X_3) = 0$ haben, zwei Tr. beliebig (nur allgemein) wählen können. Die allgemeine Lösung dieser Frage ergiebt sich bei meiner Darstellung ganz von selbst. Aber man kann vielleicht auch den umgekehrten Weg einschlagen und versuchen, erst diese Frage zu lösen; dann darf man vielleicht hoffen, von diesem Ausgangspunkte aus in die Theorie der Zusammensetzung einzudringen, namentlich da man offenbar eine einzige Gr. zu grunde legen und eine Beziehung ihrer Tr. zu einander erforschen kann. Hom(L)

13. Mai W. K.

61. *Engel an Killing* (M)

Leipzig 12.6.90

Sehr geehrter Herr Professor!

Leider komme ich erst jetzt dazu Ihren ausführlichen Brief vom 13.5.[224] zu beantworten. Ich danke Ihnen bestens für denselben, sowie auch für die beiden Abhandlungen.[225] Mir war es besonders angenehm, dass Sie aufgrund Ihrer Theorie einen neuen Beweis meines Satzes über Gruppen die keine K[egel]schnittsgruppe enthalten, gegeben haben. Mein Beweis enthält ja, wie Sie wissen eine noch nicht ausgefüllt Lücke.[226]

Ich habe in der letzten Zeit mit drei Schülern von mir Ihre Bestimmung der r-gliedrigen Gruppen durchgenommen, bei welchen die char. Gl. $r-1$ von Null und von einander verschiedene Wurzeln besitzt. Es hat mich aber offengestanden recht viel Mühe gekostet Ihre *Schüler*

[224] Es dürfte der vorige Brief 60 gemeint sein, obgleich dieser das Datum 11. 5. trägt.

[225] Es könnte sich um die Abhandlungen [K1889], [K1890b] oder [K1890b] handeln.

[226] Vgl. 22(87). Eine Veröffentlichung mit einem Beweis des Engelschen Satzes gibt es wohl nicht; eine Beweisskizze für einen Teil des Satzes hat Killing in 23 gegeben. Zu der „Lücke" in Engels Beweis vgl. 22(87).

nur angedeuteten Ueberlegungen überall wieder herzustellen. Nunmehr will [ich] den Fall behandeln, dass k verschw[indende] Wurzeln auftreten und $r - k$ von Null und von einander verschiedene.

Ihre Bemerkungen über die Gruppen vom Range Null sind mir sehr angenehm. Ich werde sie hoffentlich später benutzen können.

Am vorigen Montag habe ich in der hiesigen Ges[ellschaft] d[er] W[issenschaften] eine Mittheilung über Pfaffsche Gl. vorgelegt, ich hoffe, dass ich sie Ihnen bald zuschicken kann.[227]

Lies Befinden Mit Lie geht es stetig besser aber freilich recht langsam. Besonders erfreulich ist es, dass er seit einiger Zeit in der Nacht wenigstens ein paar Stunden schläft ohne Schlafmittel. Gestern erhielt ich von ihm eine längere Arbeit über die Grundlagen der Geometrie, die zunächst in den Leipziger Berichten erscheinen und später in den 3. Bd. aufgenommen werden soll.[228]

Noch eine Bemerkung zu Bd. 36, S. 249.[229] Sie finden da in der 14-gliedrigen Gruppe nur eine Art von 9-gliedrigen Untergruppen;
G_2 es giebt aber noch eine zweite, die keine ausgezeichnete inf. Trf. enthält.

Damit will ich für heute schliessen. Mit herzlichen Grüßen

Ihr

F. Engel

62. *Killing an Engel* (G26)

Braunsberg 21. Juni 1890

Erh. Leipzig 23.6.

Geehrter Herr Kollege!

[*ZvG*1] *§8* Gewiss müssten, wie Sie auf Ihrer Karte angeben, die $r + 1$ Determinanten zugleich verschwinden. Aber das würde ja auch an sich nichts Auffallendes sein.[230] In der That müssen diese Bedingungen für die sämtlichen Haupt-Transformationen irgend einer zweigliedrigen Ugr. erfüllt sein. Ihr Bedenken richtet sich nicht so sehr gegen diese Stelle, als gegen die in §8 angegebene Darstellung, von der hier nur ein ganz bestimmter Fall herausgenommen ist.

---

[227] [E1889]

[228] [L1890b] und [L1893]

[229] [K1890b]

[230] Die erwähnte Karte von Engel ist nicht vorhanden.

Auffallend ist es, dass auch Schur's Bedenken gerade an dieser Stelle (oder doch bei einer hierauf folgenden) zum Ausdruck kamen, während der Briefwechsel zeigte, dass die in §8 angegebene Darstellung als nicht bewiesen betrachtet werden muss.[231] Was diesen Beweis anbetrifft, so ist es am einfachsten, auf die Weierstraß'schen Elementarteiler einzugehen. *Schur*

Es seien $\sum a_{\iota\kappa}x_\iota p_\kappa$ und $\sum b_{\iota\kappa}x_\iota p_\kappa$ zwei bilineare Formen und $(\omega-\omega_\alpha)^{e_\alpha}$ ein Elementarteiler der Determ. $|a_{\iota\kappa}-\omega b_{\iota\kappa}|$. Dann giebt dieser Elementarteiler die Möglichkeit, e_α neue Paare von Variabeln $X_1, \bar{P}_1 \dots X_{e_\alpha}, \bar{P}_{e_\alpha}$ einzuführen, so dass in den transformierten Formen Glieder vorkommen: *Korrektur [ZvG1] §8*

$$\text{(A)}\quad \begin{aligned} &\omega_\alpha(X_1\bar{P}_{e_\alpha} + X_2\bar{P}_{e_\alpha-1}\dots X_{e_\alpha}\bar{P}_1)\\ &+\mu(X_1\bar{P}_{e_\alpha-1}+\dots X_{e_\alpha-1}\bar{P}_1)\\ &(X_1\bar{P}_{e_\alpha}+ \qquad\qquad\qquad)\\ &+\nu(\qquad\qquad\qquad\qquad) \end{aligned}$$

In unserm Falle ist 1) die Form $\sum b_{\iota\kappa}x_\iota p_\kappa = \sum x_\iota p_\iota$, 2) sind hier nicht die Tr. der x_ι und p_ι von einander unabhängig, sondern die Form $\sum x_\iota p_\iota$ muss bei jeder Tr. ungeändert bleiben. Man hat also nachträglich noch die $\bar{P}$ so zu transformieren in $P_1 \dots P_r$, dass die zweite Form (A) übergeht in $\sum X_i P_i$ für $\iota = 1\dots e_\alpha$. Macht man diese Umgestaltung, so kommt man für jedes ω_α auf die in (8) angegebene Darstellung.

Nimmt man speziell, was gestattet ist, $\nu = 0$ an, so hat man zu setzen:

$$\bar{P}_1 = P_{e_\alpha},\ \bar{P}_2 = P_{e_\alpha-1}\ \dots\ \bar{P}_{e_\alpha} = P_1$$

und dann geht die erste Form über in

$$\omega_\alpha(X_1P_1+\dots)+\mu(X_1P_2+X_2P_3+\dots),$$

wo μ von null verschieden sein muss. Damit ist die in §8 (B. 31 S. 279) unter 18^a angegebene Darstellung bewiesen.

Die Mitteilungen Ihres l[etzten] Briefes waren mir sehr angenehm. Hoffentlich bessert sich Lie ziemlich rasch. Meine Grüße an ihn.

[231] [ZvG 1] §8, S. 279 (18a). Es handelt sich um den Kommutator von Elementen aus verallgemeinerten Wurzelräumen bei mehrfachen Wurzeln; vgl. Engels Bemerkung im nächsten Brief, wonach „die Sache ganz einfach ist".

Besuch von Schur Am Dienstag besuchte mich Schur auf einige Stunden. Wir sprachen natürlich auch viel von Ihnen und von Lie.

Mit besten Grüßen

Ihr

W. Killing

63. *Engel an Killing* (M)

Leipzig 25.6.90

Sehr geehrter Herr Professor!

Für Ihre schnelle Antwort vielen Dank. Ich habe übrigens mittlerweile gesehen, dass die Sache ganz einfach ist, wenn man die inf. Trf. $\sum \eta_i X_i f$ als $X_r f$ wählt und die zugehörige char. Gl. betrachtet. Später sah ich dann auch, dass [ich] mir die Sache schon früher auf diese Weise klar gemacht hatte.[232]

[*ZvG*1] §9 Heute komme ich aber schon wieder mit einer neuen Frage, wegen der Gruppen vom Range Null (§9). [233] Ihr Beweis, dass $X_m, X_{m+m'} \dots$ ausgezeichnete inf. Trff. sind, leuchtet mir nicht ganz ein.[234] Wenn <u>mehrere</u> der Zahlen $m', m'' \dots$ gleich 1 sind, so geht aus Ihren Aufstellungen noch nicht einmal hervor, dass $(X_{m+m'}, X_{m+m'+m''}) \dots$ von X_0 frei sind. Aber auch wenn Sie von X_0 frei sind, sehe ich nicht recht, dass sie verschwinden müssen.

Könnte man nur von vornherein (ohne zu beweisen, dass $X_m \dots$ ausgezeichnete inf. Trf. sind) einsehen, dass eine Gruppe vom Range Null nicht ihre eigene Hauptuntergruppe sein kann.[235]

Ich glaube übrigens die Sache lässt sich dank Determinantenbetrachtungen machen. Eine Unterdet. der zu X_0 gehörigen Det. hat nämlich den Werth 1 und verschw[indet] daher auch in der zu $X_0 + \alpha X_m + \alpha' X_{m+m'} + \dots$ gehörigen charakt. Det. nicht, wenn man die α genügend klein wählt, daraus wird wohl folgen, dass

[232]Bezieht sich auf den Beweis von [ZvG 1] §8, S. 279 (18a); vgl. die vorige Fußnote.

[233]Im folgenden wird der Fehler in [ZvG 1] §9, S. 288 Mitte behandelt, den Hawkins in [H1982] S. 162ff samt seinen Konsequenzen ausführlich bespricht.

[234]Diese Behauptung Killings ist i.a. tatsächlich falsch. Sie führte ihn u.a. zu der falschen Behauptung, daß Cartansche Teilalgebren (wie man heute sagt) stets Abelsch sind, wie auch zu richtigen Sätzen, die als nicht bewiesen anzusehen sind, weil sie auf dieser falschen Aussage beruhen; vgl. die vorangehende Fußnote.

[235]Nach 23 hat Killing dies „ohne Beweis angenommen". Vgl auch 66. Einen Beweis gibt Umlauf in [U1891], Satz 13, S. 40.

$X_m, X_{m+m'}$ u.s.w. vertauschbar sind. Doch muss ich das erst noch genauer überlegen.

Jedenfalls werde ich die Frage im Auge behalten.

Mit herzlichen Grüßen

Ihr

F. Engel

64. *Killing an Engel* (G27)

Braunsberg 18. Juli 1890

Erh. Leipzig 19.7.90

Geehrter Herr Kollege!

Für die freundliche Zusendung Ihrer Arbeit besten Dank![236] Wenn ich auch die volle Bedeutung der mit einem gegebenen Systeme verbundenen weiteren nicht vollauf würdigen kann, so glaube ich dieselbe wenigstens zu ahnen.

Wohl haben Sie recht damit, dass in §9 meiner betr. Untersuchungen die Beweise gar zu kurz angedeutet und nicht gehörig entwickelt sind. Ich habe diesen § erst viel später in die für den Druck bestimmte Form gebracht und deshalb die Grundgedanken des Beweises nicht einmal mit jener Schärfe angegeben, welche mir jetzt, nachdem ich meine früheren Untersuchungen genau angesehen und z. T. vervollständigt habe, notwendig erscheint, wenn ich mich wieder mit Andeutung des Beweises begnügen wollte. (Dabei muss ich gestehen, jetzt würde ich mich nicht durch die Furcht, dass meine Arbeit zu viel Raum beanspruchen würde, so beeinflussen lassen, wie ich es damals gethan habe; jetzt würde ich die Beweise vollständig durchführen.) Indessen kann ich hier im Briefe auch wieder nur Andeutungen geben; wenn Sie es wünschen, kann ich vielleicht später einmal den Beweis ausführen. Dabei ziehe ich folgenden Gang vor. [237] Ich nehme zunächst an, dass in der char. Determinante nicht alle Unterdet. $r-2^{\text{ten}}$ Grades identisch verschwinden. Die Erledigung dieses Falles erfordert nur solche Entwicklungen, welche ich an der angegebenen Stelle bereits mitgeteilt habe; Jedoch scheint mir eine andere Reihenfolge erwünscht. Es seien X_0 und X_1 ganz allgemeine inf. Tr. Dann kann man die übrigen

[*ZvG*1] §*9*

[236] Vermutlich [E1889], vielleicht auch [E1890b].

[237] Es folgt der Beweis eines Spezialfalles des von Engel im vorigen Brief (s. 63(234, 235)) angesprochenen unzutreffenden Satzes in [ZvG 1] §9 S. 288.

inf. Tr., durch welche die Gruppe bestimmt wird, so wählen, dass ist:

$$(X_0X_1) = X_2, \ (X_0X_2) = X_3, \ (X_0X_3) = X_4, \ldots$$

$$(X_0X_{r-2}) = X_{r-1}, \ (X_0X_{r-1}) = 0.$$

Dann folgt aus $(X_0(X_{r-2}X_{r-1})) = 0$ und daraus, dass in der Gruppe eine zweigl. Untergr. der Form $(YZ) = \omega Z$ für $\omega \neq 0$ vorkommen soll, sofort $(X_{r-2}X_{r-1}) = 0$. Ich nehme an, es sei bereits bewiesen, dass, sobald die beiden Marken ρ und σ beide größer als eine festgewählte Marke a sind und $\sigma > \rho$ ist, der Ausdruck von $(X_\rho X_\sigma)$ nur $X_{\sigma+1} \ldots X_{r-1}$ enthält $\{$aber $(X_\rho X_\sigma) = [\sigma+1, \sigma+2 \ldots r-1]\}$; speziell für $\rho > a$ stets $(X_\rho X_{r-1}) = 0$. Jetzt bilde ich die Jacobischen Identitäten für die Marken $(0, a, r-1), (0, a, r-2) \ldots (0, a, a+1)$, wodurch ich die Gl. erhalte:

$$(X_0(X_{r-1}X_a)) = 0, \ (X_0(X_{r-2}X_a)) = (X_{r-1}X_a) + (X_{r-2}X_{a+1})$$

$$(X_0(X_{r-3}X_a)) = (X_{r-2}X_a) + (X_{r-3}X_{a+1}) \text{ u.s.w.}$$

Da $(X_{a+1}X_{r-2})$ nur X_{r-1} enthält, und (X_aX_{r-1}) die X_{r-1} allein nicht enthalten kann, so folgt aus den beiden ersten Gl. $(X_aX_{r-1}) = 0$. Hiernach ergiebt sich aus der zweiten und dritten Gl., dass $(X_{r-2}X_a) = [r-2, r-1]$ und dann liefert die genannte Forderung in Verbindung mit $(X_{r-1}X_a) = 0$ die Gl. $(X_{r-2}X_a) = X_{r-1}$ u.s.w. So verbinde man stets zwei Gleichungen und beweist die gemachte Voraussetzung auch für den Fall, dass für $\sigma > \rho$ die ρ auch $= a$ ist.

Diese Erwägungen führen aber ohne Weiteres nicht mehr zum Ziele, wenn alle Unterdet. $r - 2^{\text{ten}}$ Grades identisch verschwinden.[238] Dann wird freilich die Darstellung

$$(X_0X_1) = c_1X_2, \ (X_0X_2) = c_2X_3 \ \ldots \ (X_0X_{r-1}) = 0$$

zu grunde gelegt werden können und es müssen mehrere der $c_1, \ldots c_{r-2}$ verschwinden. Aber diese Darstellung selbst ist für die betr. Gruppe nicht charakteristisch, wofern man nicht mit berücksichtigt, dass X_0 ganz allgemeinen Charakter besitzt. So giebt es eine 7-gliedrige Gruppe, in welcher die Constanten $\alpha, \beta, \gamma, \delta, \lambda$ jeden beliebigen Wert annehmen können:

Gegenbeispiel

$$(X_0X_1) = X_2, \ (X_0X_2) = X_3, \ (X_0X_3) = X_4,$$

[238] Der im folgenden angedeutete allgemeine Fall führt zu keiner Lösung; vgl. Hawkins [H1982] S. 169.

$$(X_0X_4) = X_5,\ (X_0X_5) = X_6,\ (X_0X_6) = 0$$

$$(X_1X_2) = \alpha X_3 + \beta X_4 + \gamma X_5 + \delta X_6,$$

$$(X_1X_3) = \alpha X_4 + \beta X_5 + \gamma X_6,$$

$$(X_1X_4) = \alpha X_5 + \lambda X_6,\ (X_1X_5) = \alpha X_6,$$

$$(X_2X_3) = (\beta - \lambda)X_6,\ (X_3X_5) = \ldots (X_1X_7) = 0$$

Setzen Sie jetzt:

$$X_2 = Y_0,\ Y_1 = X_0,\ Y_2 = -X_3,\ Y_3 = -(\beta - \lambda)X_6$$

$$Y_4 = X_1 - \alpha X_0,\ Y_5 = -\beta X_4 - \gamma X_5 - \delta X_6,\ Y_6 = X_5,$$

so folgt:

$$(Y_0Y_1) = Y_2,\ (Y_0Y_2) = Y_3,\ (Y_0Y_3) = 0,$$

$$(Y_0Y_4) = Y_5,\ (Y_0Y_5) = 0,\ (Y_0Y_6) = 0.$$

Wenn aber in der obigen Darstellung o_m der erste verschwindende Coeffizient ist, so muss man berücksichtigen, dass für

$$(\sum \xi_\iota X_\iota, \sum \eta_\iota X_\iota) = \sum \eta'_\iota X_\iota, \quad (\sum \xi_\iota X_\iota, \sum \eta'_\iota X_\iota) = \sum \eta''_\iota X_\iota \ldots$$

bei jeder Wahl von ρ_ι und η_ι spätestens die sämtlichen $\eta_\iota^{(m-1)}$ sämtlich gleich null sein müssen. Dieser Weg erfordert aber sehr hässliche Rechnungen.

Besser ist folgender Weg. Man kann jeder inf. Tr. eine ganze Zahl zuordnen in folgendem Sinne: Sind $\xi_0 \ldots \xi_{r-1}$ ganz allgemein, so führt das Gl.-System $(\sum \xi_\iota X_\iota, X_0) = X'_2$, $(\sum \xi_\iota X_\iota, X'_2) = 0 \ldots$ in seiner m[ten] Gl. auf $(\sum \xi_\iota X_\iota, X'_m) = 0$; dasselbe gilt für X_1; dagegen wird für den Beginn mit X_2: $(\sum \xi_\iota X_\iota, X_2) = \bar{X}_3, \ldots (\sum \xi_\iota X_\iota, \bar{X}_m) = 0$ bereits die m-1te Gl. null ergeben; entsprechendes gilt für $X_3 \ldots X_{m+1}$ u.s.w. Auf den Nachweis kann ich hier nicht eingehen.

Mit den besten Grüßen

Ihr

W. Killing

65. *Engel an Killing* (M)

Leipzig 20.7.90

Sehr geehrter Herr Professor!

Gruppen vom Rang 0 Vielen Dank für Ihren ausführlichen Brief. Den Fall, dass blos eine ausgezeichnete inf. Trf. vorkommt, hatte ich mir allerdings schon zurechtgelegt, vielleicht ist es Ihnen angenehm zu hören wie.

Es sei:[239]

$$(X_0X_1) = X_2, \ (X_0X_2) = X_3, \ \dots \ (X_0X_{r-1}) = X_r, \ (X_0X_r) = 0,$$

dann bilde ich zunächst die charakt. Gl. für

$$X_0 + \alpha_1X_1 + \dots + \alpha_{r-1}X_{r-1}.$$

Für $\omega = 0$ müssen dann alle r-reihigen Dett. $\equiv 0$ sein und das giebt sofort:

$$\sum \alpha_i c_{ir1} = 0, \ \sum \alpha_i c_{ir0} = 0.$$

Also sind c_{ir1} und $c_{ir0} = 0$; hieraus folgt leicht durch die von Ihnen in der Abhandlung angewandten Betrachtungen, dass X_r ausgezeichnet ist.

Faktoralgebra Nun gilt der Satz, dass jede Gruppe, welche mit einer Gruppe vom Range Null isomorph ist, selbst den Rang Null hat. Setze ich X_r congruent Null, so bilden $X_0, X_1 \dots X_{r-1}$ eine r-gliedrige Gruppe vom Range Null, in welcher X_{r-1} ausgezeichnet ist (man kann sagen: in der Gruppe $X_0 \ X_1 \dots X_r$ ist X_{r-1} ausgezeichnet mod. X_r). Also:

$$(X_iX_{r-1}) = [X_r]. \quad (i < r-1)$$

Ferner ist X_{r-2} ausgezeichnet modd. X_{r-1} und X_{r-2} also:

$$(X_iX_{r-2}) = [X_{r-1}, X_r] \quad (i < r-1)$$

allgemein:

[239]Unter der angegebenen Voraussetzung wird zunächst bewiesen, daß eine Lie-Algebra vom Rang 0 nichttriviales Zentrum hat und hieraus durch Quotientenbildung, daß die Lie-Algebra nilpotent ist. M.a.W.: Ist ad$X$ nilpotent für jedes $X \in L$, so ist L nilpotent. Dies ist der bekannte **Satz von Engel** (in einem Spezialfall!). Mit der Methode der Quotientenbildung ergibt sich auch der allgemeine Fall, wenn man zuvor bewiesen hat, daß Lie-Algebren vom Rang 0 stets ein nichttriviales Zentrum haben; einen Beweis hierfür hat Umlauf in [U1891] mit Satz 12, S. 37 gegeben (in ähnlicher Weise, wie Engel den Satz in 22 über auflösbare Lie-Algebren bewiesen hat).

$$(X_iX_k) = [X_{k+1} \dots X_r] \quad (i < k).$$

Im Grunde ist das nun wohl blos eine kürzere Ausdrucksweise für Ihre Ueberlegungen, aber mir scheint diese Weise durchsichtiger und bequemer.

Natürlich ist diese Betrachtungsweise auch bei den andern Gruppen vom Range Null vorteilhaft, nur fehlt mir da leider noch der Beweis, dass die mit X_0 vertauschbaren Trff. ausgezeichnet sind. Die Betrachtung der Dett. liefert da noch nicht genug verschwindende c_{iks}.

Ich habe im R_6 eine merkwürdige 21-gliedrige (einfache) Gruppe gefunden,[240] welche das System: **so**$_7$

$$(1)\begin{cases} dy_1 - x_2dx_3 + x_3dx_2 = 0 \\ dy_2 - x_3dx_1 + x_1dx_3 = 0 \\ dy_3 - x_1dx_2 + x_2dx_1 = 0 \end{cases}$$

invariant lässt. Sie hat die folgende einfache Form:

$$\begin{gathered} q_1, q_2, q_3, p_1 - x_3q_2 + x_2q_3, p_2 + x_3q_1 - x_1q_3 \\ p_3 - x_2q_1 + x_1q_2 \end{gathered}$$

$$\begin{matrix} x_2p_3 - y_3q_2 & x_3p_1 - y_1q_3 & x_1p_2 - y_2q_1 \\ x_3p_2 - y_2q_3 & x_1p_3 - y_3q_1 & x_2p_1 - y_1q_2 \end{matrix}$$

$$\begin{gathered} x_1p_1 + y_2q_2 + y_3q_3 \\ x_2p_2 + y_3q_3 + y_1q_1 \\ x_3p_3 + y_1q_1 + y_2q_2 \end{gathered}$$

$$\begin{matrix} y_3p_1 - y_1p_3 - Sq_2 + x_2U & \quad Sp_1 - y_1U \\ y_1p_2 - y_2p_1 - Sq_3 + x_3U & \quad Sp_2 - y_2U \\ y_2p_3 - y_3p_2 - Sq_1 + x_1U & \quad Sp_3 - y_3U \end{matrix}$$

$$(p_i = \frac{\partial f}{\partial x_i},\ q_i = \frac{\partial f}{\partial y_i},\ S = x_1y_1 + x_2y_2 + x_3y_3$$

$$U = x_1p_1 + x_2p_2 + x_3p_3 + y_1q_1 + y_2q_2 + y_3q_3.$$

Diese Gruppe lässt auch noch die Gleichung

$$dx_1(dy_1 - x_2dx_3 + x_3dx_2) + \dots = dx_1dy_1 + dx_2dy_2 + dx_3dy_3 = 0$$

---

[240]Diese Lie-Algebra ist, wie Killing sofort sieht (vgl. den folgenden Brief), vom Typ B$_3$ (also isomorph zu **so**$_7$) und nicht, wie Engel meint (s.u.), vom Typ D.

invariant, sie kann also in eine Untergruppe der conformen Gruppe des R_6 übergeführt werden; sie ist übrigens soviel ich sehe die grösste Gruppe, welche das System (1) invariant lässt. Sie gehört doch wohl zu Ihrer Klasse D?[241]

Die mit einem gegebenen Systeme invariant verknüpften Systeme sind besonders gruppentheoretisch von Wichtigkeit. Dann fragt man nach allen Gruppen, welche ein System von Pfaffschen Gl. invariant lassen, so zeigen diese invariant verknüpften Systeme, wie die Richtungen durch einen festgehaltenen Punkt transformirt werden.

Andererseits liefert mein Satz 2, S. 197 z. B. sofort die Diffgl. der Charakteristiken einer part. Diffgl. 2. O.:

$$F(x, y, z, p, q, r, s, t) = 0,$$

wenn man ihn auf das zugehörige System von Pfaffschen Gl.:

$$\begin{aligned} dz - pdx - ydy &= 0 \\ dP - rdx - sdy &= 0 \\ dy - sdx - tdy &= 0 \\ dF &= 0 \end{aligned}$$

anwendet. –

Grüsse von Lie Lie ist aus Ilten zurück und gestern ist er mit seiner Familie nach Berga a.d. Elster in die Sommerfrische gereist. Er ist zwar noch nicht hergestellt, aber es geht doch recht zufriedenstellend und er wird hoffentlich wieder ganz gesund. Seine mathematische Denkfähigkeit ist ganz die alte. Er lässt Sie bestens grüssen und hat mich besonders beauftragt Ihnen noch einmal zu sagen, wie leid es ihm thut, dass er seiner zeit unfreundlich gegen Sie gewesen ist. Es war das eben schon damals eine Folge seiner Nervosität.[242]

Mit herzlichen Grüssen

Ihr

F. Engel

[Eine freie Seite des vorstehenden Briefes ist mit Rechnungen von Killing angefüllt, die offenbar der Vorbereitung des folgenden Briefes dienten.]

---

[241] Es muß B heißen; vgl. die vorangehende Fußnote und den nächsten Brief.
[242] Vgl. 55(213).

66. *Killing an Engel* (G28)

Braunsberg 21. Juli 1890
Erh. Leipzig 24.7.90

Sehr geehrter Herr Kollege!

Auf Ihren lieben Brief, den ich so eben erhalten, will ich wenigstens die Antwort sofort beginnen; vielleicht zieht sich, bei der Kürze der mir für wissenschaftliche Zwecke zur Verfügung stehenden Zeit, die Beendigung des Briefes doch wieder etwas länger hin.

Zunächst möchte ich meiner großen Freude darüber Ausdruck geben, dass Lie wieder ziemlich hergestellt ist und dass die volle Genesung in baldiger sicherer Aussicht steht. Grüßen Sie ihn recht herzlich von mir und sagen Sie ihm, dass ich seiner in wahrer aufrichtiger Liebe gedenke und dass es mir leid thun würde, wenn ihm der Gedanke an das erwähnte Vorkommnis[243] auch nur einen traurigen Augenblick bereiten würde. Ich hege die Hoffnung, dass wir vereint im schönsten Frieden auf dem Gebiete der Tr. Gr. arbeiten werden. *Grüsse an Lie*

Ihre einfache Gr. von 21 Gliedern im R_6 gehört zur Klasse B) vom Range 3. Wenn Sie D) hinsetzen, so kann das ja nur ein Schreibfehler sein, da Gruppen D) nicht 21 Glieder besitzen können. Merkwürdiger Weise kommt ihre Darstellung auf meine kanonische Form hinaus; setzt man nämlich

$$\alpha(x_1p_1 + y_2q_2 + y_3q_3) + \beta(x_2p_2 + y_3q_3 + y_1q_1) \\ +\gamma(x_3p_3 + y_1p_1 + y_2p_2) = Y,$$

so stellen die 18 weiteren von Ihnen angegebenen inf. Tr. die Haupt-Tr. derjenigen zweigl. Untergr. dar, in denen die Tr. Y vorkommt. Wurzeln sind dann $\pm\alpha$, $\pm\beta$, $\pm\gamma$, $\pm\alpha\pm\beta$, $\pm\beta\pm\gamma$, $\pm\gamma\pm\alpha$ und speziell kann man setzen:

$$\begin{array}{ll} p_1 - x_3q_2 + x_2q_3 = X_{-\alpha}, & q_1 = X_{-(\beta+\gamma)}, \\ x_2p_3 - y_3q_2 = X_{\beta-\gamma}, & x_3p_2 - y_2q_3 = X_{-\beta+\gamma}, \\ x_1U - q_1S + y_2p_3y_3p_2 = X_\alpha, & Sp_1 - y_1U = X_{\beta+\gamma}. \end{array}$$

Ihre Entwicklung der Eigenschaften der Gr. vom Range null hat mich sehr interessirt. Nämlich im Falle, dass die zweiten Unterdet. der char. Determinante nicht sämtlich verschwinden, liefert Ihr *Rang 0*

[243] Vgl. den vorangehenden Brief und 55(213).

Beweis direkt den Satz, dass die Gr. eine $(r-2)$-gl. Haupt-Ugr. besitzt. Ferner wird der Beweis dadurch verbessert, dass ein allgemeiner Satz, der auch für sich Interesse hat, das Ergebnis regelt, nämlich der Satz, dass auch hemiedrische[244] Isomorphie den Charakter der Gr. nicht verändert. Unter diesen Umständen halte ich es für angebracht, den einen neulich von mir angedeuteten Beweis[245] des allgemeinen Falles etwas näher durchzuführen.

Die Form, von der ich etwa ausgehe, sei zunächst wieder:

$$\text{(A)}\quad \begin{array}{l}(X_0X_1) = X_2,\ (X_0X_2) = X_3,\ \dots\\ (X_0X_m) = 0,\ \dots\ (X_0X_{m+m'}) = 0 \quad \text{u.s.w.}\end{array}$$

Sollen hier X_0 und X_1 ganz allgemeine inf. Tr. sein, so muß auch folgende Beziehung bestehen: bei ganz beliebiger Wahl der Constanten η_i und ξ_i setze man

$$\begin{aligned}(\textstyle\sum \eta_\iota X_\iota, \sum \xi'_\iota X_\iota) &= \textstyle\sum \xi''_\iota X_\iota,\\ (\textstyle\sum \eta_\iota X_\iota, \sum \xi''_\iota X_\iota) &= \textstyle\sum \xi'''_\iota X_\iota \text{ u.s.w.}\end{aligned}$$

so muß $(\sum \eta_\iota X_\iota, \sum \xi_\iota^{(m)} X_\iota) = 0$ sein. Um diese Bedingung in den Constanten c auszudrücken, wähle man die $m+2$ Marken $\alpha, \beta_1 \dots \beta_m, \gamma$ ganz willkürlich und bilde für die Summationsbuchstaben $\rho_1 \dots \rho_{m-1}$ die Summe:

$$\text{(B)}\qquad \sum_{\rho_1 \dots \rho_{m-1}} (c_{\alpha\beta_1\rho_1} c_{\rho_1\beta_2\rho_2} c_{\rho_2\beta_3\rho_3} \cdots c_{\rho_{m-1}\beta_m\gamma} + \cdots) = 0,$$

wo in der Klammer noch die Marken $\beta_1 \dots \beta_m$ vertauscht werden müssen.

Um diese Beziehungen bequem anwenden zu können, lege ich im ganzen die Darstellung (A) zu grunde, ändere aber die Bezeichnung für die Marken bei $X_{m+1} \dots$ etwas ab. Ich setze $X_{m+m'} = X_{2m}, X_{m+m'-1} = X_{2m-1}, X_{m+m'-2} = X_{2m-2} \dots$. Dadurch mögen zu den inf. Tr. $X_0\ X_1 \dots X_m$ stets hinzukommen $X_{m+1}\ X_{m+2} \dots X_{2m}$, aber es wird die Möglichkeit zugelassen, dass einige der ersten $X_{m+1} X_{m+2} \dots$ identisch verschwinden; wenn aber für $0 < \nu < m$ das $X_{m+\nu}$ vorkommt, so sollen auch alle $X_{m+\nu+1} \dots X_{2m}$ vorkommen. Ähnlich verfahre ich bei $X_{m+m'+m''}$, welches ich mit X_{3m} bezeichne, und stelle so jede inf. Tr. in der Form $X_{\mu m+\nu}$ dar für $\nu < m$.

[244]Gemeint ist „meroedrisch“, d.h. ein surjektiver Homomorphismus.
[245]Vgl. 64(238).

In der Relation (B) setze ich $\alpha = \kappa m - m + 1, \beta_1 = \cdots = \beta_{m-1} = 0$, und lasse $\beta_m (= \beta)$ und γ willkürlich. Dann folgt:

$$c_{(\kappa m)\beta\gamma} - \sum_{\rho} c_{(\kappa m-1)\beta\rho} c_{\rho 0\gamma} + \sum_{\rho_1\rho_2} c_{(\kappa m-2)\beta\rho_1} c_{\rho_1 0\rho_2} c_{\rho_2 0\gamma}$$
$$- \cdots \pm \sum_{\rho_1\cdots\rho_{m-1}} c_{(\kappa m-m+1)\beta\rho_1} c_{\rho_1 0\rho_2} \cdots c_{\rho_{m-1}0\gamma} = 0.$$

Für $\gamma = 0$ oder gleich $\nu m + 1$ folgt:

$$\text{(C)} \quad \begin{array}{l} c_{(\kappa m)\beta 0} = c_{(\kappa m)\beta(\nu m+1)} = 0; \quad \text{ebenso für} \gamma = \nu m + 2 : \\ c_{(\kappa m)\beta(\kappa m+2)} + c_{(\kappa m-1)\beta(\kappa m+1)} = 0, \quad \text{und ferner :} \\ c_{(\kappa m)\beta(\kappa m+3)} + c_{(\kappa m-1)\beta(\kappa m+2)} + c_{(\kappa m-2)\beta(\kappa m+1)} = 0 \\ \text{u.s.w.} \end{array}$$

Speziell ergiebt sich hieraus:

$$(X_{\kappa m} X_{\lambda m+1}) = [2, 3 \ldots m, m+2, m+3 \ldots 2m, 2m+2 \ldots]$$

Hiermit verbinde ich der Reihe nach die Jacobische Identität für $(0, \kappa m, \lambda m + 1), (0, \kappa m, \lambda m + 2) \ldots (0, \kappa m, \lambda m + m - 1)$, deren erste liefert:

$$(X_{\kappa m} X_{\lambda m+2}) = [3 \ldots m, m+3, \ldots 2m, 2m+3 \ldots],$$

so dass sich aus der vorletzten ergiebt:

$$(X_{\kappa m} X_{\lambda m+m-1}) = [m, 2m, 3m \ldots]$$

und demnach aus der letzten: $(X_{\kappa m} X_{\lambda m+m}) = 0$. Nun folgt aus den Relationen (C):

$$c_{(\kappa m)(\lambda m-1)(\nu m)} = -c_{(\kappa m-1)(\lambda m-1)(\nu m-1)} \quad \text{und}$$
$$c_{\kappa m-1)(\lambda m)(\nu m)} = -c_{(\kappa m-1)(\lambda m-1)(\nu m-1)}.$$

Indem man diese Gl. mit der Identität $(0, \kappa m - 1, \lambda m - 1)$ verbindet, erhält man:

$$(X_{\kappa m} X_{\lambda m-1}) = 0, \ (X_{\kappa m-1} X_{\lambda m-1}) = [m, 2m \ldots].$$

In gleicher Weise hat man fortzufahren und man kann in gleicher Weise ein Recursionsverfahren begründen.

Die Lästigkeit dieses Verfahrens lässt indessen dringend wünschen, dass ein Beweis angegeben werde, welcher sich unmittelbar

auf die Jac[obi-] Identität und etwa die Relation (B) stützt.
Mit besten Grüßen

Ihr

W. Killing

67. *Engel an Killing* (M)

Greiz i. V. 27.8.90

Sehr geehrter Herr Professor!

„schöne Form der $\mathbf{G}_2$*"*

Verzeihen Sie, dass ich Ihren ausführlichen Brief noch nicht beantwortet habe; ich hatte eben kaum etwas zu schreiben. Heute kann ich Ihnen eine schöne Form der 14-gliedr. Gruppe mittheilen.[246]
Das System der Pfaffschen Gl.:

$$(1) \quad \begin{cases} \Delta_3 = dx_3 - x_1dx_2 + x_2dx_1 & = 0 \\ \Delta_4 = -\frac{1}{2}(x_2dx_3 - x_3dx_2) & = 0 \\ \Delta_5 = dx_5 - \frac{1}{2}(x_3dx_1 - x_1dx_3) = 0 \end{cases}$$

bleibt inv. bei der G_{14}.

$$\begin{array}{ll} p_1 + x_2p_3 - x_3p_5 & x_2p_1 - x_5p_4 \\ p_2 - x_1p_3 + x_3p_4 & x_1p_1 - x_2p_2 - x_4p_4 + x_5p_5 \\ 2p_3 - x_2p_4 + x_1p_5 & x_1p_2 - x_4p_5 \\ p_4, \quad p_5 & x_1p_1 + x_2p_2 + 2x_3p_3 + 3x_4p_4 + 3x_5p_5 \end{array}$$

$$U = \sum_1^5 {}_i\, x_ip_i$$

$$\begin{gathered} 2x_3p_1 - 2x_4p_3 + x_2U - (\tfrac{1}{2}x_3^2 + x_1x_4 + x_2x_5)p_5 \\ 2x_3p_2 - 2x_5p_3 - x_1U + (\tfrac{1}{2}x_3^2 + x_1x_4 + x_2x_5)p_4 \\ x_5p_1 - x_4p_2 - x_3U + (\tfrac{1}{2}x_3^2 + x_1x_4 + x_2x_5)p_3 \\ x_4U - (\tfrac{1}{2}x_3^2 + x_1x_4 + x_2x_5)p_1 \\ x_5U - (\tfrac{1}{2}x_3^2 + x_1x_4 + x_2x_5)p_2 \end{gathered}$$

Bei dieser Gruppe bleibt zugleich das System:

$$(2) \quad 2\Delta_4 - x_2\Delta_3 = 0, \quad 2\Delta_5 + x_1\Delta_3 = 0,$$

das System:

[246] In dieser Form sind die folgenden Gleichungen wohl nicht publiziert worden; vgl. 55 und 57.

$$(3)\quad \begin{cases} \Delta_3 = 0, \quad \Delta_4 = 0, \quad \Delta_5 = 0 \\ dx_3(\delta x_3 - x_1\delta x_2 + x_2\delta x_1) \\ +2dx_1(\delta x_4 - \frac{1}{2}(x_2\delta x_3 - x_3\delta x_2)) \\ +2dx_2(\delta x_5 - \frac{1}{2}(x_3\delta x_1 - x_1\delta x_3)) = 0 \end{cases}$$

und endlich die Gl.:

$$(4)\quad dx_3\Delta_3 + 2dx_1\Delta_4 + 2dx_2\Delta_5 \equiv dx_3^2 + 2dx_1dx_4 + 2dx_2dx_5 = 0$$

invariant. Die Gruppe ist also bei geeigneter Wahl eine Untergruppe der 21-gliedrigen conformen Gruppe des R_5.[247] Jedenfalls ist auch die G_{14} die grösste Gruppe, welche das System (1) invariant lässt, doch habe ich das noch nicht bewiesen. $\mathfrak{G}_2 \subset \mathfrak{so}_7$

Nebenbei möchte ich Ihnen noch eine hübsche Form der conformen Gruppe mittheilen.

Hat man die Gl.:

$$(5)\quad \sum_{i\,k}^{1\ldots n} a_{ik}dx_idx_k = 0 \qquad (a_{ik}\ \text{Const.})$$

und setzt man: $\sum_{ik}^{1\ldots n} a_{ik}x_ix_k = S$, so lautet die Gruppe, welche (5) invariant lässt, so

$$p_i, \quad \frac{\partial S}{\partial x_i}p_k - p_i\frac{\partial S}{\partial x_k}, \quad \sum_1^n{}_\nu\, x_\nu p_\nu$$

$$\frac{\partial S}{\partial x_i}\cdot \sum_1^n{}_\nu\, x_\nu p_\nu - Sp_i$$

$$(i, k = 1\ldots n).$$

Lässt man die Det. $|a_{ik}| = 0$ werden, so erhält man Ausartungen der conformen Gruppe.

Lie habe ich von hier aus in seiner Sommerfrische mehrmals gesehen; es geht ihm sehr erfreulich, nur schläft er noch nicht wieder genug. Ueber Ihre Grüsse und Ihren Auftrag war er sehr erfreut. *Lies Befinden*

An die Gruppen vom Range null, bei denen nicht alle $(r-2)$-reihigen U[nter]D[eterminanten] verschwinden habe ich einen

[247] Das ist die Lie-Algebra $\mathfrak{so}_7$ vom Typ B_3; vgl. [E1900a].

„Schüler an Gruppen v. Rang 0 gesetzt" Schüler von mir gesetzt, ob er den allgemeinen Fall erledigen kann weiss ich nicht, jedenfalls kann ich sagen, dass er im Stande sein wird bis zu den 10-gliedrigen Gruppen etwa alle Typen aufzustellen und alle überflüssigen Parameter fortzuschaffen. Man sieht übrigens sehr leicht, dass $(X_i X_k) = [X_{i+k} \dots X_r]$, in Ihrer Abh. steht nur $(X_i X_k) = [X_{i+k-1} \dots X_r]$.[248]

Herzliche Grüsse Ihr ergebener

F. Engel

68. *Killing an Engel* (G29)

Braunsberg 24. Febr. 1891

Erh. Leipzig 26.2.

Verehrter Herr Kollege!

Schon längst wollte ich Ihnen schreiben, aber hauptsächlich der Umstand, dass ich seit einiger Zeit mich ganz von den Transformations-Gruppen ab und anderen Studien habe zuwenden müssen, *andere Studien* hat mich davon abgehalten. Dazu sind gar mancherlei Sachen gekommen, welche mich überhaupt vom Studium ferngehalten haben. Ich hoffte bestimmt, bis Ostern die weiteren Arbeiten beendet zu haben und mich dann den Tr. Gr. wieder zuwenden zu können; aber vorläufig muss ich den Termin weiter hinausschieben.

[*ZvG*1] *§9* Wie Sie richtig gefunden haben, befinden sich in §9 meiner Untersuchungen über die Zusammensetzung einige Angaben, welche zu berichtigen sind. Allerdings dürfte die Angabe über die Marken mehr auf einem bloßen Schreibfehler beruhen; anders aber verhält es sich mit der Bemerkung, welche Sie so freundlich waren, mir auf der letzten Karte mitzuteilen.[249] Will man meine dort gegebene Auswahl der inf. Tr. $X_1 \dots X_r$ zu grunde legen, so kann man setzen:

$$\begin{aligned}(X_1X_2) = X_3,\ (X_1X_3) = (X_1X_4) = \ \dots\ (X_1X_r) &= 0\\ (X_2X_3) \qquad\qquad\qquad\qquad &= 0\\ (X_4X_5) = X_3,\ (X_6X_7) = X_3 \qquad &\text{u.s.w.}\end{aligned}$$

wo nur die Combinationen (X_1X_2), (X_4X_5), (X_6X_7) ... $(X_{r-1}X_r)$ von null verschieden sind und jedes Mal X_3 ergeben. Natürlich ist aber dieser Fall nur als ganz spezieller in einer allgemeineren Gruppe enthalten. Es wird wiederum notwendig sein, die einzelnen

[248]Vgl. 63 und 64. Der genannte Schüler ist wohl Umlauf; vgl. 65(240).

[249]Diese Karte fehlt.

inf. Tr. wieder in ähnlicher Weise zu unterscheiden, wie ich es in einer Anmerkung des zweiten Teiles gethan habe, um Ihre mir damals mitgeteilten Einwendungen zu heben. Dann wird aber der Satz, auf den Sie hindeuten, nicht in seiner Allgemeinheit bestehen bleiben können, und einer gründlichen Einschränkung bedürfen. Ich hatte denselben uebrigens ganz vergessen und musste zunächst mir meine Arbeit wieder hervorholen, um mich davon zu überzeugen, dass ich ihn ausgesprochen hatte.

Schur fordert mich wiederholt sehr dringend auf, die betr. Untersuchungen über die Zusammensetzung der Gruppen nochmals gründlich durchzuarbeiten und als Buch herauszugeben. Bis jetzt habe ich mir den Gedanken noch nicht gründlich überlegen können, da ich vorhabe, zuerst andere Arbeiten zum Abschluss zu bringen. *Schur: Arbeiten als Buch herausgeben*

Mit besten Grüßen (auch an Lie)

Ihr

W. Killing

69. *Engel an Killing* (G)

Greiz i/V. 5.10.91

Sehr geehrter Herr Professor!

Leider bringe ich es erst heute dazu, Ihnen zu schreiben. Ich war mittlerweile in Halle auf der Naturforscherversammlung,[250] von der ich sehr befriedigt bin. – Sehr leid that es mir nur, dass Sie nicht auch mit dabei waren, es ist so lange her, dass wir uns nicht gesehen haben und mündlich liesse sich doch viel besser verhandeln als auf dem umständlichen Wege des Briefschreibens.

Sie haben hoffentlich die Abhandlungen erhalten, die ich Ihnen geschickt habe. Besonders die über unendliche Gruppen sind wichtig, sie haben mir aber auch viel Mühe gemacht, denn das Liesche Manuscript liess mich an manchen Stellen ganz im Stich. Aus dieser Theorie folgt übrigens leicht, dass die in meiner Habilitationsschrift entwickelte Methode die Definitionsgleichungen aller continuirlichen Gruppen liefert.

Die Schurschen Abhandlungen habe ich endlich ganz verstanden, nachdem ich mir ihre Ergebnisse auf meine Weise abgeleitet habe, was mich viel Mühe gekostet hat. Einen Theil meiner Ergebnisse *Abhandlungen von Schur*

[250]In diesem Rahmen fand auch die Jahrestagung 1891 der DMV statt (Vorsitzender Georg Cantor) [Jber. der DMV 68 (1966)].

enthält die Mittheilung über die kanonische Parametergruppe.[251] Später werde ich noch zeigen, dass die Schursche Bestimmung der transitiven Gruppen von gegebener Zusammensetzung sehr leicht aus den betreffenden Entwickelungen in Abschnitt I folgt.[252] Damit ist dann alles, was Schur Neues gefunden hat, in durchsichtiger Weise abgeleitet.

Hoffentlich sind Sie nun auch wieder auf die Gruppentheorie zurückgekommen und lassen bald etwas darüber hören!

In der letzten Zeit habe ich mich auf Lies Veranlassung ziemlich viel mit der Aufgabe beschäftigt: wenn S und T bezüglich von den inf. Trff. Xf und Yf erzeugt sind, die inf. Trff. Zf zu finden von der ST erzeugt ist; es ist mir aber noch nicht gelungen, die Aufgabe ganz zu erledigen.

Lie in Norwegen

Lie ist seit Anfang der Ferien in Norwegen und hat gar nichts von sich hören lassen, hoffentlich thut ihm der Aufenthalt dort gut! Den Sommer über ging es ihm leidlich.

In der Hoffnung, dass es Ihnen wohl geht verbleibe ich mit den herzlichsten Grüssen Ihr

Friedrich Engel

Morgen kehre ich nach Leipzig zurück.

70. *Killing an Engel* (G30)

Braunsberg den 16. Nov. 1891

Erh. Leipzig 18.11.91

Sehr geehrter Herr Kollege!

Dissertation Umlauf

Indem ich Ihnen für Ihren werten Brief meinen besten Dank sage, möchte ich auf die darin angeregten Gedanken heute nicht näher eingehen, sondern Ihnen lieber einige Bemerkungen über die Dissertation von Umlauf zusenden, die mir in den letzten Tagen zugegangen ist. Zwar hatten Sie mir schon früher geschrieben, dass Sie auf meine Arbeiten im Seminar aufmerksam gemacht haben; dass es in der genauen Weise geschehen, wie ich es aus der Dissertation ersehe, hat mich natürlich sehr gefreut, und ich danke Ihnen dafür bestens. Auch war es sicher ganz angebracht, vor allem einmal die Gruppen vom Range null zu untersuchen, da hier am ersten neue Resultate zu erhoffen waren. Ebenso war es gut, eine Methode auf

[251][E1891b]

[252]E1891c]

ihre Leistungsfähigkeit zu untersuchen, welche für diese Klasse von Gruppen eigens geschaffen scheint, nämlich vermöge der verschiedenen Typen der $(r-1)$-gliedrigen Gruppen zu den r-gliedrigen zu gelangen. Auch hat es der Verfasser nicht an Fleiß fehlen lassen; zudem ist er ja recht schön in die Theorie der Zusammensetzung eingedrungen (vielleicht ist ihm meine vierte Abhandlung entgangen). Auch ist es von großer Wichtigkeit die verschiedene Möglichkeiten für ein kleines r vollständig zu übersehen; das ist ein Register, welches bei weiteren Arbeiten sehr oft mit Nutzen eingesehen werden kann. Das ist ja auch wohl der hauptsächliche Grund gewesen, aus dem Ihre Anregung zu der Arbeit hervorgegangen ist. Dass die neuen Resultate nicht zahlreicher ausgefallen sind, wird man im Interesse des Verfassers bedauern, findet aber nun einmal in dem Gegenstand seine Erklärung. Dennoch wollen Sie in den nachfolgenden Bemerkungen nicht eine Geringschätzung, sondern nur mein Interesse an der Sache erblicken.

Meines Erachtens hat der Verfasser sich die Aufgabe dadurch besonders erschwert, dass er geglaubt hat, alle „Typen" aufstellen zu sollen. Ich sollte denken, bei dem ersten Versuche, die verschiedenen Möglichkeiten zu beschreiben, hätte es genügt anzugeben:

„Für jede einzelne Gruppe sind die und die Coefficienten vollständig willkürlich, oder auch es bestehen noch die vollständig mitgeteilten, von einander unabhängigen Gleichungen."

Überhaupt erweckt das Wort „Typen" leicht die falsche Vorstellung, als sei deren Anzahl endlich. Ich habe hierauf in den Vorbemerkungen zu meiner vierten Arbeit über Zusammensetzung hingewiesen. Wenn man dann aber die Typen vollständig angeben will, so muß man noch einen Schritt weitergehen und die Bedingungen angeben, unter denen bei Verschiedenheit unter den noch willkürlichen Coefficienten Isomorphismus vorhanden ist. Nehmen Sie z. B. die Gruppe: $(X_1X_3) = X_1, (X_2X_3) = \alpha X_2, (X_1X_4) = 0$, wo für α und $\frac{1}{\alpha}$ gleiche Zusammensetzung besteht.

Auch die Gruppen vom Range null enthalten für $r > 5$ im allgem. noch veränderliche Coefficienten. Nehmen Sie z.B. die erste auf S. 73 für $r = 7$ angegebene Gruppe $(X_0X_k) = X_{k+1}, (X_1X_2) = X_4, (X_1X_3) = X_5, (X_1X_4) = \gamma X_6, (X_2X_3) = (1-\gamma)X_6$. Will man wirklich alle verschiedenen Typen aufstellen, so muss man die Frage erörtern, ob <u>verschiedenen</u> Werten von γ noch immer gleiche Zusammensetzung entsprechen kann. Ich weiß natürlich nicht, wie diese Frage beantwortet werden muss; auch wird man gewiss gern vorläufig auf ihre Beantwortung verzichten; aber dann darf man meines Erachtens auch einen Schritt weitergehen und sich mit bloßer Angabe der willkürlichen Coefficienten begnügen.

Wie ich mir die Sache denke, möchte ich an den Gruppen zeigen, die auch Umlauf bevorzugt.

Es sei: $(X_0X_1) = X_2 \ldots (X_0X_{r-2}) = X_{r-1}, (X_0X_{r-1}) = 0$. Dann möge gesetzt werden:

$$\begin{aligned}(X_1X_2) &= a'_1X_3 + a'_2X_4 + a'_3X_5 + \cdots \\ (X_2X_3) &= a^2_1X_5 + a^2_2X_6 + a^2_3X_7 + \cdots \\ &\ldots \\ (X_mX_{m+1}) &= a^m_1X_{2m+1} + a^m_2X_{2m+2} + \cdots\end{aligned}$$

Dann muß sein:

$$(X_mX_{m+p}) = \{a^m_1 - \binom{p-2}{1}a^{m+1}_1 + \binom{p-3}{2}a^{m+2}_1 \cdots\}X_{2m+p}$$

$$+\{a^m_2 - \binom{p-2}{1}a^{m+1}_2 + \binom{p-3}{2}a^{m+2}_1 + \cdots\}X_{2m+p+1} + \cdots$$

Umgekehrt, wie auch immer die a^ι_κ gewählt sind, werden alle Identitäten $(X_0X_\alpha X_\beta)$ erfüllt. Nun habe ich mich überzeugt, dass es bei einigem Fleiß und genügender Aufmerksamkeit nicht schwer ist, die weiteren Beziehungen, welche zwischen den Coefficienten $a_{\kappa\iota}$ bestehen, vollständig und übersichtlich zu entwickeln. Diese Aufgabe wird wesentlich dadurch erleichtert, dass sich diese Beziehungen, welche sämtlich vom zweiten Grade sind, in solche zerlegen, für welche in $a^\alpha_\iota a^\tau_\kappa$ die Summe der untern Marken ι und κ konstant ist, aber $\iota + \kappa = 2, \iota + \kappa = 3$ etc. etc. Besonders einfach ist die Beziehung für die untere Marke 1; da gilt der allgemeine Satz: $a^2_1 = 0$ für $r > 6$, $a^3_1 = 0$ für $r > 8$, allgemein $a^m_1 = 0$ für $r > 2m + 2$. Somit kann ein von null verschiedenes a^m_1 nur für $r = 2m+2$ vorkommen. Dieser Satz drückt eine wichtige Eigenschaft der Untergruppen aus. Der Beweis ergiebt sich aus $(1, m, m+1)$:

$$a^m_1(X_1X_{2m+1}) + \cdots - \left[a^1_1 - \tbinom{m}{2}a^2_1 + \tbinom{m-3}{2}a^3_1 - \cdots\right](X_mX_{m+1})$$

$$+ \left[a^1_2 - \tbinom{m-3}{1}a^2_2 + \cdots\right](X_{m+1}X_{m+2}) + \cdots = 0$$

woraus sich als Coefficient von X_{2m+2} unter der Voraussetzung: $a^2_1 = \ldots a^{m-1}_1 = 0$ ergiebt: $a^m_1a^m_1 = 0$.

Die Gruppen von $2m + 2$ Parametern zerfallen also in drei wesentlich verschiedene Klassen:
a) solche, für welche $a_1^m = 0$ ist,
b) solche, für welche $(-1)^{m-1}a_2^{m-1} + (a_2^1 - \binom{m-3}{1}a_2^2 + \cdots) + (a_2^1 - \binom{m-4}{1}a_2^2 + \cdots \qquad = 0$ ist, während $a_1^m \neq 0$ ist, und
c) solche, bei denen beide Ausdrücke verschwinden.

Die angegebenen Bedingungen genügen für $r \leq 8$. Für $r > 8$ tritt zunächst die Bedingung hinzu: $3a_2^2a_2^2 = (a_2^2 + 2a_2^1)a_2^3$. Diese Bedingung genügt für $r = 9$; wir können also sagen: man wähle die zehn Coefficienten $a_1^1, a_2^1 \ldots a_6^1, a_2^2, a_3^2, a_4^2, a_2^3$, so dass die Beziehung besteht: $3a_2^2a_2^2 = (a_2^2 + 2a_2^1a_2^3)$, aber im übrigen ganz willkürlich, so erhält man jedes Mal die Zusammensetzung einer Gruppe. Für $r > 9$ sucht man zunächst die weiteren Beziehungen zwischen $a_2^\alpha a_2^\beta$, wobei man allerdings für $r = 10$ noch $a_1^4a_2^\alpha \ldots$ hinzuerhält. Ich halte es nicht für schwierig, alle diese Beziehungen, und dann die für $a_2^\alpha a_3^\beta, \ldots$ bestehenden vollständig zu entwickeln.

Sobald es gelingt, alle diese Beziehungen in übersichtlicher, allgemein gültiger Form hinzustellen, würde ich die Aufgabe im wesentlichen für gelöst halten; denn dann hat man einen Überblick über die Gesamtheit aller Gruppen, welche in betracht kommen.

Allerdings muss es als ein neuer Fortschritt betrachtet werden, wenn man alle Typen aufstellen kann. Es fragt sich also: Wann entspricht verschiedenen Coefficienten dieselbe Zusammensetzung? Die Lösung dieser Aufgabe bietet aber auch keine wesentlichen Schwierigkeiten mehr; nur darf man, wenn man an diese Aufgabe herantritt, nicht auf halben Wege stehenbleiben.

Überhaupt glaube ich, dass der von mir in meiner ersten Arbeit eingeschlagene Weg unter der Voraussetzung

$$(X_0X_k) = X_{k+1} \quad \text{für} \quad k = 1 \ldots r-2$$

am leichtesten zum Ziele führt. Ich bedaure nur, dass ich bei der Ausarbeitung gar zu sehr befürchtete, zu viel Raum zu beanspruchen und deshalb schließlich nachlässig wurde und geradezu Unrichtigkeiten behauptete.

Wenn dagegen bei beliebiger Auswahl von X_0 und X_1 der Process $(X_0X_1) = X_1 \ldots$ bereits für $m < r-1$ zu der Relation $(X_0X_m) = 0$ führt, so scheint der von mir eingeschlagene Weg gerade besondere Schwierigkeiten zu bieten. Namentlich war es sehr bedenklich, dass ich die Darstellung: $(X_0X_1) = \alpha_1X_2, (X_0X_2) = \alpha_3X_3 \ldots$ für $\alpha_\iota =$

1 oder 0 glaubte zu grunde legen zu sollen, statt die verschiedenen Fälle sorgfältig zu trennen.

Mit den Besten Grüßen

Ihr

W. Killing

71. *Engel an Killing* (G)

Leipzig 9.12.91

Sehr geehrter Herr Professor!

Verzeihen Sie, dass ich Ihren ausführlichen Brief erst heute beantworte.

Dissertation Umlauf Es freut mich sehr, dass die Umlaufsche Dissertation im Allgemeinen Anerkennung bei Ihnen gefunden hat. Ich hoffe auch, dass alles in Ordnung ist, nur auf Seite 39 ist leider eine Ungenauigkeit unterlaufen.

Für Ihre weiteren Bemerkungen bin ich Ihnen sehr dankbar und ich pflichte Ihnen auch in Allem bei, einen Punkt ausgenommen.

Ich kann nicht zugeben, dass es auf halbem Wege stehen bleiben heisst, wenn man z.B. die Gruppe:

$$p, \; q, \; xp + cyp$$

mit dem wesentlichen Parameter c aufstellt und nicht hervorhebt, dass die Parameterwerthe c und $\frac{1}{c}$ ähnliche Gruppen liefern; diese Specialuntersuchung ist eine cura posterior.

Jeder Gruppentypus ist entweder isolirt, oder er gehört einer continuirlichen Schaar von Typen, einer Typengattung an (s. Abschn. I, S. 448). Es ist daher ein vernünftiges Problem, alle isolirten Typen und alle Typengattungen aufzustellen; jede Typengattung wird dargestellt durch einen analytischen Ausdruck, der noch eine endliche Zahl wesentlicher Parameter enthält, von denen keiner mehr fortgeschafft werden kann. Allerdings kann die Mannigfaltigkeit der so definirten Gruppen in eine discrete Anzahl von Theilgebieten zerfallen, so dass jede Gruppe eines Theilgebiets mit einer Gruppe jedes andern Theilgebiets gleichzusammengesetzt ist, aber es scheint mir vorläufig nicht nöthig, diese Theilgebiete in jedem einzelnen Falle zu bestimmen. Geradesogut könnte man, wenn eine continuirliche Gruppe vorgelegt ist, verlangen, dass nicht bloss ihre continuirlichen Untergruppen angegeben werden, sondern auch alle Untergruppen, die aus einer discreten Anzahl continuirlicher Schaaren von Trff. bestehen. Beides ist gewiss später einmal wünschenswerth, aber es kommt erst in zweiter oder dritter Linie.

Gewiss hätte Umlauf den Begriff Typengattung erwähnen sollen, denn die Anzahl aller Typengattungen ist endlich, jeder isolirte Typus bildet ja für sich eine Gattung.

Leider muss ich in die Vorlesung, ich schliesse daher und sende Ihnen noch meine herzlichsten Grüsse.

Ihr ergebener

Friedrich Engel

Lie befindet sich recht gut.

72. *Killing an Engel* (G, Postkarte 13)

Braunsberg den 14. Dez. 91

Geehrter Herr Kollege!

Es kann ja keinem Zweifel unterliegen, dass der von mir gewählte Wortlaut unrichtig ist. Das zeigt schon das eine auf der folgenden Seite mitgeteilte Beispiel. Es darf nur heißen, dass sich zwischen $n + 3$ Punkten mindestens eine Invariante finden muss; dagegen muss es zweifelhaft bleiben, ob auch die weiteren Invarianten sich auf diese Zahl beschränken.[253] Mit besten Grüßen

Ihr

W. Killing

73. *Killing an Engel* (G, Postkarte 14)

Sehr geehrter Herr Kollege!

Indem ich Ihnen für Ihren Brief[254] meinen Dank ausspreche, muß ich meinem Bedauern Ausdruck geben, daß mein Verleger die Visitenkarte nicht beigelegt hat, die ich ihm eigens zu dem Zwecke übersandt hatte. Ich wiederhole also meinen Dank für die freundliche Zusendung des Werkes,[255] durch das unsere Kenntnis von der

[253] Diese Karte bezieht sich offenbar auf eine Mitteilung Engels, die hier nicht vorhanden ist. Vermutlich ist die Rede von [K1890b].

[254] Hier fehlt ein Teil des Briefwechsels.

[255] Stäckel, P. und Engel, F. [E1895]: *Die Theorie der Parallellinien*; vgl. auch die folgenden Briefe.

Entwicklung der nicht-euklidischen Geometrie so wesentlich und in so ungeahnter Weise gefördert ist.
Münster 8. Sept. 95 Ihr ergebener W. Killing

74. *Killing an Engel* (G31)

Münster den 15. Sept. 1897
Erh. u. beantw. Greiz 16.9.97

Sehr geehrter Herr Kollege!

nichteuklidische Geometrie Mit den Konstruktionen in der Lob[atschewsky]-Ebene habe ich mich sehr wenig beschäftigt. Ich möchte es beinahe als sicher ansehen, dass ich den von Ihnen angegebenen Fragen kaum näher getreten bin.[256] Allerdings finden sich in älteren Aufzeichnungen auch noch manche elementare Untersuchungen über die nichteukl[idische] Geometrie, auch vereinzelte Konstruktionen; aber auf die systematische Seite bin ich ohne Zweifel gar nicht eingegangen. Ich habe es nämlich als einen großen Nachteil empfunden, dass man bei dem von Lob[atschewsky] im 2. Bd. eingeschlagenen Wege, wie man ihn auch umgestalten mag, ohne Grenzübergang nicht zum Ziele gelangt und ich hätte dringend gewünscht, ihn entbehren zu können. Noch peinlicher vielleicht war es mir, dass [der] 2. Bd. seine Konstruktionen auf die Trigonometrie stützt, während die ersten trig. Formeln durch einen lästigen Grenzübergang gewonnen werden. Wäre es mir gelungen, in dem von Ihnen angedeuteten Wege zum Ziel zu gelangen, so würde ich gewiss die Sache im Gedächtnis behalten haben.

Ebensowenig ist mir ein Buch bekannt, in dem elementare Konstruktionen mit elementaren Beweisen durchgeführt wären.

Ich brauche nicht weiter zu versichern, wie wichtig mir die Sache scheint. Gelingt es auch nur, die Grenzübergänge einzuschränken, so ist damit meines Erachtens sehr viel gewonnen.

Simon Von Simon kenne ich außer seinen Arbeiten im Journal und in den Annalen nur seine, Kummer gewidmete Programmarbeit. Hat er vielleicht noch ein weiteres Buch hierüber herausgegeben?[257]

Bei dieser Gelegenheit möchte ich Ihnen meine ganz besonde-

---

[256] Da offensichtlich Briefe fehlen, ist unbekannt, welche Fragen Engel gestellt hat.

[257] Von Max Simon, Professor an der Universität und am Lyzeum Straßburg ist das Buch *Die Elemente der Geometrie mit Rücksicht auf die absolute Geometrie* erschienen (Bespr. im Jahrb. über die Fortschr. d. Math. XVII (1890)).

re Freude darüber aussprechen, dass Sie im Verein mit Stäckel der allmählichen Entwicklung der nichteuklid. Geometrie Ihre Aufmerksamkeit zugewandt haben. Dass dies mit so glänzendem Erfolge geschehen ist, muss diesem Zweige der Mathematik zu hohem Nutzen gereichen. Leider hat sich für mich das Bild von Gauß hierdurch etwas getrübt; die Furcht vor dem Geschrei der Boeotier[258] steht ihm nicht gut an.

„Theorie der Parallellinien“

Gauß: Geschrei der Böotier

Wollen Sie mir gütigst noch zwei Anfragen erlauben.

Der Invariante

$$x_1 dx_2 + x_3 dx_4 + x_5 dx_6 + \cdots + x_{2n-1} dx_{2n}$$

genügt bekanntlich eine unendliche Gruppe.[259] Um ihre inf. Tr. $\xi_1 p_1 + \xi_2 p_2 + \cdots$ zu finden, wählt man eine Funktion $P(x_1 \ldots x_{2n})$, welche in $x_1, x_3, x_5 \ \ldots \ x_{2n-1}$ homogen von der ersten Ordnung, aber im übrigen ganz willkürlich ist (also nur der Bedingung genügt: $P = x_1 \frac{\partial P}{\partial x_1} + x_3 \frac{\partial P}{\partial x_3} + x_5 \frac{\partial P}{\partial x_5} + \cdots$); dann wird $\xi_{2n-1} = -\frac{\partial P}{\partial x_{2n}}$, $\xi_{2n} = \frac{\partial P}{\partial x_{2n-1}}$. Auch dies dürfte bekannt sein, wenngleich ich die Form selbst bei Lie nicht finde. Aber es ist mir unbekannt, ob bereits die Frage nach der größten endlichen Gruppe erledigt ist, welche die obige Form ungeändert läßt.

Lie behauptet mehrmals, die allgemeine Form von einfachen Gruppen, die ich als C) angebe, sei ihm vor meiner Publikation bekannt gewesen. Ich kann aber an den von ihm citirten Stellen nichts darüber finden. Es handelt sich um die Gr., in welcher die charakteristische Gl. die Wurzeln hat

Priorität symplektische Gruppen

$$\pm\omega_\iota \,, \quad \frac{\pm\omega_\iota \pm \omega_n}{2} \qquad \iota, \kappa = 1 \ldots l.$$

Den Bau habe ich im 34. B. der Annalen S. 221 oben[260] angegeben. Es wäre mir interessant zu wissen, wie es sich hierbei verhält.

---

[258]Gauß schreibt am 27.1.1829 an Bessel: „Inzwischen werde ich wohl noch lange nicht dazu kommen, meine sehr ausgedehnten Untersuchungen darüber [gemeint ist Nicht-Euklidische Geometrie] zur öffentlichen Beakanntmachung auszuarbeiten, und vielleicht wird diess auch bei meinen Lebzeiten nie geschehen, da ich das Geschrei der Böotier scheue, wenn ich meine Ansicht ganz aussprechen wollte.“ [Gauß, Werke VIII S. 200]

[259]Gemeint sind die Invarianten des vorstehenden „Ausdrucks“; vgl. Engels Antwort im nächsten Brief.

[260]Diese Stelle gibt es nicht. Die Wurzelsysteme vom Typ C sind in [ZvG 2] S. 39 angegeben; vgl. auch 82, letzter Absatz.

Lilienthal dürfte sich mit seiner jungen Frau noch in den Ferien befinden.

Freundliche Grüße

von Ihrem
ergebenen
W. Killing

75. *Engel an Killing* (G)

Greiz i. V. 16.9.97

Sehr geehrter Herr Professor!

Vielen Dank für die schleunige Beantwortung meines Briefes.[261] Es ist mir angenehm zu hören, dass die Bestrebungen, die ich Ihnen angedeutet habe, doch wohl bis jetzt von anderer Seite noch *Simon* nicht verfolgt worden sind. Das Simonsche Programm kenne ich nicht, aber er hat ein Lehrbuch, „Elemente der Geometrie“ heisst es, glaube ich, geschrieben, in dem er in einem Anhange die nichteuklidische Geometrie bespricht.[262] Nach meinem Geschmack ist das Buch freilich nicht.

Nun zu Ihrer Frage. Die Aufgabe, die größte endliche kontinuirliche Gruppe zu bestimmen, bei der der Ausdruck $\sum_{i}^{n+1} p_\nu dx_\nu$ invariant bleibt ist gleichbedeutend mit der in $z, y_1, \dots y_n, q_1 \dots q_n$ die größte endliche kontinuirliche Gruppe zu bestimmen, bei der die Gleichung:

$$dz - \sum_{1}^{n}{}_\nu q_\nu dy_\nu = 0$$

invariant bleibt. Im ersten Falle handelt es sich nach der Redeweise von Lie um homogene Berührungstransformationen des Raumes $x_1 \dots x_{n+1}$, im zweiten um gewöhnliche B. T. des Raumes $z, y_1 \dots y_n$.

Die Aufgabe die grösste endliche Gruppe zu bestimmen, ist nun aber nicht bestimmt, da es endliche Gruppen mit beliebig vielen Parametern giebt. Dagegen hat Lie die Aufgabe gelöst, alle Gruppen von Punkttransf. des Raumes $z, y_1 \dots y_n, q_1 \dots q_n$ zu bestimmen, die die Gl. $\sum q_\nu dy_\nu = 0$ invariant [lassen] und bei denen, wenn ein Punkt von allgemeiner Lage festgehalten wird, die hindurchgehenden Linienelemente möglichst allgemein transformirt werden. Dabei

[261] Dieser Brief fehlt.

[262] Vgl. 74(258).

kommt eine einfache Gruppe von B[erührungs]T[ransformationen] des Raumes $z.y_1 \dots y_n$ heraus, die in keiner grösseren endlichen kont[inuierlichen] Gruppe von B[erührungs]T[ransformationen] dieses Raumes steckt. Diese Gruppe ist als Gruppe von Punkttrf. des Raumes $z, y_\nu q_\nu$ durch eine Punkttrf. mit der projektiven Gruppe des linearen Komplexes: **$\mathbf{sp}_{2n}$**

$$dz + \sum_1^n{}_\nu (y_\nu dq_\nu - q_\nu dy_\nu) = 0$$

dieses Raumes ähnlich. Für $n = 1$ ist sie also gleichzusammengesetzt mit der projektiven Gruppe einer F_2 im R_4, sonst aber hat sie soviel ich mich entsinne immer eine andere Zusammensetzung, als die allgemeine projektive Gruppe eines Raumes und als die projektive Gruppe einer F_2.

Für $n = 1$ hatte Lie diese Untersuchung schon veröffentlicht, *Lie* als ich 1884 nach Kristiania war. Für $n > 1$ hatte er sie damals auch schon durchgeführt, doch kann ich hier nicht feststellen, ob er sie damals schon veröffentlicht hatte, doch glaube ich es. Sie finden das nähere in Bd. II der Trfsgr.[263] in dem vorletzten Kapitel, soviel ich mich entsinne, „Bestimmung einer Klasse von B[erührungs]T[ransformationen] des Raumes $z, x_1 \dots x_n$." In diesem Bande finden Sie auch alles nöthige über infinitesimale B[erührungs]T[ransformationen], auch über die homogenen. Wann Lie es zum ersten Male hat drucken lassen, dass diese Gruppe einfach ist, weiss ich nicht mehr und hier habe ich zur Zeit gar nichts gruppentheoretisches zur Hand. *Einfachheit der $\mathbf{sp}_{2n}$*

Sollte Ihnen meine Ausführung nicht genügen, so bin ich gern zu weiterer bereit, am Besten würde ich das aber können, wenn ich wieder in Leipzig bin (von Mitte Oktober an).

Das Geschrei der Böotier würde ich nicht so tragisch nehmen. Der Ausdruck sollte vielleicht nur verschleiern, dass Gauss keine Lust hatte, die Sache zur Veröffentlichung auszuarbeiten. Er war eben, genau wie Newton, ein Mann, der durchaus nicht darauf brannte, seine Sachen an die Oeffentlichkeit zu bringen. Ein gewisser, allerdings jetzt ganz ausgestorbener Egoismus liegt ja darin und als Bessel ihm bei einer andern Gelegenheit daraus gewissermassen einen Vorwurf machte, wurde Gauss offenbar sehr empfindlich davon berührt. Aber er fühlte sich einmal als der reiche Mann und *Gauß und das „Geschrei d. Böotier"*

[263] [L1890a]

konnte es verschmerzen, dass ihm andere wie Abel u. Jacobi, J. Bolyai, Cauchy Entdeckungen wegnahmen. Ich finde darin mehr Charaktergrösse als bei den gegenwärtig lebenden Mathematikern zusammengenommen.

nichteuklidische Geometrie

Wenn es sie interessirt, will ich Ihnen doch meinen Beweis für die Parallelenkonstruktion mittheilen.[264]

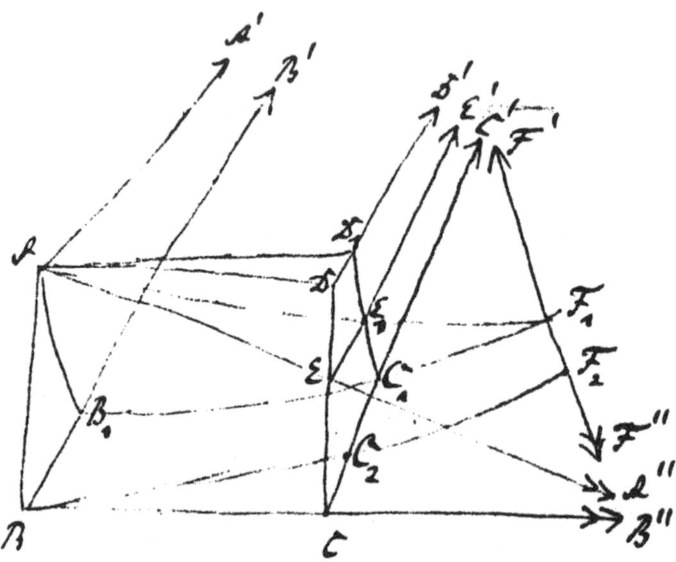

Es sei $ABCD$ ein geradliniges Viereck mit rechten Winkeln bei A, B, D und es sei $AEA'' \parallel BCB''$. Zu beweisen ist, dass $DE = BC$.

Beweis. AA' sei $\perp$ auf der Ebene $ABCD$ und BB', CC', EE', DD' seien $\parallel AA'$. Dann bilden die vier Ebenen durch die $\parallel$ Geraden AA', BB', CC', DD' an den Kanten AA', BB', DD' rechte Winkel als auch an der Kante CC'. Legt man daher durch A eine Gränzkugel mit der Axe AA', die die Punkte: B_1, C_1, E_1, D_1 ausschneidet, so ist $AB_1C_1D_1$ ein Gränzbogenrechteck.

Nun sei $F'F''$ in der Ebene $A'AA''$ so gezogen, dass $F'F'' \parallel AA''$ und $F''F' \parallel AA'$, so dass also $F'F''$ der Durchschnitt der beiden Ebenen $A'AA''$ und $B'BB''$ ist. Schneidet dann jene Gränzkugel auf $F'F''$ den Punkt F_1 aus, so gilt für die Gränzkreisbogen die Proportion:

$$AE_1 \ : \ AF_1 \ = \ B_1C_1 \ : \ B_1F_2.$$

Jetzt denke man sich in der Ebene $B'BB''$ einen Gränzkreisbogen

[264] Publiziert in [E1898 I]; vgl. die Bemerkung am Schluß dieses Briefes.

durch B mit der Axe BB', der die Punkte C_2, F_2 ausschneidet. Dann ist:

$$B_1C_1 : B_1F_2 = BC_2 : BF_2.$$

Aber die Figur $B'BB''F''F'$ ist kongruent der Figur $A'AA''F''F'$, also ist $BF_2 = AF_1$ und somit: $BC_2 = AE_1$. Daraus aber folgt: $BC = AE$.

Ebenso habe ich einen Beweis für folgenden Satz, der sich aus den Lobatschefskijschen Formeln leicht ergibt:

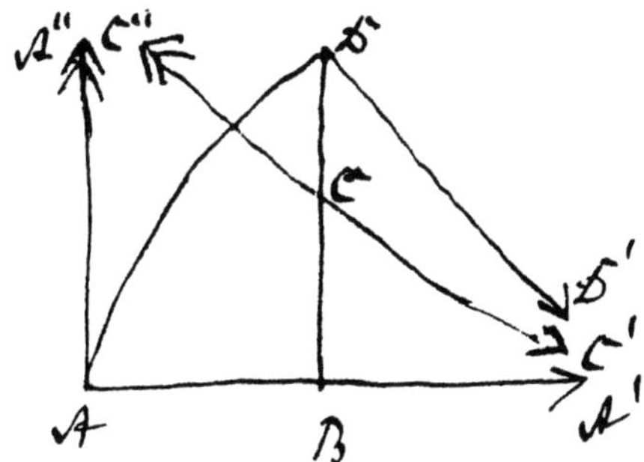

Es sei $AA'' \perp AA'$, AD ein Gränzkreis mit den $\parallel$ Axen AA', DD', $DB \perp AA'$, [endlich?] $C'CC'' \parallel AA'', C''CC' \parallel AA'$, dann ist: $\angle BCC' + \angle BDD' = \frac{\pi}{2}$.

Vermöge dieses Satzes kann man die Schnittpunkte eines Gränzkreises mit einer beliebigen Geraden finden.

Ich habe die Absicht, über alles das eine grössere Arbeit zu veröffentlichen.

Mit den besten Grüssen

Ihr ergebener
F: Engel

76. *Killing an Engel* (G32)

Münster den 18. Sept. 1897
Erh. Greiz 20.9.97

Sehr geehrter Herr Kollege!

Herzlichen Dank für Ihre freundlichen Mitteilungen! Fehlt mir auch augenblicklich die Zeit, auf das einzelne näher einzugehen, so waren sie mir doch sehr interessant.

Meine Bemerkung über Gauß haben Sie wohl missverstanden. Ich *Gauß* habe es ihm nicht übelgenommen, dass er über die nichteukl. Geometrie nichts veröffentlicht hat, sondern dass er so ängstlich besorgt war, seine, durch tiefe Studien gewonnene Überzeugung könne überhaupt der Welt bekannt werden. Damit kann Ihre Schlussbemerkung doch in Geltung bleiben, und ich möchte mich ihr ebenfalls anschließen.

Was meine Frage über die Gruppen betrifft, bei denen der Ausdruck $x_1dx_2 + x_3dx_4 + \cdots$ ungeändert bleibt, so möchte ich es doch von vorn herein nicht als sicher annehmen, dass die entsprechende unendliche Gr. Untergruppen von einer beliebig hohen Gliederzahl besitzt. Allerdings habe ich die Sache nicht vollständig behandelt, da die Erledigung für meine nächsten Zwecke nicht notwendig ist. Aber mancherlei Gründe sprachen dafür, dass bei einem größeren Werte von n die Zahl der Parameter recht klein sein muss, wenn sie nicht unendlich werden soll. Allerdings wenn das Gegenteil bewiesen ist, wird meine Vermutung zu verwerfen sein.

Zum Schluss möchte ich nochmals meiner Freude Ausdruck geben, dass Sie die Geometrie Lob[atschewsky]'s nächstens wesentlich zu bereichern gedenken.

Mit freundlichen Grüßen

Ihr ergebener
W. Killing

77. *Engel an Killing* (G)

Dresden 1.3.98

Sehr geehrter Herr Professor!

Ihre freundliche Sendung fand ich vorgestern Abend vor, als ich von einem kurzen Ausfluge nach Greiz zurückkam. Zum Antworten komme ich erst heute, da ich gestern hierher fahren musste, um noch einmal dem Moloch des Militarismus acht Wochen lang zu fröhnen.

Moloch Militarismus

Nehmen Sie also meinen herzlichsten Dank für den zweiten Band Ihres interessanten Werkes.[265] Ich hoffe im Laufe des Sommers Ihnen als Gegengabe den Lobatschefskij senden zu können.[266] Die Uebersetzung – ziemlich 15 Bogen – ist zwar schon gedruckt, aber die Anmerkungen sind noch nicht einmal ganz fertig und die Biographie muss erst noch geschrieben werden. Insofern ist mir die

[265][K1898]

[266]Vermutlich [E1898 II]

Uebung gerade jetzt etwas störend.

Mit herzlichen Grüssen an Sie und Lilienthal und mit nochmaligem besten Danke

Ihr sehr ergebener
F. Engel

78. *Killing an Engel* (G, Postkarte 15)

Münster 29. Jan. 99
Erh. 30.1.99

So eben erhalte ich Ihr neuestes Werk[267] und ich beeile mich Ihnen meinen besten Dank dafür auszusprechen. Wenn irgendwo, ist es auf diesem Gebiete ratsam, auf die ersten Publikationen zurückzugehen; namentlich wird das Studium der ganzen Disciplin außerordentlich gewinnen, wenn die ersten Werke mit so vorzüglichen Anmerkungen versehen sind. Auch der Einblick in Lob[atschewsky]'s Leben hat mich in hohem Maße angezogen. „Ehre, wem Ehre gebührt", gilt für Lob., gilt aber auch für Sie. Ich kann natürlich nur nach den Druckblättern urteilen (Sie kennen ja den bez. Ausspruch Lessings); aber ich habe genug gesehen, um Ihnen sofort meinen Dank aussprechen zu müssen.

Ihr W. Killing

79. *Killing an Engel* (G, Postkarte 16)

Poststempel Münster (Westf.) 7.3.00
Erh. 8.3.00

Haben Sie herzlichen Dank für die freundliche Übersendung Ihrer vortrefflichen Rede.[268] Sie haben Recht: An Kraft der Erfindung steht Lie außerordentlich hoch. Wenn aber auch die Darstellung erst an zweiter Stelle kommt, so ist sie doch von einiger Bedeutung; doch durfte das in einer Rede auf Lie nicht zu scharf hervorgehoben werden. – Ich bin mit einem Problem der Tr.-Gr. beschäftigt, das mich sehr anzieht, obwohl ich außerordentlich langsam vorankomme. Sollten meine Bemühungen Erfolg haben, so werde ich nicht

Gedenkrede für Lie

[267] [K1898]
[268] [E1900b]

verfehlen, Ihnen sofort Mitteilung zu machen. Vorläufig fürchte ich noch immer, das ersehnte Ziel nicht erreichen zu können.

Ihr W. K.

80. *Killing an Engel* (G33)

Münster 14. Juni 1901

Erh. Leipzig 15.6.01

beantw. 4.8.01

Sehr geehrter Herr Kollege!

Lobatschewsky-Preis

Ich weiß in der That nicht, wie ich Ihnen für den überaus glänzenden Bericht danken soll, den Sie über meine Arbeiten verfasst haben.[269] Eine solche Anerkennung meiner Arbeiten, deren Mängel ich selbst nur zu deutlich erkenne, hätte ich bisher nicht für möglich gehalten. Bedeutet die Verleihung des Lobatschefsky-Preises an sich schon eine sehr hohe Ehrung so ist diese Bedeutung noch außerordentlich erhöht durch die Würdigung, die Sie meinen Arbeiten haben zuteil werden lassen. Im vollen Unvermögen, meinem Danke einen genügenden Ausdruck zu geben, kann ich nur sagen: Ich danke Ihnen von ganzem Herzen. *...der Wunsch meiner Jugend* Der Wunsch meiner Jugend, dass mein Leben nicht ganz unfruchtbar für die Mathematik sein möge, kann ja wohl als erfüllt betrachtet werden; denn ein so kompetenter Beurteiler, wie Sie hat es in der bestimmtesten Weise erklärt. Ich habe den weiteren Wunsch, dass es mir auch fernerhin gelingen möge, ein kleines zum Weiterbau unserer Wissenschaft beizutragen. Zwar hindert mich hier die übermäßige Belastung in meiner Lehrthätigkeit. *zu viele Studenten* Bei der sehr großen Anzahl der Mathematiker, die hier studiren, sind zwei Docenten für das Fach zu wenig. Wenn ich da mit den laufenden Arbeiten fertig bin, sind meine Kräfte recht erschöpft. Aber es will mir auch scheinen, als ob ich seit einiger Zeit kein rechtes Glück bei meinen Forschungen hätte. Ich will hoffen, dass die gefundene Anerkennung meinen Kräften neue Stählung verleiht.

In Ihrem Berichte hat mir auch die Art und Weise, wie Sie sich *Hilbert* über Hilberts Arbeit aussprechen,[270] sehr gut gefallen. Das ist wirk-

[269]Killing erhielt auf Grund des Gutachtens von Engel [E1901] den Preis für sein Werk [K1893/98] über die *Grundlagen der Geometrie*, obgleich Engel keinen Zweifel daran ließ, daß er Killings Arbeiten über die Zusammensetzung der Transformationsgruppen weit höher einschätzte. Im nächsten Brief erfahren wir, daß der Preis erst durch einen Losentscheid zwischen Killing und Whitehead an ersteren ging.

[270]Hilbert, D.: *Grundlagen der Geometrie*. Leipzig 1899

lich die bedeutsamste Arbeit, die seit langer Zeit auf dem Gebiete erschienen ist. Aber zu einem abschließenden Urteile ist es noch zu früh. Bei Ihrer vorsichtigen Ausdrucksweise will es mir scheinen, als ob auch Sie dieser Meinung wären.

Ihr Bedauern, dass ich die Geradenkoordinaten des Raumes nicht in mein Lehrbuch aufgenommen habe,[271] teile ich durchaus, und noch dazu um so lebhafter, weil ich mehrere Paragraphen aus dieser Theorie schon fertig ausgearbeitet hatte. Nur sah ich da, dass der Umfang des Buches gar zu sehr anwachsen würde, wenn ich auch nur die ersten Partieen mit aufnehmen wollte.

Nochmals herzlichen Dank und freundliche Grüße!

Ihr

W. Killing

81. *Engel an Killing* (G)

Leipzig 4.8.01

Sehr geehrter Herr Professor!

Ihr Brief vom 14. Juni hat mich wahrhaft gerührt und es ist schändlich, dass ich nicht eher darauf geantwortet habe. Ich will wenigstens nicht in die Ferien gehen, ohne es gethan zu haben.

Es hat mir grosse Freude gemacht, dazu beitragen zu können, dass Ihnen für Ihre gruppentheoretischen Leistungen eine solche öffentliche Anerkennung zu Theil geworden ist. Denn ich brauche nicht erst zu betonen, dass mir Ihre gruppentheoretischen Arbeiten besonders am Herzen liegen, mehr noch als die Arbeiten über die Grundlagen der Geometrie. Auch habe ich immer bedauert, dass Lie durch sein Misstrauen, unter dem ja viele und nicht zum wenigsten ich selber gelitten haben, verhindert worden ist, Ihnen ganz gerecht zu werden, so dass die Anerkennung, die er Ihnen zollte, immer mit einer ganz unberechtigten Empfindlichkeit und Gereiztheit gemischt war und dass er, wo er Kritik übte, das immer mit einer Bitterkeit that, die ich nicht genügend mildern konnte. Aber ich kann versichern, dass er für Ihre schönen neuen Resultate wirklich aufrichtige Bewunderung hegte.

Lobatschewsky-Preis

Lie

Erst nachträglich habe ich erfahren, wie nahe es daran war, dass Ihnen der Preis entging. Ich konnte kaum begreifen, wie man das Opus jenes Whitehead mit Ihren Leistungen in eine Linie stel-

Whitehead

[271] [K1900]

len konnte. Inzwischen habe ich das Gutachten von Ball über W[hitehead]s Buch gelesen und verstehe jetzt wenigstens, dass die Kasaner sich durch die Ueberschwenglichkeit des Ballschen Urteils zum Theil hatten einfangen lassen, aber meine ungünstige Meinung über W[hitehead]s ist durch dieses Gutachten, das entschieden nicht auf wirklicher Sachkenntnis beruht, nicht umgestimmt sondern eher gestärkt worden. Ich freue mich nur dass das Loos wenigstens diesmal im richtigen Sinne entschieden hat.

Gutachten von Ball

Es thut mir sehr leid, dass Sie durch Ihre Berufspflichten so ganz in Anspruch genommen sind, dass Sie sogar das Vertrauen auf Ihr Erfinderglück etwas verloren haben. Hoffentlich ist das nur eine vorübergehende Stimmung, die Sie bald wieder überwunden haben. Ich meinerseits habe kaum jemals so viele gute Ideen gehabt, wie in den letzten beiden Jahren, es fehlt mir nur an Zeit, sie vollständig auszuführen. Besonders freue ich mich über die Erweiterung, die mein Gesichtskreis dadurch erfahren hat, dass ich die symbolische Methode der Invariantentheorie anwenden gelernt habe. Mir sind dadurch Probleme zugänglich geworden, die ich sonst gar nicht anzugreifen gewusst hätte.

Invariantentheorie

Mit herzlichen Grüßen

Ihr

F. Engel

82. *Killing an Engel* (G34)

Münster den 30. März 1902

Erh. Leipzig 1.4.02

beantw. 13.4.02[272]

Sehr geehrter Herr Kollege!

Treffen in Hamburg

So sehr ich mich freue, dass wir uns in Hamburg gesehen haben,[273] ebenso lebhaft bedaure ich, dass wir dort nicht öfter zusammen gekommen sind. In den Sitzungen konnten wir uns nicht unterhalten und sonst sind wir doch gar nicht zusammen gewesen. Ob Sie nach Karlsbad gehen, weiß ich natürlich nicht; ich selbst werde die weite Reise sicherlich nicht machen.

[272]Das Antwortschreiben liegt nicht vor.

[273]1901 fand in Hamburg die Jahrestagung der DMV statt (Vors. von Dyck) [Jber. der DMV 68 (1966)].

In Hamburg beabsichtigte ich, Ihnen möglichst bald vom Fortgange meiner Studien zu berichten, und ich weiß nicht, ob ich Ihnen von diesem Vorhaben Kunde gegeben habe. Jedenfalls habe ich während des ganzen Winters es als eine gewisse Verpflichtung empfunden, Ihnen vom Fortgange meiner Studien einige Kunde zu geben. Aber immer sah ich ein, dass mir das nicht möglich sei. Zwar gehören meine Zeit und meine Kräfte an erster Stelle dem Unterricht, aber ich habe doch auch etwas arbeiten können. Dennoch ist *Unterricht* es mir auch jetzt nicht möglich, einige Resultate meiner Untersuchungen darzulegen. Leider müssen nämlich zuvörderst erst mehrere neue Ausdrücke gebildet werden, und damit möchte ich etwas vorsichtig sein. Ich muss mich daher mit der folgenden kurzen Bemerkung begnügen. Ich habe hauptsächlich die achtgliedrige und die zehngliedrige einfache Gruppe inbezug auf ihren Bau untersucht.[274] Dabei bin ich zu Ergebnissen gekommen, die meiner Ansicht nach an sich Interesse gewähren. Aber meine Hoffnung, diese Resultate für die allgemeine Theorie zu verwenden, ist bisher der Verwirklichung nicht näher gekommen. Ich muss aber gestehen, dass ich mich allgemeinen Untersuchungen nur wenig habe zuwenden können.

So darf denn auch dieser Brief nur eine Entschuldigung sein dass ich Ihnen noch immer keine Resultate erzählen kann.

Dabei möchte ich folgenden Punkt zur Sprache bringen.[275] Lie behauptet, er habe die für jede Zahl der Parameter bestehenden ein- *Priorität gegenüber Lie wegen Typ C)* fachen Gruppen zuerst angegeben, während ich ebenfalls öffentlich behauptet habe, Gruppen vom Bau C), wie ich es damals genannt habe, seien vorher nicht bekannt gewesen, ehe ich sie aus meinen allgemeinen Untersuchungen hergeleitet hätte. Die Abhandlung (II), worin ich den Bau zuerst angegeben habe, ist vom 2. Februar 1888 datirt; in einer weiteren Arbeit, die vom Okt. 1888 datirt, habe ich mehrere derartig gebaute Gruppen angegeben. Nun habe ich damit die von Lie selbst und von Cartan citirten Stellen verglichen *Cartan* und meine gefunden zu haben, dass die erste Erwähnung derartiger Gruppen bei Lie viel später erfolgt ist. Haben Sie doch gelegentlich die Freundlichkeit, auch einmal nachzusehen. Es eilt ja nicht; aber ich möchte doch die Sache aufgeklärt sehen.

Mit freundlichen Grüßen

Ihr ergebener
W. Killing

---

[274] Vgl. den nächsten Brief und die Anlage dazu.

[275] Zu den folgenden Prioritätsfragen vgl. auch 74(260).

83. *Killing an Engel* (G35)

Münster 8. Juli 1902
Erh. Leipzig 9.7.02

Sehr geehrter Herr Kollege!

Herzlichen Dank für die mir übersandten schönen Abhandlungen! Ich habe Ihnen schon in Hamburg sagen können, welche Bedeutung ich diesen Ihren Untersuchungen beimesse; jetzt muss ich nur noch beifügen, dass meine Wertschätzung durch die Lektüre namentlich Ihrer größeren Arbeit[276] noch bedeutend gestiegen ist.

Zu besonders großem Danke haben mich die eingehenden Darlegungen Ihres letzten lieben Briefes verpflichtet. Sie haben dadurch meine Bedenken in den wesentlichen Punkten beseitigt, obgleich ich auch jetzt noch nicht weiß, warum Lie bei den für mich in Betracht kommenden Citaten nur auf eine Arbeit jüngeren Datums verweist.

Untersuchungen über 8-dim. Lie-Algebren

Um Ihnen meine Dankbarkeit in etwa zu bezeugen, habe ich in den letzten Tagen damit begonnen, Ihnen einige, allerdings noch unreife Resultate aus den Untersuchungen der letzten Zeit zusammen zu stellen. Dabei habe ich mich auf die achtgliedrige einfache Gruppe beschränkt, will aber schon hier bemerken, dass sich die angegebenen Sätze leicht auf einen beliebig hohen Rang übertragen lassen. Ähnliche Eigenschaften zeigen auch die übrigen einfachen Gruppen; für die zusammengesetzten Gruppen treten Änderungen ein, die sich zum Teil den gefundenen Sätzen eng anschließen, zum Teil aber auch wesentliche Verschiedenheiten zeigen. Es ist mir eben noch nicht gelungen, die wahre und eigentliche Quelle dieser Sätze aufzufinden. Das muss mir aber auch jetzt besonders schwer werden. Tiefergehende Untersuchungen sind mir nur möglich, wenn ich mich dem Gegenstande dauernd und stetig widmen kann. Während *Unterricht* der Vorlesungszeit kann ich nur einzelne Stunden für mein Studium gewinnen; von den Ferien gebrauche ich einen gar zu großen Teil zur Erholung nach den Strapazen des Unterrichts.

Bemerkungen zur Anlage

Nun noch einige Worte über die beigegebenen Notizen! Ich beabsichtigte ursprünglich, Ihnen die wichtigsten Sätze über den Bau der angegebenen Gruppe mitzuteilen. In dieser Beziehung sind zwei Fragen von besonderer Wichtigkeit:

[276] Es ist nicht klar, welche Abhandlungen hier gemeint sind, da der Briefwechsel offenbar unvollständig ist; man vgl. das Literaturverzeichnis. Das ist besonders bedauerlich wegen der fehlenden Antwort auf Killings Frage nach der Priorität bez. der Lie-Algebren vom Typ C; vgl. den folgenden Absatz und 82(275).

a) Angabe der sämtlichen Untergruppen,

b) Bestimmung der „Polgebilde“. Mit diesem Namen, der aber wahrscheinlich, wie die übrigen vorläufig benutzten Ausdrücke noch geändert werden muss, bezeichne ich die Gesamtheit der inf. Tr., zu denen man durch Kombination einer gegebenen inf. Tr. mit allen inf. Tr. der Gruppe gelangt. In dieser Hinsicht sagt ein früher bewiesener Satz: In einer gegebenen Gruppe vom Range l genügt das Polgebilde mindestens l linearen Gleichungen.

Ehe ich dazu übergehen konnte, die beiden aufgestellten Fragen zu beantworten, musste ich die Eigenschaften derjenigen Gebilde angeben, welche in der betr. Raumform dieselbe Rolle spielen, wie der Kegelschnitt in der einfachen dreigliedrigen Gruppe. Darüber habe ich nun auf den beiliegenden Blättern einige Sätze angegeben. Ich kann aber weder auf Vollständigkeit, noch auf systematische Ordnung Anspruch machen; ich musste die Resultate so mitteilen, wie sie sich meinem Gedächtnisse aufdrängten. Als ich aber die beiden Bogen vollgeschrieben hatte, erkannte ich, dass ich Ihre Geduld nicht weiter in Anspruch nehmen könnte. Daher habe ich dort abgebrochen und will mir die Fortsetzung für eine spätere Gelegenheit ersparen. Ich selbst ziehe aus den gefundenen Sätzen den Schluss, dass es sich lohnt, in den Untersuchungen fortzufahren und das allgemeine Prinzip aufzusuchen, aus dem die Resultate dieser Art hervorgehen.

Pascals Repertorium

Priorität gegenüber Klein

Zum Schluss möchte ich kurz eine andere Sache erwähnen. Mehrere hiesige Mathematiker sprachen in meiner Gegenwart von den vielen historischen Unrichtigkeiten, die sich in Pascals Repertorium finden sollten. Infolgedessen blätterte auch ich in dem Buche und fand, dass Pascal die Entdeckung der beiden Formen des endlichen in sich verschiebbaren Raumes als Verdienst Kleins hinstellt; er fügt darüber eine große Reihe von Sätzen an und fügt jedesmal in Klammern Klein als Entdecker bei. Diese eine Stelle genügt, um die Leichtfertigkeit zu erkennen, mit der hier verfahren wird; eine weitere Prüfung war für mich nicht nötig. Lange Zeit habe ich mich wegen dieser Frage mit Klein herumstreiten müssen; endlich hat er (im 37. Bande der Annalen) öffentlich mir Recht gegeben,[277] und

[277]Eine überarbeitete deutsche Übersetzung mit dem Titel *Repertorium der höheren Mathematik* des italienisch geschriebenen zweibändigen Werkes von E. Pascal, an der Engel mitgewirkt hat, ist im Jahrb. über die Fortschr. d. Math. 1900 und 1902 besprochen.

Zu den angesprochenen geometrischen Fragen äußert Klein sich ausführlich in den Math. Annalen Bd.37; vgl. auch die Einleitung von [K1891] und [K1922].

jetzt nimmt Pascal mir die Sache weg, um sie Klein zuzuschreiben.

Diesen Herbst werden wir uns wohl schwerlich wiedersehen, so angenehm es mir auch wäre; ich reise nicht nach Karlsbad, und Sie werden schwerlich nach dem Westen (wäre es auch nur in einige Nähe von Münster) kommen. Ich beabsichtige aber, von jetzt ab mich öfter an wissenschaftlichen Zusammenkünften zu beteiligen; der mündliche Verkehr giebt doch manche Anregung.

wiss. Zusammenkünfte

Mit freundlichen Grüßen

Ihr

W. Killing

Einige der mitgeteilten Formeln werden wohl ungenau sein; ich hatte ursprünglich eine andere Bezeichnung benutzt und habe, wie ich nachträglich sehe, mich zuweilen bei der Übertragung in die spätere Bezeichnung geirrt.

[Anhang siehe nächste Seite.]

[Anhang zu Brief 83]

Einige Eigenschaften der
einfachen achtgliedrigen Gruppe.[278]

Man nenne, um die Formeln in der einfachsten Form zu erhalten, die acht inf. Tr. $p, q, px, qy, py, qx, x(px+qy), y(px+qy)$der Reihe nach kurz $X_1, X_2,\ X_4, X_5, X_3, X_3', X_1', X_2'$ und setze:
$\eta_4+\eta_5=3\eta_0, J_2=\eta_1\eta_1'+\eta_2\eta_2'-\eta_3\eta_3'-\frac{1}{3}\eta_4\eta_5-\frac{1}{3}\eta_5^2,$

$$J_3=\begin{vmatrix}\eta_0 & \eta_1 & \eta_2\\ \eta_1' & \eta_4-\eta_0 & \eta_3'\\ \eta_2' & \eta_3 & \eta_5-\eta_0\end{vmatrix}=\Delta.$$

Dann hat die charakteristische Gleichung die Form

$$\omega^8+A\omega^6+B\omega^4+C\omega^2=0,$$

wo ist

$$A=6J_2,\ B=9J_2^2,\ C=27J_3^2+4J_2^3.$$

Es gibt eine einzige achtgliedrige Gruppe, für welche die Form J_3 ungeändert bleibt, und diese transformiert auch die Form J_2 in sich.

Auf diesen Satz gestützt, kann man die Untersuchungen über den Bau der einfachen achtgliedrigen Gruppe bei ganz beliebiger Wahl der bestimmenden inf. Tr. $X_1 \ldots X_8$ von den Eigenschaften der Determinante abhängig machen:

$$\begin{vmatrix}M_{00} & M_{01} & M_{02}\\ M_{10} & M_{11} & M_{12}\\ M_{20} & M_{21} & M_{22}\end{vmatrix},$$

wo die $M_{\iota\kappa}$ lineare Funktionen von $\eta_1 \ldots \eta_8$ sind, zwischen denen nur eine einzige lineare Beziehung[?] besteht. Von dieser allgemeinen Form[?] will ich jedoch in meinen folgenden Mitteilungen ganz absehen.

Um die Formen J_2 und J_3 zugleich zu erhalten, kann man von der Determinante ausgehen:

$$\begin{vmatrix}\eta_0-\rho & \eta_1 & \eta_2\\ \eta_1' & \eta_4-\eta_0+\rho & \eta_3'\\ \eta_2' & \eta_3 & \eta_5-\eta_0+\rho\end{vmatrix}=-\rho^3-J_2\rho+J_3.$$

[278]Es handelt sich (bis auf Isomorphie) um die Lie-Algebra $\mathbf{sl}_3$; vgl. Killings Anmerkungen im vorangehenden Brief.

Die Hessesche Determinante von J_3 hat den Wert

$$36 J_3^2 J_2.$$

Hiermit hängen verschiedene Eigenschaften der Gruppe zusammen, die ich jedoch nicht an dieser Stelle, sondern im Zusammenhang mit andern Untersuchungen erwähnen möchte.

Nennen wir (u) die Koordinaten der Polarebene des Punktes (η) für die Fläche J_3, so ist:

$$u_1 = \Delta_{01},\ u_2 = \Delta_{02},\ u_1' = \Delta_{10},\ u_2' = \Delta_{20},\ u_3 = \Delta_{21},\ u_3' = \Delta_{12},$$

$$u_4 = \tfrac{1}{3}\Delta_{00} + \tfrac{2}{3}\Delta_{11} - \tfrac{1}{3}\Delta_{22},\ u_5 = \tfrac{1}{3}\Delta_{00} - \tfrac{1}{3}\Delta_{11} + \tfrac{2}{3}\Delta_{22},$$

wo $\Delta_{\iota\kappa}$ die Unterdeterminanten von $\Delta = J_3$ sind.

Nun ist $J_2 = \Delta_{00} - \Delta_{11} - \Delta_{22}$, also

$$u_4 = \tfrac{1}{3}J_2 + \Delta_{11},\ u_5 = \tfrac{1}{3}J_2 + \Delta_{22},\ \Delta_{00} = \tfrac{1}{3}J_2 + u_4 + u_5.$$

Jede zweireihige Determinante von

$$\begin{vmatrix} \Delta_{00} & \Delta_{01} & \Delta_{02} \\ \Delta_{10} & \Delta_{11} & \Delta_{12} \\ \Delta_{20} & \Delta_{21} & \Delta_{22} \end{vmatrix}$$

stellt bekanntlich das[?] Produkt von[?] Δ in ein Element der Det. Δ dar. Indem man aus je zwei auf diese Weise erhaltenen Gl die Größe J_2 entfernt, ergeben sich zwanzig Gleichungen zwischen den Koordinaten (η) eines beliebigen Punktes und den Koordinaten (u) einer Polarebene inbezug auf J_3. Diese zwanzig Gleichungen lassen sich zu einer interessanten Form zusammenstellen, welche ich allerdings für den Augenblick nicht in vollständiger Genauigkeit angeben kann, welche aber ungefähr folgendes Aussehen hat:

$$\left\| \begin{matrix} \eta_5 - \eta_4 & \eta_1 & \eta_2 & \eta_0 & \eta_3' & \eta_3 \\ -\eta_1' & \eta_5 & -\eta_3' & \eta_2 & 0 & \eta_2' \\ \eta_2' & \eta_3 & \eta_4 & -\eta_1 & \eta_1' & 0 \end{matrix} \right\| \cdot J_3 =$$

$$\left\| \begin{matrix} u_4 - u_5 & u_2' & -u_1' & 0 & -u_3' & u_3 \\ u_2 & 2u_4 + u_5 & u_3' & u_1' & 0 & u_1 \\ u_1 & u_3 & 2u_5 + u_4 & u_2' & u_2 & 0 \end{matrix} \right\|.$$

Bei der Gleichstellung ist nur zu beachten, dass aus den beiden Matrices jedesmal dieselben drei Kolonnen ausgewählt werden müssen.

Lässt man hier den Punkt (η) dem Gebilde J_3 selbst angehören, so müssen die zwanzig Gleichungen befriedigt werden, welche durch die auf der rechten Seite stehenden dreireihigen Determinanten gewonnen werden. Diese Gleichungen kommen auf drei Bedingungen hinaus. Die Tangentialebenen von J_3 bilden nur eine vierfach ausgedehnte Mannigfaltigkeit, und jede einzelne berührt längs einer zweidim. Ebene.

Umgekehrt kann man aber auch die Koordinaten (η) den 20 Gleichungen genügen lassen, welche man erhält, indem man die 20 Determinanten der beiden Seiten verschwinden lässt. Für jeden Punkt des hierdurch gewonnenen vierdimensionalen Gebildes fallen die Polarebenen inbezug auf die Fläche $J_2 = 0$ und $J_3 = 0$ zusammen. Ich will vorläufig dies Gebilde das Zwischengebilde der Gruppe nennen. Alsdann geht aus den angegebenen Gleichungen der Satz hervor:

Jeder Punkt des (vierd.) Zwischengebildes hat für die Flächen J_2 und J_3 dieselbe Polarebene, und diese ist zugleich Tangentialebene an J_3. Umgekehrt gehört der Pol einer jeden Tangentialebene von J_3 inbezug auf J_2 dem Zwischengebilde an[?]; dieser Punkt ist aber (neben den sämtlichen Berührungspunkten) zugleich Pol für die Ebene inbezug auf J_3.

Ich setze der Kürze wegen

$$U_2 = u_4^2 + u_4 u_5 + u_5^2 - u_1 u_1' - u_2 u_2' + u_3 u_3'.$$

Alsdann bestehen zwischen den Koordinaten eines beliebigen Punktes und denen einer Polarebene inbezug auf $J_3 = 0$ die Beziehungen

$$3U^2 = J_2^2;$$

ferner:

$$\begin{aligned}
\eta_1 J_3 &= u_2' u_3 - u_1'(u_5 - \sqrt{\tfrac{1}{3} U_2}),\\
\eta_2 J_3 &= u_1' u_3 - u_2'(u_4 - \surd),\\
\eta_3 J_3 &= u_1' u_2 - u_3'(u_4 + u_5 + \sqrt{\tfrac{1}{2} U_2}),\\
\eta_4 J_3 &= (2u_4 + u_5)(u_5 - \surd) - u_2 u_2' - u_3 u_3',\\
\eta_5 J_3 &= (2u_5 + u_4)(u_4 - \surd) - u_1 u_1' - u_3 u_3';\\
\eta_1' J_3 &= u_2 u_3 - u_1(u_5 - \sqrt{\tfrac{1}{3} U_2}),\\
\eta_2' J_3 &= u_1 u_3' - u_2(u_4 - \surd),\\
\eta_3' J_3 &= u_1 u_2' - u_3(u_4 + u_5 + \surd),
\end{aligned}$$

Von den Folgerungen, die sich aus dem letzten System von Gleichungen ergeben, will ich ganz absehen. Ich erwähne nur den folgenden Satz, der sich aus der letzten Gleichung der vorigen Seite unmittelbar absehen lässt:

Bestimmt man zu irgend einem in J_2 gelegenen Punkt die Polarebene für J_3, so erhält man eine Tangentialebene an die Fläche J_2.

Hiernach ist jedem Punkte von J_2, der nicht zugleich in der Fläche J_3 liegt, ein zweiter Punkt derselben Fläche in der Weise zugeordnet, dass, wenn diese Punkte mit μ und ν bezeichnet werden, die Tangentialebene von μ die Polarebene zum Punkt ν und die im Punkte ν berührende Ebene die Polarebene zu μ inbezug auf die Fläche J_3 ist. Die Verbindungsgerade dieser beiden Punkte ist eine dreifache Sekante des Zwischengebildes. Sind α, β, γ die drei Punkte, welche die Gerade $\mu\nu$ mit dem Zwischengebilde gemeinschaftlich hat, und ist α' der vierte harmonische Punkt zu β, γ, α, ebenso β' der [zu] γ, α, β und γ' der zu α, β, γ, so liegen die Punkte α', β', γ' auf der Fläche J_3 und die Punkte μ und ν sind die Hauptpunkte der Involution $(\alpha, \alpha'; \beta, \beta'; \gamma, \gamma')$.

Durch jeden Punkt des Raumes, der nicht dem Zwischengebilde angehört, geht eine einzige dreifache Sekante dieses Gebildes. Diese Gerade hat die so eben angegebenen Eigenschaften.

Kombiniert man eine beliebige Transformation (η), deren Bild nicht in dem Zwischengebilde liegt, mit allen inf. Transformationen der Gruppe, so gelangt man nur zu solchen Transformationen, welche dem fünfdimensionalen Schnittgebilde der Polarebenen des Punktes (η) inbezug auf die Flächen J_2 und J_3 angehört; man wird aber auch wirklich durch die angegebene Operation zu allen Punkten dieser fünfdimensionalen Ebene geführt. Ich nenne diese fünfdimensionale Ebene das Polargebilde des Punktes. Dann erhalte ich den Satz:

Alle Punkte, welche auf derselben dreifachen Sekante des Zwischengebildes liegen, haben für die Gruppe dasselbe Polargebilde. Umgekehrt hat die Verbindungsgerade zweier Punkte, welche für die Gruppe dasselbe Doppelgebilde besitzen, drei Punkte mit dem Zwischengebilde gemeinschaftlich.

(Ich beabsichtigte, zunächst nur die Eigenschaften der Flächen J_2, J_3 und des Zwischengebildes anzugeben; die daraus folgenden Eigenschaften der Gruppe sollten für den Schluss vorbehalten werden; ich will daher hier nicht weiter fortfahren, sondern einen zweiten Weg angeben, der nicht nur die bisher mitgeteilten Resultate liefert, sondern auch eine große Anzahl von weiteren Sätzen liefert.)

Die Fläche J_3 enthält zwei Scharen von vierdimensionalen Ebenen. Setzt man nämlich für drei beliebige Konstante m_0, m_1, m_2:

$$
(1)\quad \begin{aligned}
&m_0\eta_0 + m_1\eta_1 + m_2\eta_2 = 0\\
&m_0\eta_1' + m_1(\eta_4 - \eta_0) + m_2\eta_3' = 0\\
&m_0\eta_2' + m_1\eta_3 + m_2(\eta_3 - \eta_0) = 0,
\end{aligned}
$$

oder für die drei konstanten Größen n_0, n_1, n_2:

$$
(2)\quad \begin{aligned}
&n_0\eta_0 + n_1\eta_1' + n_2\eta_2' = 0\\
&n_0\eta_1 + n_1(\eta_4 - \eta_0) + n_2\eta_3 = 0\\
&n_0\eta_2 + n_1\eta_3' + n_2(\eta_5 - \eta_0) = 0,
\end{aligned}
$$

so wird jedesmal die Gleichung $J_3 = 0$ befriedigt. zwei Ebenen aus derselben Schar haben jedesmal eine gerade Linie, zwei Ebenen aus verschiedenen Scharen jedesmal eine zweidimensionale Ebene gemeinschaftlich. Durch jeden Punkt der Fläche J_3, welcher nicht dem Doppelgebilde angehört, geht sowohl eine einzige Ebene aus der Schar (1) wie aus der Schar (2).

Jede Ebene:

$$
(3)\quad \begin{aligned}
&n_0(m_0\eta_0 + m_1\eta_1 + m_2\eta_2)\\
&+n_1(m_0\eta_1' + m_1(\eta_4 - \eta_0) + m_2\eta_3')\\
&+n_2(m_0\eta_2' + m_1\eta_3 + m_2(\eta_5 - \eta_0)) = 0
\end{aligned}
$$

ist Tangentialebene an die Fläche J_3, und zwar berührt sie längs der zweidimensionalen Ebene, deren Koordinaten den sechs Gleichungen (1) und (2) genügen. Diese Ebenen bilden nur eine vierfach ausgedehnte Mannigfaltigkeit, da ihre Gesamtheit nur von den Verhältnissen

$$m_0 : m_1 : m_2 \quad \text{und} \quad n_0 : n_1 : n_2$$

abhängt.

Setzen wir

$$
(4)\quad \begin{aligned}
&\eta_1 = -m_0n_1, && \eta_1' = -n_0m_1, && \eta_2 = -m_0n_2,\\
&\eta_2' = n_0m_2, && \eta_3 = n_1m_2, && \eta_3' = m_1n_2,\\
&\eta_4 = m_0n_0 + m_1n_1, && \eta_5 = m_0n_0 + m_2n_2,
\end{aligned}
$$

so ist der Punkt (η) inbezug auf die Fläche J_2 der Pol der Ebene (3). Für diesen Punkt ist aber zugleich die Ebene (3) die Polarebene inbezug auf J_3. Daher stellen die Gleichungen (4) die Punkte des Zwischengebildes dar. Indem man in (3) und (4) dieselben Konstanten (m) und (n) wählt, erhält man zu jedem Punkte des Zwischengebildes auch eine gemeinsame Polarebene für die Flächen J_2 und J_3.

Soll der Punkt (η), welcher durch die Gleichungen (4) bestimmt wird, entweder auf J_2 oder auf J_3 liegen, so muss jedesmal die Gleichung erfüllt sein:

$$(5) \qquad -m_0n_0 + m_1n_1 + m_2n_2 = 0.$$

Für die auf diese Weise erhaltenen Punkte verschwinden alle Unterdeterminanten von Δ, oder die Verbindung (4) und (5) liefert das Doppelgebilde von J_3. Dasselbe ist, wie man auch leicht direkt sieht, dreidimensional und enthält alle Punkte, welche die Fläche J_2 mit dem Zwischengebilde gemein hat.

Lässt man in den Gl. (4) m_0, m_1, m_2 feste, und n_0, n_1, n_2 veränderliche Werte annehmen, so stellen sie eine zweidimensionale Ebene dar, welche ganz in dem Zwischengebilde liegt. In ganz entsprechender Weise erhält man eine zweite Schar von ∞^2 zweidim., im Zwischengebilde enthaltenen Ebenen. Für diese beiden Scharen ergeben sich unmittelbar folgende Sätze:

Durch jeden Punkt des Zwischengebildes gehen zwei zweidim. Ebenen, welche ganz in dem Gebilde liegen und verschiedenen Scharen angehören. Zwei derartige Ebenen, welche zu verschiedenen Scharen gehören, schneiden sich regelmäßig in einem Punkte, während Ebenen derselben Schar keinen Punkt gemeinschaftlich haben.

Wir wählen jetzt m_0, m_1, m_2 fest, lassen aber n_0, n_1, n_2 sich nur so verändern, dass die Gleichung (5) befriedigt wird. Bei dieser Festsetzung stellen die Gleichungen (4) eine gerade Linie dar, welche ganz in dem Doppelgebilde liegt. In jeder zweidimensionalen Ebene des Zwischengebildes liegt eine, und zwar eine einzige Gerade des Doppelgebildes. Jede derartige Gerade trifft unendlich viele Geraden des Gebildes; von jedem Punkte des Doppelgebildes gehen zwei in ihm gelegene Geraden aus. Nur solche Gerade des Gebildes können einander schneiden, welche zu verschiedenen Scharen gehören.

Offenbar verschwindet $\Delta = J_3$, wenn nach Einführung der willkürlichen festen Größen $a_0, a_1, a_2; b_0, b_1, b_2; \alpha, \beta$ zwischen den Koordinaten (η) die vier Gleichungen angesetzt werden:

$$\begin{aligned}
&a_0\eta_1' + a_1(\eta_4 - \eta_0) + a_2\eta_3' + \alpha(a_0\eta_0 + a_1\eta_1 + a_2\eta_2) = 0\\
&b_0\eta_1' + b_1(\eta_4 - \eta_0) + b_2\eta_3' + \alpha(b_0\eta_0 + b_1\eta_1 + b_2\eta_2) = 0\\
&a_0\eta_2' + a_1\text{ßeta}_3 + a_2(\eta_5 - \eta_0) + \beta(a_0\eta_0 + a_1\eta_1 + a_2\eta_2) = 0\\
&b_0\eta_2' + b_1\eta_3 + b_2(\eta_5 - \eta_0) + \beta(b_0\eta_0 + b_1\eta_1 + b_2\eta_2) = 0.
\end{aligned}$$

Diese vier Gleichungen sind aber, wie man leicht nachweist, identisch mit den folgenden Gl.:

$$
\begin{aligned}
m_2n_1\eta_0 + m_2n_0\eta_1 + m_0n_1\eta_2' + m_0n_0\eta_3 &= 0\\
m_1n_2\eta_0 + m_0n_2\eta_1' + m_1n_0\eta_2 + m_0n_0\eta_3' &= 0\\
m_0n_2(\eta_4-\eta_0) + m_1n_2\eta_1 - m_0n_1\eta_3' - m_1n_1\eta_2 &= 0\\
m_2n_0(\eta_4-\eta_0) + m_2n_1\eta_1' - m_1n_0\eta_3 - m_1n_1\eta_2' &= 0 \qquad (6)\\
m_0n_1(\eta_5-\eta_0) - m_0n_2\eta_3 + m_2n_1\eta_2 - m_2n_2\eta_1 &= 0\\
m_1n_0(\eta_5-\eta_0) - m_2n_0\eta_3' + m_1n_2\eta_2' - m_2n_2\eta_1' &= 0
\end{aligned}
$$

....

Die Fläche J_3 enthält demnach (außer den in vierdimensionalen Ebenen enthaltenen und deshalb nicht besonders zu erwähnenden) noch ∞^4 dreidimensionale Ebenen. Die letzten Gl. zeigen, dass jede von ihnen in enger Beziehung zu einem[?] Punkte des Zwischengebildes und somit auch zu einer Tangentialebene von J_3 steht. Eine weitere derartige Beziehung ergibt sich durch folgende Erwägung.

Lassen wir in (6) die Koefficienten m, n sich so ändern, dass sie stets den beiden Gleichungen genügen:

$$\alpha_0m_0 + \alpha_1m_1 + \alpha_2m_2 = 0, \qquad \beta_0n_0 + \beta_1n_1 + \beta_2n_2 = 0,$$

wo die α und β Konstante sind, so bleiben die dreidim. Ebenen (6) in der Ebene:

$$
\begin{aligned}
\alpha_0\beta_0\eta_0 + \alpha_1\beta_1(\eta_4-\eta_0) + \alpha_2\beta_2(\eta_5-\eta_0) + \alpha_0\beta_1\eta_1 - \alpha_1\beta_0\eta_1'\\
-\alpha_0\beta_2\eta_2 - \alpha_2\beta_0\eta_2' + \beta_1\alpha_2\eta_3 + \alpha_1\beta_2\eta_3' = 0.
\end{aligned}
$$

Die auf diese Weise erhaltenen ∞^2 dreid. Ebenen liegen somit in einer Tangentialebene von J_3. Umgekehrt enthält jede Tangentialebene von J_3 eine zweifach unendliche Mannigfaltigkeit von dreidimensionalen Ebenen desselben Gebildes, welche keiner in derselben Fläche enthaltenen mehrdim. Ebene angehören.

Von jedem Punkte des Zwischengebildes gehen ∞^2 dreifache Sekanten des Gebildes aus, welche in einer dreidimensionalen Ebene liegen. Denken wir uns den gegebenen Punkt vermittelst der Gleichungen (4) ausgedrückt, so wird die Verbindungsgerade mit einem in gleicher Weise vermittelst der Konstanten (η, ν) bestimmten Punkte das Gebilde noch in einem dritten Punkte treffen, falls die Bedingungen erfüllt sind:

$$
\begin{aligned}
\mu_0n_0 &= \mu_1n_1 + \mu_2n_2\\
\nu_0m_0 &= \nu_1m_1 + \nu_2m_2.
\end{aligned}
$$

Durch den Punkt geht eine dreidimensionale Ebene, von der das Zwischengebilde in einer (zweid.) Fläche zweiter Ordnung geschnitten wird.

84. *Killing an Engel* (G, Postkarte 17)

Besuch Engels in Münster

Ich freue mich sehr, daß Sie herkommen wollen.[279] Mittlerweile wird Ihnen die Antwort des Wohnungs-Ausschusses zugegangen sein. Die Auswahl der Wohnungen macht hier ganz besondere Schwierigkeiten, da die Anzahl der Hotels gar zu gering ist. Dadurch entstehen immer unangenehme Verzögerungen, die eine rasche Antwort unmöglich machen. Jedenfalls arbeiten alle Ausschüsse hier mit fieberhaftem Eifer. Ich dachte übrigens schon daran, Sie zu bitten, mit unserer überaus einfachen Wohnung vorlieb nehmen zu wollen. Indessen ist das jetzt nicht nötig.

Hoffentlich hat Ihnen Hr. Kollege v. Lilienthal zugleich in meinem Namen die Einladung zu einem Frühstück zugeschickt.

Auf Wiedersehen!

Schreiben Sie mir genau die Zeit Ihrer Ankunft, damit ich Sie abholen kann.

In aller Freundschaft [?] freundlichen Grüßen Ihr

ergebener

M. 8.9.12 W. Killing

85. *Engel an Killing* (M)

Giessen 8.8.13
Ludwigsplatz 9

Verehrter und lieber Herr Kollege!

Handbuch Killing/ Hovestadt

Vielen herzlichen Dank für die freundliche Uebersendung des II. Bandes Ihres Handbuchs.[280] Ich habe schon allerlei darin gelesen und gesehen, wie inhaltsreich der Band ist. Er wird zweifellos auch mir recht oft nützlich sein können.

Dehn Schlesinger

Die Dehnsche Definition der Oberfläche und der Bogenlänge war mir überraschend, bis ich von Schlesinger erfuhr, dass Minkowski

[279] Dem folgenden Brief nach zu urteilen fand der Besuch zwischen September und Dezember 1912 statt. Da vom 16. bis zum 19.9.1912 die Jahrestagung der DMV in Münster stattfand (Vors. von Dyck), dürfte dies wohl der Anlaß für Engels Besuch gewesen sein. Engel hat auf der Tagung nicht vorgetragen, Killing hielt einen Vortrag „Über die Ausbildung der Gymnasiallehrer" [Jber. der DMV 21 (1912)]. Ein gleichlautender Artikel von Killing erschien im Jber. d. DMV, s. [K1913b].

[280] [K1913a]

bereits denselben Gedanken ausgesprochen hat, was mir vollständig entfallen war. In der That findet sich der Gedanke schon im Jahresbericht der D.M.V 1901, S. 115 ff. (Ges. Abh. II, S. 122 ff.). Sollte das Dehn unbekannt geblieben sein? *Minkowski*

Mit großem Vergnügen erinnere ich mich immer noch der Tage in Münster voriges Jahr. Nicht blos der lukullischen Gastfreundschaft, die Sie und Kollege v. Lilienthal mir erwiesen haben, sondern namentlich das ist mir eine sehr angenehme Erinnerung, dass ich damals öfters und längere Zeit mit Ihnen habe sprechen können, was leider sonst nur selten der Fall gewesen ist. Die Ausgabe der Abh. von Lie, von der ich damals sprach, ist nunmehr gesichert. Gott gebe, dass ich sie auch wirklich zu Ende führen kann.[281] *Zum Besuch in Münster* *Lies Abhandlungen*

Mit den besten Grüssen an Sie und Lilienthal

Ihr ergebener

F. Engel

Empfehlen Sie mich auch Ihrer Frau Gemahlin.

86. *Engel an Killing* (G)

Giessen 9.5.17

Lieber Herr Kollege!

Morgen vollenden Sie das 70. Lebensjahr und dazu möchte ich Ihnen meine herzlichsten Glückwünsche senden. Möge Ihnen die geistige und körperliche Frische und die Freude an der Arbeit auch ferner erhalten bleiben! Möge der schreckliche Krieg bald ein Ende finden und möge es Ihnen vergönnt sein Zeuge zu sein, dass dieses Ende für unser Vaterland glücklich ausfällt, und die Heilung der Kriegsschäden, soweit sie eben zu heilen sind, zu erleben. *Gratulation zum 70. Geburtstag*

Ich weiß ja nicht, ob der Krieg Ihnen selbst schon im Kreise Ihrer Familie Opfer auferlegt hat. Sollte das nicht der Fall sein, so mögen Ihnen auch in Zukunft derartige Opfer erspart bleiben. Haben Sie aber schon Opfer bringen müssen dann mögen sie wenigstens fernerhin verschont bleiben.

---

[281] Ab 1922 erscheinen die *Gesammelten Abhandlungen* von Lie, herausgegeben von Engel, Bd. I und II zusammen mit P. Heegaard, in der Reihenfolge: Bd. III 1922, Bd. V 1924, Bd. VI 1927, Bd.IV 1929, Bd. I 1934, Bd. II 1935; vgl. auch den folgenden Brief.

3. Bd. von Lies Abhandlungen

Der Druck des 3. Bdes. der Lieschen Abhandlungen, der die älteren Arbeiten über Diffgl. enthält, ist schon längst vollendet, aber ich habe noch lange an den Anmerkungen dazu zu arbeiten, die mir doch recht Mühe machen. Ich habe keinen grösseren Wunsch, als diese Ausgabe noch vollenden zu können. Aber wer darf unter den jetzigen Umständen wagen, solche Hoffnungen zu hegen?

Mit herzlichen Grüssen und nochmals den besten Wünschen

Ihr aufrichtig ergebener
F. Engel

87. *Killing an Engel* (M)

Münster den 2. Juni 1917
Erh. Giessen 4.6.17

Lieber Herr Kollege!

Durch Ihr freundliches Gedenken haben Sie mich hoch erfreut. Gern hätte ich Ihnen früher gedankt. Aber ich durfte mich doch nicht mit einem gedruckten Danke begnügen, und das Briefeschreiben – ja, lachen Sie nur darüber, das strengt mich gar zu sehr an.

eigenes Befinden

Seit sieben Jahren leide ich an einem starken Magenleiden, das mir nicht nur große Schmerzen verursacht, sondern auch meine Kräfte in hohem Maße aufreibt. Wie sich bei einer im vorigen Jahre vorgenommenen Durchleuchtung gezeigt hat, leide ich an einer hochgradigen Magensenkung, die bei meinem Alter vollständig unheilbar ist und durch meine starke Unterernährung wesentlich verschlimmert wird. Vor etwas mehr als einem Jahre erkrankte ich sehr stark an Rippenfellentzündung. Diese Krankheit ist nun überwunden, aber meine Kräfte sind in hohem Maße aufgerieben. Zudem hatte ich zwei volle Jahre die Mathematik allein zu vertreten und war gezwungen, eine Uberzahl von Stunden zu übernehmen. Seit Herbst ist v. Lilienthal aus dem Felde zurück; da habe ich zu meiner früheren Stundenzahl noch einen Wiederholungskurs für Kriegsteilnehmer übernehmen müssen. Über meine Vorlesungen hinaus kann ich aber keine wissenschaftliche Arbeit unternehmen. Ich möchte wenigstens die Arbeiten zum Abschluß bringen, die ich seit einer längeren Reihe von Jahren in Angriff genommen habe, aber bisher nicht habe vollenden können. Doch wie Gott will.

Da habe ich Ihnen gar zu viel vorgeklagt. Ihre Teilnahme an meinen Familien-Verhältnissen hat mir sehr wohl getan. Mein Sohn, der einzige, der mir nicht durch Krankheit genommen ist, ist zwar bei Beginn des Krieges eingetreten, bisher aber verschont geblieben, und bekleidet jetzt ganz gegen seinen Wunsch einen Posten, der ihn noch für einige Zeit im Lande selbst zurückhält.[282] Über Ihre Familie schreiben Sie leider nichts.

Dass die Herausgabe von Lies Werken trotz des Krieges ordentlich fortschreitet, freut mich sehr. Ich habe nie daran gezweifelt, daß Sie sich damit eine sehr große Last aufgebürdet[?] haben, daß Sie allein im stande sind, diese wichtige Aufgabe zum Abschluss zu bringen. Mir ist es höchst schmerzlich, für die eigentliche Wissenschaft wahrscheinlich überhaupt nichts mehr tun zu können.[283]

Nochmals herzlichen Dank für Ihre freundlichen Wünsche und herzliche Grüße!

Ihr

W. Killing

---

[282]Killings Sohn Max, geb. 13.9.1891, ist am 22.10.1918 in einem Lazarett in Metz an Typhus gestorben.

[283]Nach diesem Brief erscheint noch als letzte Publikation die kurze Note [K1922] *Bemerkungen zur nichteuklidischen Geometrie* im Jber. der DMV.

Anhang

Die rechts abgebildete Ernennungsurkunde befindet sich in der Universitätsbibliothek Münster. Das Original ist etwa 25cm breit und 35cm hoch. Der Text lautet:

Wir Wilhelm, von Gottes Gnaden König von Preußen etc:

thun kund und fügen hiermit zu wissen, daß Wir Allergnädigst geruht haben, den bisherigen Oberlehrer an dem Gymnasium zu Brilon, Dr. Wilhelm Killing zum ordentlichen Professor in der philosophischen Fakultät des Lyceum Hosianum in Braunsberg zu ernennen. Es ist dies in dem Vertrauen geschehen, daß derselbe Uns und Unserem Königlichen Hause in unverbrüchlicher Treue ergeben bleiben und die Pflichten des ihm übertragenen Amtes in ihrem ganzen Umfange mit stets regem Eifer erfüllen und insbesondere alle halbe Jahre nach den statutenmäßigen Bestimmungen Vorlesungen in seinen Fächern ankündigen werde, wogegen sich derselbe Unseres Allerhöchsten Schutzes bei den mit seinem gegenwärtigen Amte verbundenen Rechten zu erfreuen haben soll. Urkundlich haben Wir diese Bestallung Allerhöchstselbst vollzogen und mit Unserem Königlichen Insiegel versehen lassen. Gegeben Schloß Babelsberg den 17ten August 1882.

Bestallung für den bisherigen Oberlehrer an dem Gymnasium zu Brilon Dr. Wilhelm Killing
als ordentlichen Professor in der philosophischen Fakultät des Lyceum Hosianum in Braunsberg

Für den Minister der geistlichen [, Unterrichts- und Medicinal-] Angelegenheiten

Wir Wilhelm,
von Gottes Gnaden
König von Preußen etc.

Thun kund und fügen hiermit zu wissen, daß Wir Allergnädigst geruht haben, den bisherigen Oberlehrer an dem Gymnasium zu Brilon, Dr. Wilhelm Killing zum ordentlichen Professor in der philosophischen Fakultät des Lyceum Hosianum in Braunsberg zu ernennen. Es ist dies in dem Vertrauen geschehen, daß derselbe Uns und Unserem Königlichen Hause in unverbrüchlicher Treue ergeben bleiben und die Pflichten des ihm übertragenen Amtes in ihrem ganzen Umfange mit stets regem Eifer erfüllen und insbesondere alle halbe Jahre nach den statutenmäßigen Bestimmungen Vorlesungen in seinem Fache ankündigen werde, wogegen sich derselbe Unseres Allerhöchsten Schutzes bei den mit seinem gegenwärtigen Amte verbundenen Rechten zu erfreuen haben soll. Urkundlich haben Wir diese Bestallung Allerhöchstselbst vollzogen und mit Unserem Königlichen Insiegel versehen lassen. Gegeben Schloß Babelsberg, den 17ten August 1882.

Wilhelm

Bestallung
für
den bisherigen Oberlehrer an dem Gymnasium zu Brilon
Dr. Wilhelm Killing
als ordentlichen Professor in der philosophischen
Fakultät des Lyceum Hosianum in
Braunsberg.

Für den Minister der geistlichen etc.
Angelegenheiten.

Lucanus.

Ministerium
der geistlichen, Unterrichts- und Medicinal-
Angelegenheiten.

U I. No 15814.

Einschreiben!

Berlin, den 20. April 1892.

Im Verfolg der in meinem Auftrage mit Ihnen geführten Verhandlungen versetze ich Ew. Hochwohlgeboren vom 1. Mai d. J. ab in die philosophische Fakultät der Akademie zu Münster i/W. und verleihe Ihnen in derselben den durch die Versetzung des Professors Dr. Sturm nach Breslau zur Erledigung kommenden ordentlichen Lehrstuhl mit der Verpflichtung, das Fach der Mathematik in Vorlesungen und Übungen möglichst umfassend zu vertreten und die Mitdirektion des mathematischen Seminars, mit welcher ich Sie hiermit beauftrage, zu führen. Ich ersuche Sie, Ihr neues Amt sogleich anzutreten und das Verzeichniß der von Ihnen für das laufende Semester anzukündigenden Vorlesungen umgehend an den Dekan der Fakultät einzureichen.

An Stelle Ihres bisherigen Diensteinkommens bez.

An
den Königlichen ordentlichen Professor
Herrn Dr. Wilhelm Killing
Hochwohlgeboren

Urkunde über die Versetzung an die Akademie Münster
Seite 1
Universitätsbibliothek Münster

bewillige ich Ihnen vom 1. Mai d. J. ab eine Besoldung
von jährlich 4600 M., „Viertausend sechshundert Mark",
neben dem tarifmäßigen Wohnungsgeldzuschuß von
jährlich 660 M. „Sechshundert sechzig Mark", welche
Bezüge Ihnen die Akademie-Kasse zu Münster i/W.
in vierteljährlichen Theilbeträgen im Voraus zahlen
wird. Nach bewirktem Umzuge wollen Sie die Ihnen
zustehenden Reise- und Umzugskosten nach den gesetzli-
chen Bestimmungen zur Erstattung liquidiren
und die Liquidation dem Herrn Kurator der Akademie zu Münster i/W. einreichen.

Dem letzteren sowie dem Herrn Kurator des
Lyceum Hosianum zu Braunsberg habe
ich zugleich zur weiteren Benachrichtigung der
betheiligten akademischen Behörden, von Ihrer
Versetzung Mittheilung gemacht.

Bosse.

Urkunde über die Versetzung an die Akademie Münster
Seite 2
Universitätsbibliothek Münster

Erweiterung des Raumbegriffes.

Mathematische Abhandlung

von

Dr. W. Killing,

ord. Professor am Königl. Lyceum Hosianum zu Braunsberg.

Braunsberg, 1884.

Verlag von **Huye's Buchhandlung** (Emil Bender).

Erweiterung des Raumbegriffes.

Die vorliegende Arbeit bezweckt, den Raumbegriff in einer Weise zu erweitern, welche mir kaum weniger notwendig erscheint, als diejenige, welche bisher vom Euklidischen Raume zu den Nicht-Euklidischen geführt hat. Ich schliesse mich hier an eine Abhandlung an, welche ich im Osterprogramm 1880 des Gymnasiums zu Brilon veröffentlicht habe, und zwar an den ersten Teil derselben. Dort stelle ich diejenigen Begriffe und Urteile zusammen, welche in der Geometrie nicht entbehrt und nicht auf eine geringere Zahl zurückgeführt werden können. Aus diesen „Grundbegriffen" und „Grundsätzen" leite ich dort den Begriff der Grenzgebilde und der Dimension her und deute bereits darauf hin, dass man zu verschiedenen Moglichkeiten gelangt. Jedes System von weiteren Begriffen und Urteilen, welches mit dem Grundsystem vereinbar ist, nenne ich eine Raumform. Als wichtigste Raumformen betrachte ich diejenigen, welche den von Euklid durch die ersten Definitionen implicite aufgestellten Voraussetzungen genügen. Ausser dem von ihm behandelten Systeme, der Euklidischen Raumform, genügen denselben noch drei andere Systeme; um ihre enge Beziehung zu den ersten Definitionen Euklids einerseits, aber zugleich ihre Verschiedenheit von seiner Geometrie anzudeuten, mögen dieselben als Nicht-Euklidische Raumformen bezeichnet werden. Dieselben können auf eine beliebig grosse Zahl von Dimensionen übertragen werden. Hiermit ist aber keineswegs der Begriff der Raumformen erschöpft.

Schon vor längerer Zeit hat Herr Klein die projektivischen Raumformen aufgestellt und aus denselben durch Spezialisirung die bekannten Raumformen hergeleitet*) (Math. Ann. B. 4 und 6.) Sobald der von Herrn Klein begonnene Schritt in voller Consequenz durchgeführt wird, bedarf es nur einer kleinen Verallgemeinerung, um zu unsern Raumformen zu gelangen. Das einzige Beispiel

*) Eine genauere Durchfuhrung dieser Raumformen wird gegeben in dem Werk des Herrn Pasch: Vorlesungen über die neuere Geometrie (Leipzig 1882). Wegen der von Herrn Pasch gebrauchten Bezeichnung: Riemannscher Raum vergl. Borchardt's Journal B. 86 S. 72—83 u. B. 89. S. 266.

4

einer nicht projektivischen Raumform, welches meines Wissens bisher veröffentlicht ist, ist im 89. Bande von Borchardt's Journal (S. 284) mitgeteilt worden.

Über die Nicht-Euklidischen Raumformen hinaus geht auch Clifford in einigen Bemerkungen, welche sich in seiner Abhandlung: Prel. Sketch of Biquaternions (Proceed. of the L. Math. Soc. Vol. IV) auf den Seiten 387, 388 finden*). Es scheint jedoch, als ob er nur projektivische Raumformen im Auge habe und die Coordinaten als nach der Kleinschen Anweisung erhalten ansehe; andernfalls würden mehrere seiner Behauptungen falsch sein.

Die Grundlagen der Geometrie bildeten den Gegenstand mehrerer Vorlesungen, welche Herr Weierstrass im Sommer 1872 im math. Seminar zu Berlin gehalten hat. Der Inhalt derselben, soweit er hier in betracht kommt, war etwa kurz folgender: Vor allem muss eine rein geometrische Begründung angestrebt werden; will man aber von dem Begriffe der n-fach ausgedehnten stetigen Mannigfaltigkeit ausgehen, so kann man den Begriff der Abstandsfunktion hinzunehmen; für diesen Begriff wurden die charakteristischen Eigenschaften angegeben, und es wurde dazu aufgefordert, die allgemeine analytische Form für eine solche Funktion aufzusuchen. Ich glaube nachweisen zu können, dass man, ausgehend von diesem Begriffe, durch die Entwickelung genötigt wird, über denselben hinauszugehen, und dass man dann zu der von mir gegebenen Verallgemeinerung gelangt.

Der Zusammenhang der von mir aufgestellten Raumformen mit den von Riemann eingeführten n-fach ausgedehnten Mannigfaltigkeiten, für welche ein Linienelement existirt, bedarf einer längeren Auseinandersetzung. Man könnte denken, es bedinge einen Gegensatz, dass Riemann nur von Messung spricht, während ich die Bewegung voranstelle. Aber es handelt sich nicht um die mit einem Begriff verbundene Vorstellung, sondern um die denselben bestimmenden Sätze (Grundsätze), und es ist daher an sich gleichgültig, ob man von Bewegung oder Messung redet. Nur kann die Messung auch auf indirektem Wege erfolgen, und aus diesem Grunde umfassen die Riemannschen Mannigfaltigkeiten nicht nur Raumformen unter sich, sondern auch die in einer Raumform enthaltenen Grenzgebilde.

Andererseits bringt aber die Einführung des Linienelements eine Spezialisirung herbei, welche sich bei meiner Behandlung nur ganz künstlich erreichen lässt (cf. § 5 u. 6 der vorl. Arbeit).

Indessen scheint die Riemannsche Bestimmung nach einer andern Seite hin allgemeiner zu sein als die meinige. Riemann nimmt an, als Ausdruck für das Linienelement könne jede Funktion der Differentiale vorausgesetzt werden, welche stets positiv ist, und welche in einem gewissen constanten Verhältnis zunimmt, wenn alle Differentiale mit dieser Constanten multiplicirt werden. Die Annahme würde nur gestattet sein, wenn bei der Messung einer Linie ihre Lage im Raume gar nicht in betracht käme. Nun sagt aber die Forderung, die Länge einer Linie solle von ihrer Lage unabhängig sein, keineswegs, dass die Linie unabhängig von dem umgebenden Raume existire und unabhängig von demselben gemessen werden könne. Somit bedarf es meines Erachtens einer eigenen Untersuchung zu erforschen, welche Funktionen zum Ausdruck für das Linienelement geeignet sind, und ich halte es für einen Fehler, dass Riemann eine solche Untersuchung nicht angestellt hat. Es würde mir lieb sein, wenn man meine Meinung als falsch bewiese.

Es erübrigt noch, einige Worte zu sagen über das Werk des Herrn de Tilly: Essai sur les principes fondamentaux de la géométrie et de la mécanique (Bordeaux 1879). Dieses mit grossem

*) Für die gütige Zusendung zweier Bände dieser Proceedings sage ich der Verwaltung der Bibliothek der Technischen Hochschule zu Berlin auch hier meinen besten Dank; die Königl. Bibliothek zu Berlin gestattet leider nur, solche Werke in ihrem Lesezimmer einzusehen; in der Königsberger und der hiesigen Bibliothek sind die Proceedings nicht vorhanden.

5

Scharfsinn abgefasste Werk sucht aus dem blossen Begriffe des Abstandes zweier Punkte nachzuweisen, dass es ausser der Euklidischen nur die Lobatschewskysche und die Riemannsche Raumform gebe (die Polarform der letzteren ist dem Verf. fremd geblieben). Nun ist seine Art, den Abstandsbegriff einzuführen, nicht frei von Unzuträglichkeiten. Abgesehen davon, dass ein Begriff als undefinirbar an die Spitze gestellt wird, welcher einen definirbaren (und deshalb auch zu definirenden) Begriff (nämlich den des Punktes) zur Voraussetzung hat, sind mit diesem geometrischen Begriff analytische Voraussetzungen verbunden, deren Zahl nach den neueren Untersuchungen so gross ist, dass man fürchten muss, bei diesem Ausgange sich die wahren Voraussetzungen eher zu verdecken, als aufzuklären. Aber auch die Art und Weise, wie Herr de Tilly sein System aufbaut, giebt zu schweren Bedenken Veranlassung. Ich will davon absehen, dass trotz der gegenteiligen Versicherung mehrmals die Anschauung benutzt wird, da eine genaue Erörterung der ersten Begriffe diesen Mangel vielleicht beseitigt. Aber einige für den durchgeführten Aufbau fundamentale Sätze lassen sich aus dem Begriffe des Abstandes, wie er dort formulirt ist, nicht herleiten. Es sind die Sätze, dass es auf jeder Linie und auf jeder Fläche eine „région de croissance continue" gebe. Der erste von diesen Sätzen würde nur richtig sein, wenn jede stetige Funktion eine Ableitung hätte; der Beweis des zweiten setzt einen Satz etwa von folgender Form voraus: „Man kann jede Fläche in der Umgebung eines jeden ihrer Punkte entstanden denken durch Bewegung einer veränderlichen Linie, und die Art dieser Entstehung kann so gewählt werden, dass die Linie niemals unendlich klein wird." Da das nicht angeht, so bedarf der Versuch des Herrn de Tilly, ehe er als streng anerkannt werden kann, zum mindesten einer bedeutenden Umgestaltung.

Was nun den von mir eingeschlagenen Weg betrifft, so ist es fraglich, ob derselbe zu sämtlichen Raumformen führt. Um die vollständige Durchführung zu ermoglichen, stelle ich einen Satz an die Spitze, von dem ich zweifelhaft bin, ob derselbe eine Folgerung aus den in der genannten Arbeit aufgestellten Voraussetzungen ist. Ich leite daraus in den vier ersten §§ die Bedingungen für alle diejenigen Raumformen her, welche dem vorausgesetzten Satze genügen; dass ich dabei manche Stetigkeitsbetrachtung nicht durchgeführt habe, wird man natürlich finden. Die §§ 5 u. 6 geben zu der aufgestellten Theorie die einfachsten Beispiele, auf welche ich mich schon des Raumes wegen glaubte beschränken zu müssen. Für zwei Dimensionen bieten diese Beispiele auch die unserer Erfahrung genügenden Raumformen. Während aber die Nicht-Euklidischen Ebenen eine wohl in sich begrenzte Gruppe bilden, ist die Euklidische Ebene als ganz specieller Fall in einer grösseren Gruppe enthalten; diese Gruppe enthält Räume, welche unserer Erfahrung direkt widerstreiten, aber auch solche, welche sich der Euklidischen Ebene ausserordentlich nähern. Diese Erscheinung ist keineswegs für meinen Ausgangspunkt charakteristisch. Auch bei den Untersuchungen des Herrn Klein bilden die Nicht-Euklidischen Raumformen (allerdings für $n > 2$ in Verbindung mit noch einigen andern) eine natürliche Gruppe; um aber zu der Euklidischen Raumform zu gelangen, sieht sich Herr Klein veranlasst, den rein projektivischen Standpunkt zu verlassen und andere Betrachtungen hinzuzufügen.

Der letzte § soll in aller Kürze auf eine wichtige Beziehung aufmerksam machen, durch welche verschiedene Raumformen mit einander verbunden werden, wenn für sie die charakteristischen Constanten identisch sind. Ich hoffe, auf diesen und einige andere Teile der Arbeit bald näher eingehen zu können.

6

§ 1.

Aufstellung von Coordinaten.

Es seien M und N irgend zwei Lagen desselben Körpers, in dem Sinne, welcher in der angegebenen Abhandlung dargelegt ist. Während der Körper I die Lage M einnimmt, deckt ein damit fest verbundener Körper II die Lage N, und zwar ist durch M und N und durch irgend eine Lage von I auch die gleichzeitige Lage II vollständig und eindeutig bestimmt. Sobald jetzt I die Lage N erhält, muss II eine bestimmte Lage P annehmen. Betrachten wir jetzt M als die Anfangs-, P als die Endlage eines Körpers, so nennen wir N die Mittellage desselben. Wir definiren dieselbe in folgender Weise:

„Werden zwei Lagen M und P desselben Körpers I als Anfangs- und Endlage unterschieden, so hat die Mittellage N die Eigenschaft, dass ein mit I fest verbundener und zu ihm congruenter Körper II, welcher in der Anfangslage M von I mit N zusammenfällt, in die Endlage P gelangt, sobald der Körper I die Lage N annimmt.“

Anders ausgedrückt lautet diese Definition:

„Zu den beiden congruenten Raumteilen M und P, welche als Anfangs- und Endlage unterschieden werden, heisst derjenige Raumteil N die Mittellage, welcher zugleich mit P zur Deckung gelangt, wenn M aus seiner Anfangslage heraus nach N bewegt wird.“

Wenn man M ungeändert lässt, aber für N immer andere, mit M congruente Raumteile annimmt, so wird sich auch P fortwährend ändern. Aber es ist nicht bewiesen, dass auch umgekehrt, wenn M und P beliebig angenommen sind, stets N gefunden werden kann. Jedenfalls widerstreitet eine solche Voraussetzung den aufgestellten Grundsätzen nicht, und wir legen deshalb den folgenden Untersuchungen den Satz zu Grunde:

„Um jeden Raumteil M lässt sich ein gewisses Gebiet abgrenzen, so dass, wenn man M als Anfangslage und irgend einen in dem Gebiete gelegenen mit M congruenten Raumteil P als Endlage betrachtet, zu beiden eine Mittellage existirt.“

Sollte sich herausstellen, dass dieser Satz eine Folgerung aus unsern frühern Voraussetzungen ist, so gelten die folgenden Sätze ganz allgemein; wenn das nicht der Fall ist, so müssen die entwickelten Sätze auf diejenigen Raumformen eingeschränkt werden, für welche unsere Voraussetzung gilt. Es genüge, dies hier hervorzuheben, ohne dass es später stets von neuem erwähnt wird.

Aus dem angegebenen Satze lässt sich folgern, dass von einer beliebigen Anfangslage eines Körpers an (wenigstens bis zu einer gewissen Grenze) jede Lage durch eine gleichförmige Bewegung erlangt werden kann, wo einer gleichförmigen Bewegung die charakteristischen Eigenschaften zukommen:

1) Jede Linie, welche ein Punkt bei seiner Bewegung beschreibt, wird während derselben in sich verschoben;

2) gelangt A nach B und zugleich ein beliebiger Punkt C der von A beschriebenen Linie nach D, so wird auch B auf D fallen, sobald A nach C gelangt.

Den Beweis, welcher nicht ganz kurz ist, glaube ich hier übergehen zu sollen.

Ich will jetzt zeigen, wie man ein Stück einer in sich verschiebbaren Linie durch ein beliebiges anderes Stück derselben Linie messen kann. Da die Messung vermittelst der gleichförmigen Bewegung, bei welcher die Linie in Deckung mit ihrer Anfangslage bleibt, ausgeführt wird, es aber andererseits möglich ist, dass dieselbe Linie bei verschiedenen gleichförmigen Bewegungen in sich verschoben wird, so ist es möglich, dass sich bei Benutzung derselben Einheit verschiedene Masszahlen ergeben; die Messung gilt also nur in bezug auf eine bestimmte gleichförmige Bewegung. (Die Zeit für die

Messung zu benutzen, geht nicht an, da sich, wenigstens bei unserm Ausgangspunkt kein Mittel zu ihrer Messung bietet; es kommt hinzu, dass bei unserer Definition der gleichförmigen Bewegung die ungleiche Geschwindigkeit nicht ausgeschlossen ist).

Es genügt offenbar anzunehmen, dass die zu messenden Strecken von demselben Punkte ausgehen. Man wähle $A_0 A_1$ beliebig als Einheit; ist $A_1 A_2 \cong A_0 A_1$ (d. h. gelangt bei der betr. Bewegung A_1 in die Lage A_2, wenn A_0 auf A_1 gelangt,) so soll $A_0 A_2 = 2$ gesetzt werden. Ist ν eine beliebige ganze positive Zahl, ist $A_0 A_\nu = \nu$ gesetzt und ist $A_\nu A_{\nu+1} \cong A_0 A_1$, so soll auch $A_0 A_{\nu+1} = \nu + 1$ sein. Umgekehrt sei $A_{-1} A_0 \cong A_0 A_1$ und allgemein $A_{-\nu} A_{-\nu+1} \cong A_0 A_1$, so soll $A_0 A_{-\nu} = -\nu$ gesetzt werden. So lassen sich in eindeutiger Weise Strecken bestimmen, deren Masszahlen beliebige ganze Zahlen sind.

Jetzt sei $A_{\frac{1}{2}}$ die Mittellage von A_0 und A_1, also $A_0 A_{\frac{1}{2}} \cong A_{\frac{1}{2}} A_1$, dann wird $A_0 A_{\frac{1}{2}} = \frac{1}{2}$ gesetzt; durch die Mittellage von A_0 und $A_{\frac{1}{2}}$ bestimme man die Strecke gleich $\frac{1}{4}$ u. s. w. In derselben Weise, wie man aus der Einheitsstrecke diejenigen Strecken bildet, deren Masszahlen ganz sind, kann man aus der Strecke $\frac{1}{2^\mu}$ die Strecken $\frac{\nu}{2^\mu}$ für jedes ganzzahlige (positive und negative) ν bilden, und es ergiebt sich, dass gleichen Werten $\frac{\nu}{2^\mu}$ und $\frac{\nu \cdot 2^\alpha}{2^{\mu+\alpha}}$ auch dieselbe Strecke zugeordnet wird.

Kann man eine Zahl σ nicht in der Form eines Bruches darstellen, dessen Zähler eine ganze Zahl und dessen Nenner eine Potenz von zwei ist, so kann man doch für jedes μ eine ganze Zahl α_μ bestimmen, so dass ist:

$$\frac{\alpha_\mu}{2^\mu} < \sigma < \frac{\alpha_\mu + 1}{2^\mu}.$$

Ist umgekehrt zu jedem ganzzahligen Werke von μ eine ganze Zahl α_μ zugeordnet und genügen die α_μ der Bedingung, dass stets

$$\alpha_{\mu+\nu} \geqq \alpha_\mu \cdot 2^\nu \text{ und } \alpha_{\mu+\nu} + 1 \leqq (\alpha_\mu + 1)\, 2^\nu$$

ist, so giebt es nur eine einzige Zahl σ, welche für jedes μ der aufgestellten Gleichung genügt.

Der so bestimmten Zahl σ entspricht (nach Annahme des Anfangspunktes und der Einheitsstrecke) auch nur eine einzige Strecke, da für jedes μ die Lage des Endpunktes zwischen zwei Punkten eingeschlossen wird und diese Einschliessung einen einzigen Punkt charakterisirt. Der Beweis ergiebt sich sofort aus dem Satze:

„Sind A, B und P irgend drei Punkte auf einer in sich verschiebbaren Linie und liegt P zwischen A und B, und sucht man zu A und B die Mittellage C, zu A und C die neue Mittellage D u. s. f., so führt dieser Process, genügend oft wiederholt, zu einem Punkte, welcher zwischen A und P liegt".

Zum Beweise dieses Satzes, welcher auf das „Axiom des Archimedes" (Bezeichnung des Herrn Stolz, Math. Annalen XXII, 504) hinauskommt, nehme ich an, ein Punkt M teile A B in folgender Weise: Jeder Punkt N auf M B habe die Eigenschaft, dass ein ganzes Vielfache von A N grösser ist als A B; wenn dagegen L auf A M liegt, so soll A L bei keiner Zahl von Wiederholungen zu A B führen. Dann wird eine fortgesetzte Halbirung von A B auf einen Punkt führen, welcher

8

zwischen M und B liegt, aber niemals zu einem Punkte L führen. Trage ich jetzt auf M B eine Strecke M N = A M ab, so lässt sich durch eine endliche Zahl von Wiederholungen ein Punkt P erreichen, welcher zwischen M und N liegt. Halbire ich aber A P, so muss die Mitte zwischen A und M liegen; also kann man auch zu diesem Punkte durch fortgesetzte Halbirung gelangen.

Hiernach kann zu jeder Masszahl die entsprechende Linie bestimmt werden; aber auch umgekehrt lässt sich, wie man sofort übersieht, jedes Stück einer in sich verschiebbaren Linie durch eine beliebig gewählte Strecke derselben Linie messen.

Die Aufstellung eines Coordinatensystems bietet keine Schwierigkeit. Einen beliebigen Punkt A_0 wähle man zum Anfangspunkte und setze fest, dass für ihn alle Coordinaten $x_1 \dots x_n$ den Wert Null erhalten sollen. Jeder Punkt A derjenigen Linie, welche A_0 bei irgend einer gleichförmigen Bewegung beschreibt, soll die Coordinaten $x_1 = 0 \dots x_{n-1} = 0$ haben. Die letzte Coordinate x_n dieses Punktes A soll durch die (positive oder negative) Masszahl von $A_0 A$ gegeben sein, nachdem eine beliebige Strecke $A_0 A_1$ zur Einheit gewählt ist.

Alsdann wählt man irgend eine zweite regelmässige Bewegung, durch welche die so eben benutzte Linie weder in Ruhe bleibt, noch in sich verschoben wird. Die Linie, welche jetzt der Nullpunkt beschreibt, habe für $x_1 \dots x_{n-2}, x_n$ verschwindende Werte, und die Werte von x_{n-1} werden nach Festsetzung einer beliebigen Einheit in derselben Weise bestimmt, wie vorher die x_n. Nun ist aber die Lage der durch die erste Bewegung erhaltenen Linie bestimmt, sobald die des Anfangspunktes bekannt ist; wenn also der Nullpunkt nach $(0 \dots 0, a_{n-1}, 0)$, d. h. nach dem Punkte $x_1 = x_2 = \dots x_{n-2} = x_n = 0$, $x_{n-1} = a_{n-1}$ gelangt, so kommt $(0 \dots 0, a_n)$ in einen Punkt, dessen Coordinaten sind: $x_1 = \dots = x_{n-2} = 0$, $x_{n-1} = a_{n-1}$, $x_n = a_n$.

In derselben Weise fährt man fort, indem man eine dritte gleichförmige Bewegung hinzunimmt, durch welche der Nullpunkt ausserhalb des Gebildes $x_1 = x_2 = \dots = x_{n-2} = 0$ gelangt.

Für die Linie, welche der Nullpunkt alsdann beschreibt, sollen alle Coordinaten bis auf x_{n-2} verschwinden, und die letztere ähnlich wie vorher bestimmt werden. Die Lage, welche der Punkt $(0, 0 \dots 0, a_{n-1}, a_n)$ annimmt, wenn der Nullpunkt auf $(0, 0 \dots 0, a_{n-2}, 0, 0)$ gelangt, möge mit $(0 \dots 0, a_{n-2}, a_{n-1}, a_n)$ bezeichnet werden. Jetzt füge man der Reihe nach eine neue Bewegung hinzu, bis man durch n regelmässige Bewegungen dazu gelangt, jedem System $(x_1 \dots x_n)$ einen Punkt zuzuordnen.

Alsdann gilt der Satz:

„Bei der festgesetzten Anordnung entspricht jedem Wertsysteme $(x_1 \dots x_n)$ ein einziger Punkt des Raumes, und umgekehrt kann man um den Nullpunkt ein Gebiet abgrenzen und ebenso um das Wertsystem $(0 \dots 0)$ ein n-fach ausgedehntes Continuum $(x_1 \dots x_n)$ bestimmen, so dass jedem Punkte des Gebietes ein System des Continuums entspricht, und zwar ein einziges".

Der erste Teil des Satzes bedarf keiner nähern Begründung, der zweite Teil ergibt sich wie folgt. Lässt man bei verschwindendem Werte von $x_1 \dots x_{n-1}$ die x_n von Null aus wachsen, so gelangt man entweder wieder zum Anfangspunkte zurück oder nicht. Im letzten Falle, (bei welchem die Linie keineswegs unendlich zu sein braucht,) entsprechen ungleichen Werten von x_n auch verschiedene Punkte. Im ersten Falle giebt es einen ersten positiven und einen ersten negativen Wert von x_n, welche denselben Punkt bezeichnen. So lange x_n zwischen diesen Werten bleibt, wird jedem Punkte der Linie nur ein einziger Wert von x_n entsprechen. Diese Grenzen von x_n werden dadurch nicht beschränkt, dass x_{n-1} von Null verschiedene Werte erhält, wofern die Linie $(0 \dots 0, x_n)$ bei der zweiten Bewegung keinen ruhenden Punkt enthält. Wenn aber dabei ein Punkt dieser Linie in Ruhe verbleibt, so gilt die Eindeutigkeit bis zum ersten ruhenden Punkte, also noch immer bis zu einem endlichen Werte von x_n. Ebenso kann das Gebiet für x_n infolge der spätern Bewegungen, sowie dadurch beschränkt werden, dass ein Punkt $(a_1 \ldots a_n)$ bei nicht verschwindenden Werten von $a_1 \ldots$ mit dem Nullpunkt zusammenfällt. Ähnliche Beschränkungen können für die andern Coordinaten eintreten; aber immerhin behält jede Coordinate einen endlichen Spielraum. Die Gesamtheit der Punkte, welche durch alle hiernach gestatteten Wertsysteme dargestellt werden, füllt aber einen gewissen, um den Nullpunkt gelegenen Raumteil an, was in derselben Weise gezeigt wird, in welcher wir zu einer Definition von der Zahl der Dimensionen gelangt sind und bewiesen haben, dass diese Zahl für jede Raumform eine feste Bedeutung hat.

Hiernach ist die Bestimmung der Coordinaten auf n gleichförmige Bewegungen, oder wenn man will, auf $(n + 1)$ Lagen desselben Körpers zurückgeführt. Diese Bewegungen müssen nur gewissen Beschränkungen unterliegen, können aber im übrigen ganz willkürlich gewählt werden. Diese Willkür kann häufig benutzt werden, um solche Coordinatensysteme zu erhalten, deren Anwendung zu den einfachsten Formeln führt. Man kann auch die Coordinaten $x_1 \ldots x_n$ durch ganz beliebige Bewegungen bestimmen und dann neue Coordinaten $y_1 \ldots y_n$ als Funktionen der x einführen. Diese Funktionen müssen von einander unabhängig sein; wenn sie ferner für $x_1 = x_2 = \ldots = x_n = 0$ die Werte $b_1 \ldots b_n$ annehmen, so muss um $(0 \ldots 0)$ ein Gebiet der x, und um $(b_1 \ldots b_n)$ ein Gebiet der y so abgegrenzt werden können, dass für beide Gebiete stetige und eindeutige Beziehung stattfindet.

Indem wir die Möglichkeit dieser allgemeinen Coordinatenbestimmung im Auge behalten, liefert die obige Entwicklung den Satz:

„In jeder Raumform von n Dimensionen lassen sich die Coordinaten und n gleichförmige Bewegungen so auswählen, dass zwischen denselben folgende Beziehung besteht: durch die erste Bewegung bleiben alle Coordinaten $x_2 \ldots x_n$ ungeändert und alle x_1 wachsen gleichzeitig um dieselbe Grösse; durch die zweite Bewegung bleiben in dem Gebilde, für welches $x_1 = 0$ ist, die $x_3 \ldots x_n$ ungeändert und die x_2 ändern sich gleichmässig: entsprechendes gilt bei der dritten Bewegung für das Gebilde $x_1 = x_2 = 0$ u. s. w.; endlich wachsen bei der letzten Bewegung für das Gebilde $x_1 = \ldots = x_{n-1} = 0$ die Coordinaten x_n um dieselbe Grösse".

§ 2.

Grad der Beweglichkeit.

Bei einer gleichförmigen Bewegung sind die von jedem Punkte zurückgelegten Wege, wenn jeder durch ein beliebiges Stück der von ihm beschriebenen Linie gemessen wird, einander proportional; dagegen werden die Coordinaten im allgemeinen nicht proportional sein. Aber durch den Begriff der gleichförmigen ist der der unendlich kleinen Bewegung gegeben, und es muss bewiesen werden, dass für eine solche auch die Veränderungen der Coordinaten proportional sind. Wir übergehen den Nachweis und geben dem Satze folgende Fassung:

„Die unendlich kleinen Veränderungen $dx_1 \ldots dx_n$, welche die Coordinaten $x_1 \ldots x_n$ durch eine unendlich kleine Bewegung erleiden, lassen sich als Produkte von n Funktionen $u^{(1)} \ldots u^{(n)}$ mit einer unendlich kleinen Grösse dt darstellen."

Gelangt also der Punkt x in die Lage x + dx, so kann gesetzt werden:

(1) $dx_1 = u^{(1)}\, dt \ldots dx_n = u^{(n)}\, dt.$

10

Hiernach wird jede unendlich kleine Bewegung durch n Funktionen u der Coordinaten bestimmt; jede von ihnen ist stetig und nach jeder Variabeln differentiirbar. Die Bewegung erleidet, solange von der Geschwindigkeit abgesehen wird, keine Änderung, wenn man alle $u^{(1)}$ mit derselben reellen Constanten multiplicirt.

Wenn eine Raumform die m unendlich kleinen Bewegungen zulässt:

$$(2)\quad \left\{\begin{array}{lcl} u_1^{(1)} & \ldots\ldots & u_1^{(n)} \\ \ldots & \ldots & \ldots \\ u_\varkappa^{(1)} & \ldots\ldots & u_\varkappa^{(n)} \\ \ldots & \ldots & \ldots \\ u_m^{(1)} & \ldots\ldots & u_m^{(n)} \end{array}\right.$$

so ist in derselben auch die Bewegung möglich:

$$(3)\quad \sum_\lambda p_\lambda u_\lambda^{(1)}, \quad \ldots\ldots \quad \sum p_\lambda u_\lambda^{(n)},$$

wo die Grössen p_λ reell, von den x unabhängig, aber im übrigen ganz beliebig sind. Nun sind unendlich kleine Bewegungen mit einander vertauschbar, und die durch die Gleichungen (3) und (1) bestimmte Lage wird erhalten, wenn man die m Bewegungen in irgend einer Reihenfolge nach einander anwendet. Demnach bezeichnet man die Bewegung (3) als zusammengesetzt aus den Bewegungen (2), und die m Bewegungen (2) heissen unabhängig von einander, wenn keine von ihnen aus den übrigen zusammengesetzt ist, wenn also die Grössen (3) nur dadurch sämtlich zum Verschwinden gebracht werden können, dass man alle Coefficienten p gleich Null setzt. Ist m die grösste Zahl der von einander unabhängigen unendlich kleinen Bewegungen, so schreibt man der Raumform eine m-fache Beweglichkeit zu. Die Möglichkeit, dass diese Zahl unendlich gross angenommen werden könne, lassen wir ebenso ausser acht, wie wir früher die Zahl der Dimensionen als endlich vorausgesetzt haben; wir definiren somit:

„Eine Raumform hat m Grade von Beweglichkeit, wenn sich alle in ihr möglichen unendlich kleinen Bewegungen aus m von ihnen, aber nicht aus weniger zusammensetzen lassen".

§ 3.

Gleichungen zwischen den die Bewegung definirenden Functionen.

Jede Bewegung eines Korpers muss für ihn noch möglich sein, nachdem er in irgend einer Weise bewegt worden ist. Durch die unendlich kleine Bewegung u_ι sei der Punkt x nach einem Punkte $y = x + u_\iota\, d\sigma$ gelangt. Alsdann unterwerfen wir den Körper der Bewegung $u_\varkappa$. Dabei müssen aber in den Functionen $u_\varkappa$ die Variabeln x durch die y ersetzt werden. Dann ist:

$$\frac{dy_\varrho}{dt} = u_\varkappa^{(\varrho)} + d\sigma\left(u_\iota^{(1)} \frac{\partial u_\varkappa^{(\varrho)}}{\partial x_1} + \ldots\ldots + u_\iota^{(n)} \frac{\partial u_\varkappa^{(\varrho)}}{\partial x_n}\right).$$

Nun ist aber:

$$dy_\varrho = dx_\varrho + d\sigma\left(dx_1 \frac{\partial u_\iota^{(\varrho)}}{\partial x_1} + \ldots + dx_n \frac{\partial u_\iota^{(\varrho)}}{\partial x_\varrho}\right)$$

oder wenn man die unendlich kleinen Grössen höherer Ordnung vernachlässigt,

$$dy_\varrho = dx_\varrho + d\sigma\left(\overset{(1)}{u}_\varkappa \frac{\partial \overset{(\varrho)}{u}_\iota}{\partial x_1} + \dots + \overset{(n)}{u}_\varkappa \frac{\partial \overset{(\varrho)}{u}_\iota}{\partial x_\varrho}\right) dt.$$

Indem wir diesen Wert von dy_ϱ in die obige Gleichung einsetzen, sehen wir, dass jede Grösse $\overset{(\varrho)}{u}_\varkappa$ vermehrt wird um

$$\Sigma\nu \left(\overset{(\nu)}{u}_\iota \frac{\partial \overset{(\varrho)}{u}_\varkappa}{\partial x_\nu} - \overset{(\nu)}{u}_\varkappa \frac{\partial \overset{(\varrho)}{u}_\iota}{\partial x_\nu}\right) d\sigma.$$

Da die neue Bewegung sich aus den gegebenen muss zusammensetzen lassen, so ist es möglich, den zuletzt gefundenen Ausdruck in der durch (3) angegebenen Form darzustellen. Somit lassen sich für jedes Wertepaar ι und $\varkappa$, welches aus den Zahlen $1 \dots m$ ausgewählt werden kann, m Coefficienten $a_{\nu,\,\iota\varkappa}$ derartig bestimmen, dass die Gleichungen bestehen:

$$(4) \quad \Sigma_\nu \left(\overset{(\nu)}{u}_\iota \frac{\partial \overset{(\varrho)}{u}_\varkappa}{\partial x_\nu} - \overset{(\nu)}{u}_\varkappa \frac{\partial \overset{(\varrho)}{u}_\iota}{\partial x_\nu}\right) = a_{1,\,\iota\varkappa} \overset{(\varrho)}{u}_1 + \dots + a_{m,\,\iota\varkappa} \overset{(\varrho)}{u}_m$$
$$(\varrho = 1 \dots n).$$

Ich führe die Abkürzung ein:

$$(5) \quad \overset{(\varrho)}{U}_{\iota\varkappa} = \Sigma_\nu \left(\overset{(\nu)}{u}_\iota \frac{\partial \overset{(\varrho)}{u}_\varkappa}{\partial x_\nu} - \overset{(\nu)}{u}_\varkappa \frac{\partial \overset{(\varrho)}{u}_\iota}{\partial x_\nu}\right);$$

dann ist die Gleichung (4):

$$(6) \quad \overset{(\varrho)}{U}_{\iota\varkappa} = \Sigma_\mu \, a_{\mu,\,\iota\varkappa} \overset{(\varrho)}{u}_\mu \qquad (\varrho = 1 \dots n).$$

Es bestehen die Gleichungen:

$$(7) \quad \overset{(\varrho)}{U}_{\iota\varkappa} + \overset{(\varrho)}{U}_{\varkappa\iota} = 0, \quad \overset{(\varrho)}{U}_{\varkappa\varkappa} = 0,$$

also auch:

$$(8) \quad a_{\lambda,\,\iota\varkappa} + a_{\lambda,\,\varkappa\iota} = 0, \quad a_{\lambda,\,\varkappa\varkappa} = 0.$$

Sollen also die m Systeme (2) die Bewegungen der Raumform angeben, so müssen $\frac{m(m-1)}{1.\,2}$ Systeme von je n Gleichungen (6) bestehen. Diese Gleichungssysteme werden nicht durch neue vermehrt, wenn man die u_ι und $u_\varkappa$ durch lineare Functionen derselben ersetzt, da alsdann auch die $U_{\iota\varkappa}$ in lineare Functionen der $U_{\iota\varkappa}$ übergehen. Ebenso wenig würde man (die weitere Differentiirbarkeit vorausgesetzt) zu neuen Bedingungen gelangen, wenn man die höhern Differentialquotienten mit berücksichte.

Die Coefficienten $a_{\mu,\iota\varkappa}$ sind von den benutzten Coordinaten unabhängig. Ersetzt man die x durch Grössen y und ist etwa

2

12

$$x_\iota = \varphi_\iota (y_1 \ldots y_n),$$

so muss, wenn

$$dx_\iota = \overset{(\iota)}{u}\, dt,\; dy_\varkappa = \overset{(\varkappa)}{v}\, dt,\; \varphi_{\iota\varkappa} = \frac{\partial \varphi_\iota}{\partial y_\varkappa}$$

gesetzt wird, sein

$$\overset{(\iota)}{u} = \Sigma_\nu\, \varphi_{\iota\nu}\, \overset{(\nu)}{v}\,.$$

Indem man diese Werte in die Gleichungen (4) einsetzt, überzeugt man sich sofort, dass die Coefficienten a nicht verändert werden.

Besonders wichtig ist der Fall, dass für eine Combination $(\iota\varkappa)$ alle $a_{\nu,\iota\varkappa}$ verschwinden, dass also $U_{\iota\varkappa} = 0$ ist. Alsdann gilt dieselbe Bedingung auch für je zwei aus u_ι und $u_\varkappa$ zusammengesetzte Bewegungen $\alpha u_\iota + \beta\, u_\varkappa$ und $\gamma\, u_\iota + \delta u_\varkappa$. Diese Bedingung sagt aus, dass nicht nur die durch diese Functionen dargestellten unendlich kleinen Bewegungen, sondern auch beliebige endliche Fortsetzungen derselben vertauschbar sind.

Zum Beweise wähle ich, was im allgemeinen angeht, das Coordinatensystem so, dass durch die Bewegung $u_\varkappa$ im Gebilde $x_1 = 0$ die $x_3 \ldots x_n$ ungeändert bleiben und die x_2 sich um dieselbe Grösse t' ändern, und dass durch die Bewegung u_ι alle $x_2 \ldots x_n$ ungeändert bleiben und die x_1 sich um dieselbe Grösse t ändern. Dann ist $\overset{(1)}{u}_\iota = 1,\; \overset{(2)}{u}_\iota = \ldots \overset{(n)}{u}_\iota = 0$ und die Gleichung $U_{\iota\varkappa} = 0$ sagt aus:

$$\frac{\partial u_\varkappa}{\partial x_1} = 0;$$

also ist jedes $u_\varkappa$ von x_1 unabhängig, oder es ist $\overset{(2)}{u}_\varkappa = 1,\; \overset{(1)}{u}_\varkappa = \overset{(3)}{u}_\varkappa = \ldots = 0$. Die zweite Bewegung ändert also jedes x_2 um t', und der Satz ist gültig, sobald die vorausgesetzte Coordinatenbestimmung möglich ist. Tritt die letztere Bedingung nicht ein, bewegt sich also jeder Punkt bei beiden Bewegungen in derselben Linie, so werde wieder $\overset{(1)}{u}_\iota = 1,\; \overset{(2)}{u}_\iota = \ldots \overset{(n)}{u}_\iota = 0$ angenommen. Dann ist wieder jedes $u_\varkappa$ von x_1 unabhängig, und da sich die Punkte für $u_\varkappa$ in denselben Linien bewegen, muss $\overset{(2)}{u}_\varkappa = \ldots \overset{(n)}{u}_\varkappa = 0$ und $\overset{(1)}{u}_\varkappa$ eine blosse Function von $x_2 \ldots x_n$, etwa $f(x_2 \ldots x_n)$ sein. Somit wird auch durch die zweite Bewegung jedes x_1 nur einen constanten Zuwachs erhalten, wodurch der Satz allgemein bewiesen ist.

Auch die Umkehrung des Satzes lässt sich in derselben Weise zeigen.

Daran schliesst sich der Satz:

„Giebt es in einer Raumform von n Dimensionen n von einander unabhängige Bewegungen $u_1 \ldots u_n$, welche mit einander vertauschbar sind, ohne dass für zwei ihrem System angehörende jeder Punkt dieselbe Linie beschreibt, so kann man durch passende Wahl des Coordinatensystems bewirken, dass, wofern ι und $\varkappa$ aus den Zahlen 1 bis n gewählt werden, jedes $\overset{(\varkappa)}{u}_\varkappa = 1$, aber für ungleiche Werte ι und $\varkappa$: $\overset{(\iota)}{u}_\varkappa = 0$ ist.“.

Die angegebenen Bewegungen lassen sich zur Aufstellung eines Coordinatensystems benutzen; demnach setze man:

$$\overset{(1)}{u}_1 = 1,\; \overset{(2)}{u}_1 = \ldots = \overset{(n)}{u}_1 = 0.$$

13

Dann sagt die Gleichung $U_{\iota\varkappa}$ für $\iota = 1$ aus: $\frac{\partial u_\varkappa}{\partial x_1} = 0$. Da nach § 1 für $x_1 = 0$ sein soll: $\overset{(2)}{u_2} = 1$, $\overset{(1)}{u_2} = \overset{(3)}{u_2} = \ldots \overset{(n)}{u_2} = 0$, so gelten diese Gleichungen allgemein. Somit ist auch $\frac{\partial u_\varkappa}{\partial x_2} = 0$ und die Bewegung u_3 hat die geforderte Eigenschaft u. s. f.

Wenn dieser Satz gilt und die Coordinaten in der angegebenen Weise bestimmt sind, so gehört eine Bewegung, für welche jede bestimmende Function constant ist. dem System der n gegebenen Bewegungen an. Demnach folgt aus dem vorangehenden Satze:

„Wenn es in einer n-fach ausgedehnten Raumform mehr als n von einander unabhängige und mit einander vertauschbare Bewegungen giebt, so muss es in jedem daraus ausgewählten System von n Bewegungen mindestens zwei geben, für welche jeder Punkt dieselbe Linie beschreibt."

Für $n = 1$ sind somit keine zwei Bewegungen vertauschbar, und da die im folgenden § abzuleitenden Gleichungen lehren, dass für $m > 3$ jedes System vertauschbare Bewegungen enthält, so ist für $n = 1$ der Grad der Beweglichkeit höchstens gleich 3. Für $n > 1$ ist es dagegen, wie kurz erwähnt werden soll, wohl möglich, dass die Bewegungen den im letzten Satze angegebenen Bedingungen genügen.

§ 4.

Gleichungen zwischen den Constanten a.

In den Gleichungen (6) dürfen die Coefficienten a, wenn $m > 2$ ist, nicht beliebig gewählt werden, sondern müssen gewissen Bedingungen genügen. Zu denselben gelangt man auf folgendem Wege: Man wähle aus den Zahlen $1 \ldots m$ drei beliebige $\iota, \varkappa, \lambda$ aus und bilde nach (6) den Ausdruck:

$$\overset{(\varrho)}{u_\iota}\,\overset{(\sigma)}{U_{\varkappa\lambda}} + \overset{(\varrho)}{u_\varkappa}\,\overset{(\sigma)}{U_{\lambda\iota}} + \overset{(\varrho)}{u_\lambda}\,\overset{(\sigma)}{U_{\iota\varkappa}}.$$

Diesen differentiire man nach x_ϱ und summire über alle Werte von ϱ. Ebenso bilde man die Ausdrücke:

$$\Sigma_\varrho\left(\overset{(\sigma)}{U_{\varkappa\lambda}}\frac{\partial \overset{(\varrho)}{u_\iota}}{\partial x_\varrho} + \overset{(\sigma)}{U_{\lambda\iota}}\frac{\partial \overset{(\varrho)}{u_\varkappa}}{\partial x_\varrho} + \overset{(\sigma)}{U_{\iota\varkappa}}\frac{\partial \overset{(\varrho)}{u_\lambda}}{\partial x_\varrho}\right) \text{ und } \Sigma_\varrho\left(\overset{(\varrho)}{U_{\varkappa\lambda}}\frac{\partial \overset{(\sigma)}{u_\iota}}{\partial x_\varrho} + \overset{(\varrho)}{U_{\lambda\iota}}\frac{\partial \overset{(\sigma)}{u_\varkappa}}{\partial x_\varrho} + \overset{(\varrho)}{U_{\iota\varkappa}}\frac{\partial \overset{(\sigma)}{u_\lambda}}{\partial x_\varrho}\right)$$

und subtrahire dieselben von der ersten Summe; dann folgt:

$$0 = \Sigma_{\nu\varrho}\left\{a_{\nu,\varkappa\lambda}\left(\overset{(\varrho)}{u_\iota}\frac{\partial \overset{(\sigma)}{u_\nu}}{\partial x_\varrho} - \overset{(\varrho)}{u_\nu}\frac{\partial \overset{(\sigma)}{u_\iota}}{\partial x_\varrho}\right) + \ldots\ldots\right\}$$

oder

$$(9)\quad \Sigma_\nu\left(a_{\nu,\varkappa\lambda}\overset{(\sigma)}{U_{\iota\nu}} + a_{\nu,\lambda\iota}\overset{(\sigma)}{U_{\varkappa\nu}} + a_{\nu,\iota\varkappa}\overset{(\sigma)}{U_{\lambda\nu}}\right) = 0.$$

Indem wir dem ν erst die Werte $\iota, \varkappa, \lambda$ beilegen und dann die Summation auf die übrigen Zahlen erstrecken, nimmt die Gleichung die Form an:

$$(10)\quad (a_{\varkappa,\varkappa\iota} + a_{\lambda,\lambda\iota})\,U_{\varkappa\lambda} + (a_{\lambda,\lambda\varkappa} + a_{\iota,\iota\varkappa})\,U_{\lambda\iota} + (a_{\iota,\iota\lambda} + a_{\varkappa,\varkappa\lambda})\,U_{\iota\varkappa}$$
$$+ \Sigma'_\nu\left(a_{\nu,\varkappa\lambda}U_{\iota\nu} + a_{\nu,\lambda\iota}U_{\varkappa\nu} + a_{\nu,\iota\varkappa}U_{\lambda\nu}\right) = 0.$$

wo die Summation sich nur auf die von ι, $\varkappa$, λ verschiedenen Werte erstreckt.

In eine der beiden letzten Gleichungen kann man aus (6) die Werte für die U einsetzen und erhält, da zwischen den Grössen u keine lineare Gleichung bestehen kann, Beziehungen zwischen den Coefficienten $a_{\nu,\iota\varkappa}$. Dieselben sind also von der Zahl der Dimensionen ganz unabhängig und nur durch den Grad der Beweglichkeit beeinflusst.

Diese Gleichungen gelten immer, wenn die m Bewegungen $u_\varkappa$ von einander unabhängig sind. Es würde also angebracht sein zu zeigen, dass die Gleichungen (9) ein geschlossenes System bilden, welches in sich übergeht, wenn man die u durch lineare Functionen derselben ersetzt. Diesen Nachweis, der nicht ganz kurz ist, glaube ich jedoch hier nicht mitteilen zu sollen.

§ 5.

Die Raumformen mit zweifacher Beweglichkeit.

Die einfach beweglichen Raumformen, welche natürlich auch von einer Dimension sind, bedürfen keiner nähern Darlegung. Bei passender Wahl der bestimmenden Grösse x wird jede Bewegung alle x um dieselbe Grösse vermehren. Die beiden Arten, unendliche und geschlossene, sind analytisch dadurch unterschieden, dass bei der ersteren ungleichen Werten von x auch stets verschiedene Punkte entsprechen, und bei der letzteren alle x, welche sich um eine gewisse Periode unterscheiden, denselben Punkt bezeichnen.

Wenn die Beweglichkeit zweifach ist, so kann bei passender Wahl von u_1 bewirkt werden, dass $U_{12} = au_1$ ist, wo a, wenn es nicht verschwindet, gleich Eins gesetzt werden kann. Bei einer Dimension möge demnach $u_1 = 1$, $u_2 = x$ gesetzt werden; und wenn durch irgend eine Bewegung die Punkte x nach x' gelangen, so muss sein: $x' = ax + b$. Da hiernach höchstens der einem einzigen x entsprechende Punkt in Ruhe verbleibt, so kann kein Punkt durch verschiedene Werte von x dargestellt werden, und da keine Bewegung von einem endlichen Werte von x zu einem unendlichen führt, so fällt das geometrische Gebilde mit der analytischen Darstellung zusammen.

Ich erwähne zwei Arten, wie man sich diese Raumform vorstellen kann. Einmal denkt man sich die gerade Linie projektivisch so in sich verschoben, dass ein Punkt in Ruhe gehalten wird (etwa der unendlich ferne Punkt stets unendlich ferner Punkt bleibt). Ferner kann man die sämtlichen Geraden einer Lobatschewskyschen Ebene nehmen, welche zu einer gegebenen Richtung parallel sind. Beschreibt man irgend eine zu dieser Schar gehörende Grenzlinie (Kreis mit unendlich grossem Radius), so kann deren Bogen von einem beliebig gewählten Punkte an als bestimmende Grösse x betrachtet werden. Der Bewegung u_1 entspricht eine Verschiebung der Grenzlinie in sich, jeder andern die Verschiebung der Ebene längs einer Geraden der Schar.

Wenn ausser dem Grade der Beweglichkeit auch die Zahl der Dimensionen gleich zwei ist, so möge erst die Gleichung $U_{12} = 0$ untersucht werden. Dann sind die Bewegungen möglich: $x' = x + a$, $y' = y + b$. Wenn jedem Punkte nur ein einziges Coordinatenpaar entspricht, so wird die Raumform identisch mit der Euklidischen Ebene, wofern man in derselben nur die Parallelverschiebung gestattet. Hier können nur solche Strecken durch einander gemessen werden, welche parallelen Linien angehören.

Fällt der Punkt (0,0) mit den Punkten $(x_0\ y_0)$ und $(x_1\ y_1)$ zusammen, so wird jeder Punkt auch durch $x + mx_0 + nx_1$, $y + my_0 + ny_1$ dargestellt, wenn m und n beliebige ganze Zahlen sind. Bekannte Betrachtungen lehren, dass keine dritte Periode möglich ist. Ebenso sieht man unmittelbar, dass man stets $y_0 = 0$ und $x_1 = 0$ nehmen kann.

15

Für den Fall, dass der Punkt (0,0) durch jedes Wertepaar $(mx_0, 0)$, aber nur durch diese dargestellt wird, zerteilt jede geschlossene, aber nicht jede unendliche Linie den Raum. Durch jeden Punkt geht eine einzige in sich verschiebbare geschlossene Linie, aber durch zwei Punkte, welche nicht beide einer solchen Linie angehören, gehen unendlich viele in sich verschiebbare Linie. Ein Bild dieser Raumform giebt die gerade Cylinderfläche des Euklidischen Raumes.

Wenn der Raum zwei Perioden besitzt $(x_0, 0)$ und $(0, y_1)$, so wird er durch die Fläche dargestellt, deren Punkte im dreifach ausgedehnten Riemannschen Raume von einer Geraden gleichen Abstand besitzen. Hier ist der Zusammenhang derselbe, wie in einer Ringfläche: irgend zwei geschlossene Linien, welche sich nicht schneiden, zerlegen den Raum, aber nicht jede geschlossene Linie führt in Verbindung mit einer sie schneidenden geschlossenen Linie eine Teilung herbei. Unter den unendlich vielen durch einen Punkt gehenden geschlossenen und in sich verschiebbaren Linien sind die beiden Linien $x = a$ und $y = b$ ausgezeichnet.

Für die Bedingung $U_{12} = u_1$ kann man bei passender Wahl der Coordinaten setzen: $u_1 = 1, 0$; $u_2 = x, 1$. Da hier y periodisch sein kann, so werden durch diese Gleichungen zwei Raumformen dargestellt. Diese haben von den drei vorher angegebenen ausserdem, dass bei ihnen keine zwei Bewegungen vertauschbar sind, noch einen zweiten charakteristischen Unterschied. Bei den vorigen schneiden sich nämlich irgend zwei in sich verschiebbare Linien, sobald sie nicht zu derselben Schar gehören. Für die beiden letzten sind die Linien $y = \beta$ und $x + \alpha = \beta e^y$ in sich verschiebbar, und zwar wird die Schar der zugleich bewegten Linien dargestellt, wenn man dem β alle reellen Werte beilegt und α ungeändert lässt. Unter den Linien der Schar $x + \alpha = \beta e^y$ werden diejenigen eine gegebene Linie $x + \alpha' = \beta' e^y$ schneiden, für welche $\alpha - \alpha'$ und $\beta - \beta'$ dasselbe Zeichen haben; macht man $\beta = \beta'$, so nähern sich die Linien einander asymptotisch; wenn $\alpha - \alpha'$ und $\beta - \beta'$ verschiedenes Zeichen haben, so schneiden sich die Linien nicht.

§ 6.

Die Raumformen mit dreifacher Beweglichkeit.

Für drei Grade der Beweglichkeit nimmt die Gleichung (10) die Form an:

$$(a_{2,21} + a_{3,31}) U_{23} + (a_{3,32} + a_{1,12}) U_{31} + (a_{1,13} + a_{2,23}) U_{12} = 0.$$

Wenn in dieser Gleichung nicht die Coefficienten der Grössen U verschwinden, so giebt es in dem System der Bewegungen solche, welche mit einander vertauschbar sind. Somit giebt es drei verschiedene Fälle:

I. $a_{2,21} + a_{3,31} = 0,\ a_{3,32} + a_{1,12} = 0,\ a_{1,13} + a_{2,23} = 0.$

II. $U_{12} = 0,\ a_{3,31} = a_{3,32} = 0.$

III. $U_{12} = U_{13} = 0.$

Für die erste Bedingung können stets drei reelle Bewegungen so ausgewählt werden, dass die entsprechenden Gleichungen sind:

(11) $U_{23} = \alpha u_1,\ U_{31} = \beta u_2,\ U_{12} = \gamma u_3.$

Will man für die zweite Bedingung die einfachsten Werte der Coefficienten erhalten, so hat man eine quadratische Gleichung zu lösen; dieselbe hat entweder zwei reelle verschiedene oder zwei imaginäre oder zwei gleiche Wurzeln, und daraus ergeben sich die drei speziellen Fälle:

16

$$(12) \begin{cases} \text{a)}, U_{12} = 0, U_{13} = \alpha u_1, U_{23} = \beta u_2; \\ \text{b)} U_{12} = 0, U_{13} = \alpha u_1 + u_2, U_{23} = - u_1 + \alpha u_2; \\ \text{c)} U_{12} = 0, U_{13} = u_1, U_{23} = u_2 + \alpha u_1. \end{cases}$$

Auch die Bedingung III. zerfällt in drei spezielle:

$$(13) \quad U_{12} = U_{13} = 0. \text{ a) } U_{23} = u_1. \text{ b) } U_{23} = u_2, \text{ c) } U_{23} = 0.$$

I. In den Gleichungen (11) kann immer $\beta = \gamma = 1$ und dann $\gamma = \pm 1 = \varepsilon^2$ gesetzt werden, wo $\varepsilon = 1$ oder $= i$ sein soll. Die Herleitung der Werte von u_1, u_2, u_3 ist für die verschiedene Zahl der Dimensionen wesentlich dieselbe. Ich entwickle dieselbe für $n = 3$, da man daraus die für $n = 1$ und $n = 2$ geltenden Gleichungen sofort übersieht. Indem ich das in § 1 angegebene Coordinatensystem zu Grunde lege und für u_1 : 1, 0, 0 festsetze, liefern die Gleichungen $U_{31} = u_2$, $U_{12} = u_3$ die Folgerungen:

$$u_2 = A \sin x, \; B \sin x + \cos x, \; C \sin x$$
$$u_3 = A \cos x, \; B \cos x - \sin x, \; C \cos x,$$

wo A, B, C blosse Functionen von y und z sind.

Hiernach nimmt die Gleichung $U_{23}{}' = \varepsilon u_1{}'$ die Form an:

$$- A^2 + \frac{\partial A}{\partial y} = \varepsilon.$$

Dieser Gleichung genügt für $\varepsilon = i$ der Wert $A = 1$, für beide Werte von ε aber

$$A = \varepsilon \operatorname{tg} (y\varepsilon),$$

wo man von einer Constanten absehen kann. Nur der letztere Wert ist für $n = 3$ gestattet.

Aus der Gleichung $U_{23}{}'' = \varepsilon u_1{}''$ folgt:

$$\frac{\partial B}{\partial y} = A B, \text{ also für } A = 1 \text{ ist: } B = e^{y + a},$$

$$\text{für } A = \varepsilon \operatorname{tg} (y\varepsilon) \text{ ist: } B = \frac{b}{\cos (y\varepsilon)},$$

wo für $n = 3$ nur $b = 0$ gestattet ist. Auf dieselbe Weise folgt:

$$C = \frac{1}{\cos (y\varepsilon)}.$$

Demnach sind die Werte der u für $n = 3$:

$$(14) \begin{cases} u_1 = 1, \; 0, \; 0 \\ u_2 = \varepsilon \operatorname{tg} (y\varepsilon) \sin x, \; \cos x, \; \dfrac{\sin x}{\cos (y\varepsilon)} \\ u_3 = \varepsilon \operatorname{tg} (y\varepsilon) \cos x, \; - \sin x, \; \dfrac{\cos (x)}{\cos (y\varepsilon)}. \end{cases}$$

Für $n = 2$ erhält man verschiedene Formen, nämlich a)

$$(15) \begin{cases} u_1 = 1, \; 0 \\ u_2 = \sin x, \; B \sin x + \cos x \\ u_3 = \cos x, \; B \cos x - \sin x, \end{cases}$$

17

wo B entweder gleich Null oder gleich e^y gesetzt werden muss, und dann eine Form, welche für jedes ε gilt und deren Einfachheit sich darauf stützt, dass, wie eine leichte Rechnung zeigt, hier B = 0 gesetzt werden darf:

$$(16)\quad \begin{cases} u_1 = 1 & 0 \\ u_2 = \varepsilon \operatorname{tg}(y\varepsilon)\sin x\,, & \cos x \\ u_3 = \varepsilon \operatorname{tg}(y\varepsilon)\cos x\,, & -\sin x. \end{cases}$$

Endlich muss für n = 1 $\varepsilon = i$ gesetzt werden, und wir bekommen:

$$(17)\quad u_1 = 1,\ u_2 = \sin x,\ u_3 = \cos x.$$

Wir fügen einige Worte über die durch diese Gleichungen charakterisirten Raumformen bei.

In der einfach ausgedehnten Raumform, deren Bewegung durch die Gleichungen (17) angegeben ist, ist die allgemeinste unendlich kleine Bewegung bei beliebigen Werten von $\varkappa$, λ, μ: $dx = (\varkappa + \lambda \sin x + \mu \cos x)\, dt$. Sie ist also ganz gleich in allen Punkten, welche um ganze Vielfache von 2π von einander abstehen; alle Punkte, für welche $\varkappa + \lambda \sin x + \mu \cos x = 0$ ist, bleiben in Ruhe. Streng genommen giebt es unendlich viele Raumformen, da man entweder jedem Punkte nur ein einziges x zuordnen oder jedes Vielfache von 2π als Periode festsetzen kann. Lässt man den Punkt 2π mit dem Punkte Null zusammenfallen, so erhält man die projektivische Bewegung einer Geraden oder eines Kegelschnitts in sich.

Für zwei Dimensionen stellen die Gleichungen (16) die drei sogenannten Nicht-Euklidischen Raumformen dar. Man erkennt dies am einfachsten, wenn man die beiden Coordinaten durch die drei Weierstrass'schen Grössen ersetzt, zwischen denen die bekannte Relation besteht. Es bietet aber auch einiges Interesse, aus den obigen Gleichungen direkt die drei Arten des Raumes herzuleiten. Dann wird es natürlicher sein, eine andere Anordnung der Zeichen zu treffen und demnach sin x durch $\varepsilon \sin(x\varepsilon)$ und cos x durch $\cos(x\varepsilon)$ zu ersetzen. Den Beweis selbst glaube ich hier nicht mitteilen zu sollen.

Die Gleichungen (15) stellen für $B = e^y$ und bei der Periode 2π von x die Gesamtheit der Geraden in der Lobatschewskyschen Ebene (die Polarform derselben) dar; man kann statt dessen auch jedes Vielfache von 2π als Periode betrachten. Für B = 0 kann man sich eine Vorstellung von der betreffenden Raumform bilden, wenn man in der Lobatschewskyschen Ebene die Grenzlinie als Element auffasst. Soll in dieser Raumform bei der Bewegung $\varkappa u_1 + \lambda u_2 + \mu u_3$ ein Punkt (Element) in Ruhe bleiben, so muss $\varkappa + \lambda \sin x + \mu \cos x = 0$ und $\lambda \cos x - \mu \sin x = 0$ sein. Dies ist nur möglich, wenn $\varkappa^2 = \lambda^2 + \mu^2$ ist, und in diesem Falle bleiben alle Elemente in Ruhe, für welche x bestimmte Werte annimmt, während y sich noch beliebig ändern kann. Will man die genannte Vorstellung zu Grunde legen, so ziehe man für die zu bestimmende Grenzlinie diejenige Achse, welche durch einen festen Punkt geht; der Abstand des Schnittpunktes von dem festen Punkte ist y, der Winkel, welchen diese Achse mit einer festen Richtung bildet, ist x. Für x kann jedes beliebige Vielfache von 2π, für y jede beliebige Grösse als Periode gewählt werden.

Um die durch die Gleichungen (14) dargestellten Raumformen zu übersehen, beachten wir zunächst die Änderungen von x und y. Diese sind von z ganz unabhängig und stimmen mit den durch die Gleichungen (16) dargestellten vollständig überein. Man kann also jedem Punkte einer der letzteren zweidimensionalen Raumformen eine Linie der dreidimensionalen dadurch zuordnen, dass man z unbestimmt lässt. Untersucht man jetzt die Drehung um den Nullpunkt, so liefert dieselbe, wenn z' den Anfangswert, z den zu irgend einem t gehörigen Wert bezeichnet:

$$\operatorname{tg}(z - z') = \sin x \operatorname{tg} t.$$

18

Diese Gleichung lehrt, dass z als Perioden nur Vielfache von π erhalten kann, dass aber, wenn $\nu\pi$ (bei ganzzahligem ν) für die mit irgend einem Wertpaare x y verbundenen Werte von z als Periode gewählt ist, dasselbe $\nu\pi$ auch für jedes andere Wertsystem x y Periode von z sein muss. Dieses Resultat ändert sich nicht, wenn man irgend eine andere Bewegung untersucht. Man kann daher in einer Lobatschewskyschen oder Riemannschen Ebene von jedem Punkte aus noch die sämtlichen Geraden ausgehen lassen, und die durch einen Punkt markirten Geraden oder die von einem Punkte ausgehenden Richtungen als Elemente auffassen. Speziell kann man für $\varepsilon = 1$ die Tangenten einer Kugel als Elemente betrachten.

II. Wenn ein Paar (und damit einfach unendlich viele) vertauschbarer Bewegungen vorhanden ist, so sind oben drei verschiedene Möglichkeiten angegeben. Jede derselben liefert für n = 2 wieder zwei verschiedene Raumformen, welche sich dadurch unterscheiden, dass im zweiten Falle die vertauschbaren Bewegungen dieselben in sich verschiebbaren Linien erzeugen. Für n = 3 kommt jedesmal nur der erste Fall in betracht; für dx und dy treten keine Änderungen ein, und der jedesmalige Wert von dz ist in Klammern beigefügt. Demnach erhalten wir im Falle a)

$$
\begin{array}{llll}
1)\; u_1 = 1,\; 0,\; (0) & \text{und} & 2)\; u_1 = 0,\; e^{-\alpha x} \\
\quad u_2 = 0,\; 1,\; (0) & & \quad u_2 = 0,\; e^{-\beta x} \\
\quad u_3 = \alpha x,\; \beta y,\; (1) & & \quad u_3 = 1,\; 0
\end{array}
$$

Der Fall b) liefert:

$$
\begin{array}{llll}
1)\; u_1 = 1,\; 0,\; (0) & \text{und} & 2)\; u_1 = 0,\; e^{-\alpha x}\cos x \\
\quad u_2 = 0,\; 1,\; (0) & & \quad u_2 = 0,\; e^{-\alpha x}\sin x \\
\quad u_3 = \alpha x + y,\; -x + \alpha y,\; (1) & & \quad u_3 = 1,\; 0
\end{array}
$$

Endlich giebt der Fall c):

$$
\begin{array}{llll}
1)\; u_1 = 1,\; 0,\; (0) & \text{und} & 2)\; u_1 = 0,\; e^{-x} \\
\quad u_2 = 0,\; 1,\; (0) & & \quad u_2 = 0,\; e^{-\alpha x} \\
\quad u_3 = \alpha y,\; y,\; (1) & & \quad u_3 = 1,\; 0.
\end{array}
$$

Die drei unter 1) angegebenen Raumformen lassen sich leicht in der (Euklidischen) Ebene darstellen; jede Bewegung $\varkappa u_1 + \lambda u_2$ stellt eine Parallelverschiebung dar und die Geraden werden in sich bewegt. Jede andere Bewegung stellt eine gewisse collineare Umgestaltung der Ebene dar, bei welcher für a) und b) ein Punkt in Ruhe bleibt. Im ersten Falle werden zwei sich in dem ruhenden Punkte schneidende Geraden in sich verschoben; im zweiten Falle sind die Geraden imaginär, im Falle c) wird die allgemeine Bewegung eine (und zwar eine einzige) Gerade in sich verschieben oder dieselbe ganz in Ruhe lassen. Der zweite Fall liefert für die Drehung um den Nullpunkt die Gleichungen:

$$x = e^{\alpha t}\left(x' \cos t - y' \sin t\right),\; y = e^{\alpha t}\left(x' \sin t + y' \cos t\right).$$

Jede Richtung kehrt also in ihre Anfangslage zurück, aber die einzelnen Punkte derselben nehmen nach einer vollständigen Umdrehung nur für $\alpha = 0$ ihre Anfangslage wieder an. Die Euklidische Ebene ist daher nur als spezieller Fall unter diesen Raumformen enthalten. Man kann diese Raumform darstellen durch die sämtlichen Geraden, welche in einer dreifach ausgedehnten Lobatschewskyschen Raumform einer festen Richtung parallel sind, wofern festgesetzt wird, dass jede Drehung um eine Gerade der Schar mit einer durch α charakterisirten Verschiebung längs derselben Geraden verbunden ist.

Die einzelnen Gleichungssysteme stellen nur je eine einzige Raumform dar, da sich x und y von $-\infty$ bis $+\infty$ erstrecken, keine Periodicität gestatten und endliche Werte durch keine Bewegung in unendliche übergehen können.

Die drei unter 2) angegebenen Raumformen können dargestellt werden, wenn man mit der Ebene die angegebene projektivische Umformung vornimmt und die Gerade als Element betrachtet. Im ersten Falle gelangt man jedoch von einer beliebig gewählten Geraden aus durch endliche Umformungen nicht zu jeder Geraden der Ebene, so dass die Gesamtheit der Geraden zwei völlig getrennte, aber in ihrem Wesen übereinstimmende Raumformen darstellt.

Für $n = 3$ sei es nur gestattet, auf diejenigen Flächen aufmerksam zu machen, welche so in sich bewegt werden können, dass jeder Punkt mit jedem andern Punkte zur Deckung gelangt. Solcher Flächen giebt es bei den unter 1. enthaltenen Raumformen von drei Dimensionen nur für $\varepsilon = i$ eine (und zwar eine einzige) Schar. Hier gibt es mehrere Scharen und für die einzelnen Scharen gelten verschiedene Bewegungsgleichungen.

III. Wenn eine Bewegung mit allen andern vertauschbar ist, so sind die verschiedenen Formen leicht zu übersehen. Sind alle Bewegungen vertauschbar und alle drei Variabeln periodisch, so kann die Raumform in folgender Weise dargestellt werden: In einer fünffach ausgedehnten Riemannschen Raumform wähle man drei Gerade, von denen jede die absolute Polare der andern beiden ist, und bewege den Raum so, dass jede Gerade in Deckung mit ihrer Anfangslage bleibt; das dadurch von irgend einem Punkte beschriebene Gebilde ist die fragliche dreifach ausgedehnte Raumform.

§ 7.

Besondere Beziehungen zwischen einzelnen Raumformen.

Blicken wir unter den in den beiden letzten §§ skizzirten Raumformen auf diejenigen zurück, für welche die Coefficienten a in den Gleichungen (6) denselben Wert haben, so nehmen wir zwischen denselben eine auffallende Übereinstimmung wahr. Diese Übereinstimmung kann in folgender Weise formulirt werden:

„Zwei Raumformen, für welche die in den Gleichungen (6) auftretenden Constanten a denselben Wert haben, können stetig so auf einander abgebildet werden, dass diese Beziehung bei jeder Bewegung der einen Raumform bestehen bleibt, wenn gleichzeitig die andere in entsprechender Weise bewegt wird."

Hier heissen zwei unendlich kleine Bewegungen $p_1 u_1 + \ldots + p_m u_m$ und $q_1 u_1 + \ldots + q_m u_m$ entsprechend, wenn für jeden Wert von $\varkappa$ ist $p_\varkappa = q_\varkappa$.

Der allgemeine Beweis dieses Satzes würde uns hier zu weit führen. Es möge genügen, einige Beispiele anzuführen. Auf eine gewisse Gruppe habe ich schon früher aufmerksam gemacht: betrachtet man in irgend einer Euklidischen oder Nicht-Euklidischen Raumform von n Dimensionen die $(n-1)$-fach ausgedehnte Ebene als Element, so kommt man zu einer neuen Raumform, welche ich als die Polarform der ersteren bezeichnet habe (Borchardt's Journal B. 86. S. 82): beide Raumformen sind von derselben Dimension, genügen auch denselben Bewegungsgleichungen, können aber im übrigen recht verschieden sein. Mit demselben Rechte kann man irgend eine Ebene der Raumform als Element betrachten.

20

So hat die Plückersche Geradengeometrie dieselben Gleichungen (6), wie die entsprechende dreifach ausgedehnte Raumform.

Ich wähle jetzt einige der gefundenen Raumformen, um an ihnen die Art der gegenseitigen Beziehung zu erläutern.

1. $U_{12} = u_1$. Für diese Bedingung haben wir zwei Raumformen gefunden, eine von einer und eine von zwei Dimensionen. Vergleichen wir die daraus hergeleiteten Bewegungsgleichungen in x resp. in x und y, so zeigt sich, dass die Gleichungen für dx im letzteren Falle von y ganz unabhängig sind und mit den für die einfach ausgedehnte Raumform gefundenen übereinstimmen. Man kann also jedem Punkte $x = c$ der einfach ausgedehnten Raumform eine Linie $x = c$ der zweifach ausgedehnten zuordnen, wo dem y jeder beliebige Wert beigelegt werden kann. Um eine recht deutliche Vorstellung von dieser Zuordnung zu bekommen, betrachten wir als Elemente der einfach ausgedehnten Raumform die sämtlichen Geraden einer Lobatschewskyschen Ebene, welche einer bestimmten Richtung parallel sind, und als Elemente der zweifach ausgedehnten die Punkte dieser Ebene, indem wir nur solche Bewegungen gestatten, bei welchen die gegebene Richtung zu ihrer Anfangslage parallel bleibt. Zur Coordinatenbestimmung im letzteren Falle ziehen wir dieselbe Grenzlinie, welche für die andere benutzt worden ist; durch den zu bestimmenden Punkt ziehe man die Parallele und bezeichne das auf ihr bis zum Schnittpunkt abgeschnittene Stück als y, das Stück auf der Grenzlinie als x. Dann wird jede Bewegung durch die angegebenen Gleichungen dargestellt und die Vorstellung der beiden Raumformen fällt geradezu zusammen.

2. $U_{23} = -u_1$, $U_{31} = u_2$, $U_{12} = u_3$. Diese Gleichungen führen auf fünf Raumformen, eine von einer, drei von zwei und eine von drei Dimensionen. Die drei zweidimensionalen Raumformen sind identisch mit der Lobatschewskyschen Ebene, indem man entweder den Punkt oder die Gerade oder die Grenzlinie als Element betrachtet. Man kann dieselben behandeln unter Anwendung dreier Variabeln u, v, w, wenn man jede homogene lineare Transformation derselben gestattet, bei welcher die Form $-u^2 + v^2 + w^2$ ungeändert bleibt. Indem man den Anfangspunkt mit O, jeden beliebigen Punkt mit P, ferner OP mit r, den Winkel zwischen OP und einer festen Richtung OX mit φ bezeichnet, bedeutet für den Punkt P:

$$u = \operatorname{Ch} r,\ v = \operatorname{Sh} r \cos\varphi,\ w = \operatorname{Sh} r \sin\varphi,$$

für die Gerade, welche in P auf OP senkrecht steht:

$$u = \operatorname{Sh} r,\ v = \operatorname{Ch} r \cos\varphi,\ w = \operatorname{Ch} r \sin\varphi,$$

und für die zur Richtung φ gehörige und durch P gehende Grenzlinie:

$$u = e^r,\ v = e^r \cos\varphi,\ w = e^r \sin\varphi.$$

Dann entspricht jedem System u, v, w je ein einziges Element; wir ordnen solche Elemente einander zu, für welche r und φ denselben Wert haben. Dann entspricht jedem Punkte eine Gerade mit Ausnahme eines Punktes, dem unendlich viele Geraden entsprechen, und jedem Punkte entsprechen zwei Grenzlinien mit Ausnahme eines Punktes, welchem unendlich viele zugeordnet sind. Jeder Geraden entspricht ein einziger Punkt und entsprechen zwei Grenzlinien, und jeder Grenzlinie ein Punkt und eine Gerade.

Noch in anderer Weise kann man die Lobatschewskysche Ebene zu ihrer Polarform in Beziehung setzen. Bekanntlich kann man die Lobatsckewskysche Ebene eindeutig auf das Innere einer in einer Ebene gelegenen Kegelschnittes abbilden; das Äussere bildet dann die Polarform ab.

Die Art und Weise, die Gesamtheit der Geraden und die der Grenzlinien auf die dreifach bewegliche eindimensionale Raumform abzubilben, ist sehr einfach. Man ordne jedem Punkte x alle

21

diejenigen Geraden und diejenigen Grenzlinien zu, welche auf einer durch einen festen Punkt gezogenen Geraden senkrecht stehen, wenn diese Gerade mit einer festen, durch den festen Punkt gelegten Richtung den Winkel x bildet. Ähnlich kann auch die Zuordnung der Punkte vermittelt werden. Indessen ist diese Zuwendung für die Punkte und die Geraden nicht frei von Willkür. Hier kommt aber noch die Beziehung hinzu, dass die unendlich ferne Linie der zweifach ausgedehnten Raumformen eine einfach ausgedehnte Raumform der bezeichneten Art ist.

Die Beziehung zwischen den zwei- und dreifach ausgedehnten Raumformen ist schon oben angegeben. Man betrachte in der Lobatschewskyschen Ebene nicht den einzelnen Punkt als Element, sondern jede von dem Punkte ausgehende Richtung, oder man verbinde mit jeder Geraden oder mit jeder Grenzlinie die Gesamtheit der auf derselben enthaltenen Punkte. Jedesmal gelangt man zu derselben dreifach ausgedehnten Raumform, und es entspricht jedem Elemente der zweifach ausgedehnten eine Linie der dreifach ausgedehnten Raumform.

Die Zuordnung der Raumform von einer und der von drei Dimensionen wird vielleicht am natürlichsten durch die Gesamtheit der Grenzlinien vermittelt. Jedem Punkte der ersten entspricht die Gesamtheit der Grenzlinien, für welche v : w einen constanten Wert hat, und jeder solchen Grenzlinie entspricht eine Linie der dreifach ausgedehnten Raumform. Man kann aber die Zuordnung der ein- und dreidimensionalen Raumform auf das unendlich ferne Gebilde der letzteren beschränken, indem man jedem Punkte der ersteren eine Linie dieses Gebildes entsprechen lässt.

Ich halte es nicht für nothwendig, auch die Zuordnung der übrigen, oben gefundenen Raumformen zu besprechen.

Zur Theorie

der

Lie'schen Transformations-Gruppen.

Von

Wilhelm Killing.

Braunsberg, 1886.

Verlag von Huye's Buchhandlung (Emil Bender).

Zur Theorie der Lie'schen Transformations-Gruppen.

In meiner Abhandlung: „Erweiterung des Raumbegriffes“, welche dem Verzeichnisse der Vorlesungen für das Winter-Semester 1884/85 vorgedruckt war, habe ich die Theorie der Raumformen auf ein geschlossenes System von continuirlichen Transformationen gegründet. Die Theorie dieser Systeme, der endlichen Gruppen continuirlicher Transformationen, ist von Herrn Lie durch eine im Jahre 1874 in den Göttinger Nachrichten veröffentlichte Abhandlung begründet, dann durch eine sehr grosse Zahl weiterer Arbeiten, welche namentlich im norwegischen Archiv for Mathematik og Naturvidenskap und in den mathematischen Annalen erschienen sind, weiter gefördert und mit seiner Integrations-Methode und seinen Berührungs-Transformationen in engen Zusammenhang gebracht. Diese Arbeiten waren mir unbekannt geblieben; Herr Klein war so freundlich, mich auf die enge Beziehung meiner Untersuchungen zu denselben aufmerksam zu machen. Nun hatte ich zu der Zeit, als meine Abhandlung ausgegeben wurde, eine andere Arbeit begonnen, welche mich länger beschäftigte, als ich anfangs erwartete. Nach Vollendung derselben (Die Nicht-Euklidischen Raumformen in analytischer Behandlung. Leipzig 1885) habe ich mich sofort an das Studium der Lie'schen Arbeiten begeben, wobei es mir anfangs besondere Schwierigkeit machte, in den Besitz derjenigen Arbeiten zu gelangen, welche in dem norwegischen Archiv und in den Abhandlungen der Akademie von Christiania erschienen sind. Auf meine Bitte hatte Herr Lie die Freundlichkeit, mir eine sehr grosse Zahl seiner Arbeiten zuzusenden; auch Herr Engel stellte mir seine Habilitationsschrift, welche die unendlichen Gruppen betrifft und welche im 27. Bande der math. Annalen erscheinen wird, freundlichst zur Verfügung. Diese Unterstützung ermöglichte es mir, zu übersehen, was in dieser Hinsicht bereits früher geleistet war. Weitere Umstände ermöglichten es mir dann, bei der endgültigen Redaction der vorliegenden Arbeit das ganze in betracht kommende Material einzusehen.

Hiernach kann es keinem Zweifel unterliegen, dass der ganze Inhalt der §§ 3 u. 4 meiner frühern Arbeit zuvor von Herrn Lie gefunden und veröffentlicht worden ist, und ich erkenne für deren Inhalt demselben die Priorität gern und vollständig zu. Auch hat Herr Lie, nachdem ich ihm meine Arbeit eingesandt hatte, sehr bald im neunten Bande seines Archivs (S. 449—451) den im Anfang

4

von § 7 von mir ohne Beweis aufgestellten Lehrsatz bewiesen und in ganz enge Beziehung zu einem Satze gebracht, den er selbst bereits vor längerer Zeit bewiesen hatte. Dabei darf ich jedoch wohl erwähnen, dass, so einfach auch dasjenige ist, was Herr Lie zum Beweise seines Satzes hinzufügen muss, um daraus meinen Satz herzuleiten, letzterer an sich doch, wenigstens für meine Raumtheorie, ein weit grösseres Interesse beansprucht; auch war der einfache Gedanke, dass es erlaubt sei, die Zahl der Veränderlichen als ungleich anzunehmen, bis dahin von Herrn Lie nicht ausdrücklich erwähnt. Auf kleine Verschiedenheiten der Beweise in dem Gebiete, für welches ich Herrn Lie's Priorität vollständig anerkenne, möchte ich, wenigstens diesmal, nicht eingehen. Ich kann nur meiner Freude Ausdruck geben, dass durch die so allseitigen Forschungen des Herrn Lie die allgemeine Raumtheorie wesentlich gefördert ist.

Wenn ich im folgenden einen kleinen Beitrag zur Theorie der Lie'schen Gruppen veröffentliche, so kann ich nicht wissen, ob Herr Lie selbst diese Sätze bereits gefunden hat; jedenfalls sind sie in den mir zugänglichen Publikationen nicht mitgeteilt. Was die zum Beweise benutzten Lie'schen Sätze angeht, so waren dieselben zum teil schon seit längerer Zeit in meinem Besitz, die Kenntnis anderer verdanke ich Herrn Lie. Ich habe jedoch geglaubt, nur diejenigen Sätze hervorheben zu sollen, welche meines Wissens neu sind, und mich betreffs aller andern auf die Lie'schen Untersuchungen stützen zu sollen. Was die Bezeichnung anbetrifft, so musste ich meine bisherige noch beibehalten, da ich die des Herrn Lie noch nicht lange genug kenne.

Diejenigen Arbeiten des Herrn Lie, welche im folgenden hauptsächlich benutzt werden, sind:

1) Theorie der Transformations-Gruppen. Abh. I. (Archiv for Math. og Nat. B. I. S. 19—57). Abh. II (daselbst S. 152—193) Abh. III (das. B. III S. 93—165) Abh. IV (das. B. III S. 375—464),

2) Theorie der Transformations-Gruppen (Math. Ann. B. XVI S. 441--529).

3) Allgemeine Untersuchung der Differential-Gruppen, welche eine endliche Gruppe gestatten. (Math. Ann. B. XXV. S. 71—151).

4) Zur Theorie der Transformations-Gruppen (Archiv B. IX. S. 449—451).

5) Untersuchungen über Transformations-Gruppen (Archiv B. X. S. 74—128).

Von diesen Arbeiten sind die unter 3) 4) 5) aufgezählten nach meiner früheren Abhandlung erschienen.

§ 1.

Vorbemerkungen.

Eine n-dimensionale Raumform mit r-facher Beweglichkeit ist bestimmt durch r von einander unabhängige unendlich kleine Bewegungen, welche durch die Gleichungen angegeben werden:

$$(1)\quad dx_1 = u_\varkappa^{1}\, dt \;\ldots\; dx_n = u_\varkappa^{n}\, dt, \qquad (\varkappa = 1 \ldots m),$$

wo die $u_\varkappa^\iota$ für $\iota = 1 \ldots n$, $\varkappa = 1 \ldots r$ Functionen der x bedeuten und wo die Gleichungen (1) angeben, dass der Punkt $(x_1 \ldots x_n)$ die Anfangslage des Punktes $(x_1 + dx_1 \ldots x_n + dx_n)$ erhält. Definirt man jetzt die Grössen $U_{\iota\varkappa}^{\varrho}$ durch die Gleichungen:

5

$$(2)\quad U^{\varrho}_{\iota\varkappa} = \Sigma_{\nu}\left(u^{\nu}_{\iota}\frac{\partial u^{\varrho}_{\varkappa}}{\partial x_{\nu}} - u^{\nu}_{\varkappa}\frac{\partial u^{\varrho}_{\iota}}{\partial x_{\nu}}\right),$$

so müssen die Gleichungen bestehen:

$$(3)\quad U^{\varrho}_{\iota\varkappa} = \Sigma_{\lambda}\, a_{\lambda,\iota\varkappa}\, u^{\varrho}_{\lambda},$$

wo die Grössen $a_{\lambda,\iota\varkappa}$ blosse Constanten bezeichnen, welche von ϱ unabhängig sind. Diese Constanten sind durch eine Reihe von Beziehungen mit einander verbunden, und diese ergeben sich aus den Jacobischen Relationen:

$$(4)\quad \Sigma_{\varrho}\left(a_{\varrho,\varkappa\lambda}\, U_{\iota\varrho} + a_{\varrho,\lambda\iota}\, U_{\varkappa\varrho} + a_{\varrho,\iota\varkappa}\, U_{\lambda\varrho}\right) = 0,$$

indem man hierin aus (3) die Werte einsetzt und dann die Coefficienten einer jeden Grösse u gleich Null setzt.

Wenn umgekehrt eine Raumform gegeben ist, so kann man das Element derselben noch in verschiedener Weise wählen. So kann man in der dreidimensionalen Euklidischen Raumform statt des Punktes mit Plücker die Ebene oder die Gerade zum Elemente nehmen. Wählt man die Ebene, so hat man wieder eine dreidimensionale Raumform, aber diese ist von der Punktgeometrie wesentlich verschieden. Lässt man ein Element in Ruhe (verschiebt man den Raum längs einer Ebene), so bleibt eine Schar von Elementen in Ruhe (die parallelen Ebenen); wird ausser den Elementen dieser Schar noch eines in Ruhe gehalten (verschiebt man den Raum längs einer Geraden), so bleibt eine zweifach unendliche Schar von Elementen in Ruhe (indem alle Ebenen, welche der Geraden parallel sind, in sich verschoben werden). Der Begriff des Abstandes kann in diesem Falle nicht gebildet werden, da die Invariante eines Paares von Ebenen nicht mit der eines jeden anderen Paares verglichen werden kann; (wenn die Ebenen einander schneiden, so ist ihre Invariante der von ihnen gebildete Winkel; wenn sie aber parallel sind, der Abstand).

Noch durchgreifender ist der Unterschied, wenn die Gerade als Element genommen wird. Der Grad der Beweglichkeit bleibt natürlich derselbe, aber die Zahl der Dimensionen wird gleich vier. Bei der Ruhe eines Elementes müssen gewisse Elemente in einem einfach ausgedehnten, alle andern in einem zweifach ausgedehnten Gebilde verbleiben. Dem entsprechend haben zwei Elemente nicht eine, sondern zwei Invarianten, den Winkel uud den Abstand.

In ganz entsprechender Weise kann man in einer n-dimensialen Euklidischen Raumform statt des Punktes die Gerade oder eine s-dimensionale Ebene für $s = 2, 3 \ldots n - 1$ als Element betrachten. Dadurch ändert sich natürlich der Grad der Beweglichkeit nicht, während die Zahl der Dimensionen eine andere werden kann; jedenfalls gelangt man zu Raumformen, welche ganz andere Eigenschaften haben.

In einer Lobatschewskyschen Raumform kann man ferner den Kreis mit unendlich grossem Radius oder eine entsprechende s-dimensionale Kugelfläche ($s = 2 \ldots n - 1$) als Element betrachten. Auch bildet das unendlich ferne Gebilde eine (n-1)-dimensionale Raumform, welche zu der gegebenen in besonders enger Beziehung steht.

Bilden wir für eine Euklidische Raumform die Gl. (3), indem wir einmal den Punkt und dann eine s-dimensionale Ebene als Element betrachten, so sind die Coefficienten $a_{\lambda\iota\varkappa}$ in beiden Fällen identisch, wofern wir beidemal von denselben unendlich kleinen Bewegungen ausgehen. Diese Eigentümlichkeit gilt ganz allgemein, so dass wir den Satz aufstellen können:

Wählt man in einer Raumform statt des Punktes irgend ein anderes hierzu geeignetes Gebilde als Element, so kann man die bestimmenden Bewegungen (1) so wählen, dass in den Gleichungen (3) die Coefficienten der rechten Seite beidemal identisch sind.

In diesen Coefficienten tritt aber jede Beziehung auf die Zahl der Dimensionen vollständig zurück. Demnach halte ich es für angebracht, wie ich bereits in meiner vorigen Arbeit angedeutet habe, die Raumformen nicht nach der Zahl der Dimensionen, sondern nach dem Grade der Beweglichkeit einzuteilen, oder was auf dasselbe hinaus kommt, die stetigen Transformationsgruppen zunächst nicht nach der Zahl der Veränderlichen, sondern an erster Stelle nach der Zahl der Glieder zu unterscheiden.

Dementsprechend stellen wir uns nicht die Aufgabe: alle Transformationsgruppen für eine gegebene Zahl n von Dimensionen zu finden, sondern die folgende: Für irgend eine Zahl r die Coefficienten $a_{\lambda,\iota\varkappa}$ zu bestimmen, welche im stande sind, den Gleichungen (3) bei einer r-gliedrigen Gruppe zu genügen.

Die grössere Natürlichkeit der letzteren Aufgabe spricht sich auch darin aus, dass sie von den benutzten Variabeln ganz unabhängig ist. Wir wollen versuchen, diese Aufgabe ihrer Lösung näher zu bringen.

§ 2.

Ein weiteres Prinzip der Einteilung.

Sind

$$\begin{matrix} u_1^1 & \dots & u_1^n \\ \dots & \dots & \dots \\ u_r^1 & \dots & u_r^n \end{matrix}$$

die nr Functionen von $x_1 \dots x_n$, welche r unendlich kleine von einander unabhängige Bewegungen der r-fach beweglichen Raumform bestimmen, so kann man dieses System durch irgend ein anderes System von infinitesimalen Bewegungen ersetzen, wofern dieselben nur von einander unabhängig sind. Führt man die Transformationen ein:

$$(5) \quad v_\varrho^\varkappa = \sum_\sigma c_{\varrho\sigma} u_\sigma^\varkappa \qquad (\varkappa = 1 \dots n;\ \varrho,\sigma = 1 \dots r),$$

so wird, wofern die Determinante der c nicht verschwindet, das System

$$\begin{matrix} v_1^1 & \dots & v_1^n \\ \dots & \dots & \dots \\ v_r^1 & \dots & v_r^n \end{matrix}$$

die Transformations-Gruppe und damit die Raumform bestimmen. Während sich die Grössen $a_{\lambda\iota\varkappa}$ bei beliebiger Transformation der x nicht ändern, werden sie durch die Transformation (5) mit verändert. Es kann daher nur darauf ankommen, die verschiedenen Systeme der a zu finden, welche nicht dadurch in einander übergehen, dass man die unendlich kleinen Bewegungen vermittelst der linearen Transformation (5) transformirt.

7

Nun möchte ich folgende Abkürzung einführen. Ich lasse in (3) die obere Marke weg und betrachte diese Gleichung als Definitionsgleichung, setze also

$$U_{\iota\varkappa} = \Sigma_\lambda\, a_{\lambda,\iota\varkappa}\, u_\lambda\,,$$

so dass die Grössen $U_{\iota\varkappa}$ $\frac{r(r-1)}{2}$ lineare Functionen von Grössen $u_1 \ldots . u_r$ sind. Diese linearen Formen stehen zunächst mit der vorgelegten Transformationsgruppe in engem Zusammenhange und stellen nach einem Satze des Herrn Lie (cf. unten § 5 am Ende) eine gewisse Gruppe dar, welche mit der vorgelegten gleich zusammengesetzt ist.

Die $\frac{r(r-1)}{2}$ Functionen $U_{\iota\varkappa}$ lassen sich ihrer Definition nach durch r lineare Grössen ausdrücken oder es sind höchstens r unter ihnen von einander unabhängig, während alle übrigen lineare Functionen dieser r sind. Es können aber auch alle Grössen $U_{\iota\varkappa}$ durch weniger als r Grössen linear darstellbar sein. Wir bezeichnen die Zahl der von einander unabhängigen Functionen $U_{\iota\varkappa}$ mit p ($\leqq$ r) und teilen die r-gliedrigen Gruppen nach dem Werte von p (= 0, 1 . . . r) ein.

Dass die Einteilung berechtigt ist, zeigt sich zunächst daran, dass die Zahl p durch die Transformation (5) nicht geändert wird. Der Einteilung liegt also eine Eigenschaft der Transformations-Gruppe (und damit der Raumform) zu grunde.

Die Bedeutung dieser Zahl p für die Gruppe erkennt man auf folgendem Wege. Wie Herr Lie im dritten Bande seines Archivs (S. 94—100) bewiesen hat, genügen die Bedingungen (4) zur Bestimmung der Coefficienten $a_{\lambda\iota\varkappa}$. Dann gibt es nr Functionen u, welche den Gleichungen (3) genügen und vermittelst (1) die Gruppe bestimmen. [Hierbei ist es jedoch nicht notwendig, dass die u und die Variabeln reell sind; vielmehr bedarf die Frage nach der Realität in einzelnen Fällen einer besonderen Untersuchung].

Im Anschlusse hieran beschäftigt sich Herr Lie (Archiv III S. 100—104) mit einer auf spezielle Weise gebildeten Gruppe. Er geht, um meine Bezeichnungen anzuwenden, von einer p-gliedrigen Gruppe aus, welche durch die infinitesimalen Transformationen

$$dx_\varkappa = u_\varrho^{\varkappa}\, dt \qquad (\varrho = 1 \ldots p;\ \varkappa = 1 \ldots n)$$

bestimmt ist. Jetzt nimmt er ein neues Gleichungssystem

$$dx_\varkappa = u_{p+1}^{\varkappa}\, dt$$

hinzu und wählt dasselbe so, dass alle Grössen $U_{\iota\varkappa}$ nach (3) durch diejenigen Grössen u dargestellt werden können, deren untere Marke nur die Werte 1 . . . p annimmt. Diese Untersuchungen können sofort auf eine grössere Zahl r = p + s Glieder übertragen werden (man vergleiche auch: math. Annalen B. XXV. S. 95. Satz 10 u. 11). Wendet man erst eine Transformation b, dann eine Transformation a und darauf die inverse Transformation — b der ersten Transformation an, so bezeichnet man diese Operation als eine durch b bewirkte Transposition von a. Wenn nun im Ausdruck sämmtlicher $U_{\iota\varkappa}$ nur diejenigen u vorkommen, deren untere Marke nur die Werte 1 . . . p annimmt, so zeigt Herr Lie, dass jede Transposition einer durch $u_1 \ldots u_p$ erzeugten Transformation, wenn sie auch durch eine beliebige Transformation bewirkt wird, stets zu einer Transformation führt, welche der p-gliedrigen Untergruppe angehört.

Die Untersuchungen des Herrn Lie stehen aber noch in enger Beziehung zu einem andern Satze, den Herr Lie selbst meines Wissens nicht mitgeteilt hat. Auf den Beweis desselben glaube ich nicht eingehen zu sollen, da derselbe sich aus den in B. III des Archivs (S. 96—100) mitgeteilten Principien sehr leicht ergibt. Dieser Satz lautet etwa:

8

Wenn eine r-gliedrige Gruppe eine p-gliedrige Untergruppe enthält, und diese aus denjenigen Grössen u gebildet wird, deren untere Marken 1 . . . p sind, und wenn dann die rechten Seiten der Gleichungen (3) auch nur solche u enthalten, deren untere Marken 1 . . . p sind, so hat die r-gliedrige Gruppe eine besondere Eigentümlichkeit: führt eine Bewegung die Punkte x nach x^{I} und dann eine zweite die Punkte x^{I} nach x^{II}, während die zweite Bewegung die Punkte x nach x^{III} und die erste Bewegung die Punkte x^{III} nach x^{IV} führt, so fallen die Punkte x^{II} und x^{IV} im allgemeinen nicht zusammen, aber es lassen sich Coefficienten $a_1 \ldots a_p$ so bestimmen, dass die Fortsetzung der infinitesimalen Bewegung

$$dx_\varkappa = \left(a_1 u_1^\varkappa + \ldots + a_p u_p^\varkappa\right) dt$$

die Punkte x^{II} nach x^{IV} bringt.

Wir nehmen nun an, dass von den $\frac{r(r-1)}{2}$ linearen Functionen $U_{\iota\varkappa}$ nur p von einander unabhängig sind, so dass sich alle andern durch diese ausdrücken lassen. Dann führe man die Transformation (5) in der Weise durch, dass $u_1 \ldots u_p$ diejenigen von einander unabhängigen Grössen sind, durch welche sich alle $U_{\iota\varkappa}$ ausdrücken lassen. Nun nehme man für $\iota, \varkappa, \lambda$ zunächst lauter Combinationen aus 1 . . . p und bilde hierfür die Jacobischen Relationen (4). Dann ist jedes a gleich Null, dessen Marke $\varrho > p$ ist; folglich bestimmen $u_1 \ldots u_p$ ein geschlossenes System (eine Untergruppe).

Wenn p unter den Functionen $U_{\iota\varkappa}$ von einander unabhängig sind, aber alle andern linear durch diese p ausgedrückt werden können, so bestimmen diese eine p-gliedrige Untergruppe der gegebenen Gruppe.

Indem wir diesen Satz mit dem vorangehenden verbinden, gelangen wir zu dem Resultate:

Lehrsatz.

Wenn unter den Functionen $U_{\iota\varkappa}$ nur p (< r) von einander unabhängig sind, so mögen die Punkte x durch zwei auf einander folgende Bewegungen in die Lage x^{I} und durch Vertauschung dieser beiden Bewegungen in die Lage x^{II} gelangen; alsdann gehört die Bewegung, welche x^{I} in x^{II} überführt, einer p-gliedrigen Untergruppe an.

Auch hat diese p-gliedrige Untergruppe die Eigenschaft, dass jede ihr angehörige Bewegung bei ganz beliebiger Transposition in derselben Untergruppe verbleibt.

Die r-gliedrigen Gruppen zerfallen also in r verschiedene Klassen nach der Anzahl der Glieder derjenigen Gruppe, welche im stande ist, zwei aus derselben Anfangslage durch Vertauschung zweier Bewegungen erhaltene Lagen in einander überzuführen.

Im allgemeinen kann p die Werte 0, 1 . . . r erhalten; für r = 2 muss p gleich Null oder Eins sein; für r = 4 sind, wie bereits Herr Lie bewiesen hat, für p nur die vier Werte 0, 1, 2, 3 möglich.

§ 3.

Umformungen der Jacobischen Relationen.

Aus den Jacobischen Relationen:

$$(4) \quad \sum_\varrho \left(a_{\varrho,\varkappa\lambda}\, U_{\iota\varrho} + a_{\varrho,\lambda\iota}\, U_{\varkappa\varrho} + a_{\varrho,\iota\varkappa}\, U_{\lambda\varrho}\right) = 0$$

folgen weitere Systeme von Gleichungen, welche sich mir für die Untersuchungen von Gruppen als wichtig erwiesen haben. Herr Lie erwähnt dieselben nicht; dennoch kann ich kaum annehmen, dass sie bisher nicht aufgestellt sind. Ich werde demnach diese Relationen zwar mit einiger Ausführlichkeit angeben, mich aber betreffs ihrer Herleitung auf kurze Andeutungen beschränken.

Aus der Zahl 1 ... r sei irgend eine gerade Zahl 2 e von Nummern $\alpha\beta\gamma\ldots\varepsilon\zeta$ ausgewählt. Dann ist bekanntlich die schiefe Determinante

$$\begin{vmatrix} U_{\alpha\alpha} & U_{\alpha\beta} & \ldots & U_{\alpha\zeta} \\ \ldots & \ldots & \ldots & \ldots \\ U_{\zeta\alpha} & U_{\zeta\beta} & \ldots & U_{\zeta\zeta} \end{vmatrix}$$

das Quadrat eines Ausdrucks $(\alpha\beta\gamma\ldots\varepsilon)$, welcher von Jacobi zuerst genau untersucht und nachher von Herrn Cayley als Pfaffian bezeichnet worden ist. Dieser Ausdruck $(\alpha\beta\ldots\zeta)$ besteht aus additiv und subtraktiv verbundenen Produkten, von denen jedes e Faktoren enthält und in deren jedem alle Nummern $\alpha\ldots\zeta$ je einmal vorkommen. Ausserdem ändert dieser Ausdruck sein Zeichen, wenn irgend zwei Nummern mit einander vertauscht werden, und das Produkt

$$U_{\alpha\beta}\, U_{\gamma\delta} \ldots U_{\varepsilon\zeta}$$

hat den Coefficienten $+1$. Durch diese Eigenschaften ist der Ausdruck $(\alpha\beta\ldots\zeta)$ ohne jede Beziehung auf die obige Determinante bestimmt. Neben den älteren Untersuchungen, welche in Herrn Baltzer's „Determinanten" (§ 7) zusammengestellt sind, sind weitere Eigenschaften besonders wichtig, welche Herr Frobenius in Borchardt's Journal B. 82 S. 239—245 mitgeteilt hat.

Demnach soll im folgenden ein Pfaffscher Ausdruck $(\alpha\beta\ldots\varepsilon\zeta)$ aus den Grössen $U_{\iota\varkappa}$, deren Marken aus den Nummern $\alpha\beta\ldots\zeta$ entnommen sind, gebildet werden. Man wähle aus den Nummern 1 ... r irgend eine ungerade Anzahl $2\iota+1$ von Nummern aus: $\alpha\beta\gamma\ldots\varepsilon\zeta\eta$. Dann besteht die Relation:

$$(6)\qquad \sum_{\varrho}\Big\{a_{\varrho,\alpha\beta}\,(\gamma\ldots\zeta\eta\varrho) + a_{\varrho,\alpha\gamma}\,(\delta\ldots\zeta\eta\beta\varrho) + \ldots\ldots + a_{\varrho,\zeta\eta}\,(\alpha\beta\gamma\ldots\varrho)\Big\} = 0.$$

In dieser Gleichung erstreckt sich die Summation nach ϱ über alle Zahlen 1 ... r. Aus den Nummern $\alpha\ldots\eta$ ist, so oft es angeht, eine Combination $\alpha^1\beta^1$ von zweien auszuwählen, und zwar jede solche Combination nur ein einziges mal. Die übrigen $2e-1$ Nummern $\gamma^1\delta^1\ldots\eta^1$, welche nach Wegnahme von $\alpha^1\beta^1$ von den Nummern $\alpha\beta\gamma\ldots\eta$ noch bleiben, ordne man so, dass $\alpha^1\beta^1\gamma^1\ldots\eta^1$ aus $\alpha\beta\gamma\ldots\eta$ vermittelst einer geraden Anzahl von Permutationen hervorgeht. Nachdem dies geschehen ist, füge man beidemal den Summationsbuchstaben ϱ hinzu und bilde:

$$a_{\varrho,\alpha^1\beta^1}\,(\gamma^1\delta^1\ldots\eta^1\varrho).$$

Die Relation (6) kann noch in anderer Weise geschrieben werden. Man setze fest, dass die Summation nach ν sich auf die Zahlen $\alpha\beta\ldots\eta$, die nach τ sich auf die davon verschiedenen Zahlen erstreckt. Dann nimmt die Relation die Form an:

$$(7)\qquad (\beta\gamma\ldots\zeta\eta)\sum_{\nu} a_{\nu,\nu\alpha} + (\gamma\ldots\zeta\eta\alpha)\sum_{\nu} a_{\nu,\nu\beta} + \ldots(\alpha\beta\ldots\varepsilon\zeta)\sum a_{\nu,\nu\eta} + \sum_{\tau}\Big\{a_{\tau,\alpha\beta}\,(\gamma\ldots\zeta\eta\tau) + \ldots\Big\} = 0.$$

Während die Relationen (6) resp. (7) sich auf den ersten Blick als Erweiterungen der Jacobischen Relationen darstellen, sind die folgenden Gleichungen ihrer Form nach Erweiterungen der Gleichung (3). Um dieselben recht einfach zu schreiben, setze man

10

$$U_{oo} = 0, \; U_{o\alpha} = - U_{\alpha o} = u_\alpha$$

und bilde den Pfaff'schen Ausdruck $(o\,\alpha\,\beta \ldots \varepsilon)$ für eine ungerade Anzahl von Nummern $\alpha\,\beta \ldots \varepsilon$. Derselbe ist gleich

$$u_\alpha (\beta\gamma \ldots \varepsilon) + u_\beta (\gamma \ldots \varepsilon\alpha) + \ldots u_\varepsilon (\alpha\beta \ldots).$$

Dies vorausgeschickt, wähle man aus den Zahlen 1 ... r eine gerade Anzahl 2c von Nummern $\alpha\,\beta\,\gamma \ldots \zeta$ aus. Dann besteht die Gleichung:

$$(8) \quad c.(\alpha\,\beta\,\gamma \ldots \zeta) = \sum_\varrho \left\{ a_{\varrho,\alpha\beta} (o\gamma \ldots \zeta\varrho) + a_{\varrho,\alpha\gamma} (o\delta \ldots \zeta\beta\varrho) + \ldots \right\}.$$

Hier ist c die halbe Anzahl der Nummern $\alpha \ldots \zeta$. Auf der rechten Seite ist wieder mit ϱ zusammen als Marke eines a jede Combination zweier in $\alpha \ldots \zeta$ enthaltenen Nummern zu setzen; die übrigen sind so zu ordnen, dass die neue Anordnung eine gerade Permutation von $\alpha\beta\gamma \ldots \zeta$ ist, und sind dann mit o und ϱ zu einem Pfaff'schen Ausdruck zu vereinigen.

Indem man wieder festsetzt, dass die Summation nach ν sich über $\alpha \ldots \zeta$, nach τ über die übrigen Zahlen 1 ... r erstreckt, kann man die vorstehende Gleichung auch in der Form schreiben:

$$(9) \quad c.(\alpha\beta\gamma \ldots \zeta) = (o\beta\gamma \ldots \zeta) \sum a_{\nu,\nu\alpha} + (o\gamma \ldots \zeta\alpha) \sum a_{\nu,\nu\beta} + \ldots$$
$$+ \sum_\tau \left\{ a_{\tau,\alpha\beta} (o\gamma \ldots \zeta\tau) + \ldots \right\}$$

Was den Beweis der Formeln (6) u. (7) anbetrifft, so bilde man die Jacobische Relation (4) zunächst für α, β, γ und multiplizire sie mit der Pfaff'schen Grösse $(\delta \ldots \zeta\eta)$. Alsdann wähle man irgend eine andere Combination von drei Nummern aus $\alpha \ldots \eta$, bilde für diese die Relation (4) und multiplizire sie mit der aus den übrigen Nummern gebildeten Pfaff'schen Grösse, wobei die Reihenfolge der obigen Regel entsprechend so zu wählen ist, dass die drei ersten Nummern vor die $2c-2$ letzten gesetzt, mit ihnen eine gerade Permutation von $\alpha \ldots \eta$ bilden. Indem man alsdann alle so entstehenden Gleichungen addirt, hat man nur den Coefficienten der Grösse $a_{\sigma,\iota\varkappa}$ zu suchen und darauf die beiden Grundregeln für die Bildung Pfaff'scher Ausdrücke (Baltzer, Determinanten § 7, Nr. 5) anzuwenden.

Entsprechend lassen sich die Formeln (8) und (9) herleiten. Man wähle aus der gegebenen geraden Anzahl $\alpha \ldots \zeta$ drei aus, etwa α, β, γ, bilde hierfür die Jacobische Relation und multiplizire dieselbe mit der Pfaff'schen Grösse $(o\delta \ldots \zeta)$. Bei der Addition hat man dann noch die Definitionsgleichung für $U_{\iota\varkappa}$, die Gl. (3) zu beachten, um zu dem gewünschten Resultate zu gelangen.

§ 4.

Ein Lie'scher Satz nebst einfachen Folgerungen.

Wenn $v_1 \ldots v_k$ für $k < r$ von einander unabhängige lineare Functionen der Grössen $u_1 \ldots u_r$ sind und jede nach der Vorschrift von (2) und (3) gebildete Grösse $(v_\iota\, v_\varkappa)$ sich linear durch die $v_1 \ldots v_k$ ausdrücken lässt, so bestimmen $v_1 \ldots v_k$ eine Untergruppe der gegebenen Gruppe. Es kann aber der Fall eintreten, dass auch jede Grösse $(u_\alpha\, v_\iota)$ für $\alpha = 1 \ldots r$, $\iota = 1 \ldots k$ sich durch $v_1 \ldots v_k$ darstellen lässt. In diesem Falle nennt Herr Lie die Untergruppe eine invariante. Wenn speziell eine (r—1)-fache invariante Untergruppe existirt, so kann die oben definirte Zahl p höchstens gleich r—1 sein. Denn in diesem Falle sind die sämtlichen Grössen $U_{\iota x}$ ausdrückbar durch $v_1 \ldots v_{r-1}$.

Hier möge eine beiläufige Bemerkung einen Platz finden. Wenn eine (r—2)-fache invariante Untergruppe existirt, so lassen sich alle Grössen $U_{\iota x}$ bei passender Wahl der u durch r—2 Grössen $u_1 \ldots u_{r-2}$ ausdrücken bis auf $U_{r-1,r}$. Somit folgt:

Soll $p = r$ sein, so kann in der Gruppe höchstens eine (r—3)-gliedrige invariante Untergruppe vorkommen.

Inbetreff der (r—1)-gliedrigen Untergruppen hat Herr Lie den Satz bewiesen (Archiv B. 10 S. 89): Wenn nicht für jedes α die Grössen

$$\sum_\varrho a_{\varrho,\varrho\alpha}$$

verschwinden, so hat die gegebene r-gliedrige Gruppe eine invariante (r—1)-gliedrige Untergruppe.

Diesem Satz kann man auch folgenden Ausdruck geben:

Ist die oben definirte Zahl p gleich r, so muss für jedes α sein:

$$(10) \quad \sum_\varrho a_{\varrho,\varrho\alpha} = 0;$$

oder auch:

Wenn die durch Vertauschung von Bewegungen aus derselben Anfangslage erhaltenen beiden Endlagen sich nicht bereits stets in einander überführen lassen durch Bewegungen, welche einer Untergruppe der gegebenen Gruppe angehören, so müssen die Summen (10) verschwinden.

Dieser Satz, von welchem der folgende Paragraph mehrere Anwendungen liefern wird, soll hier zu einem einfachen Beweise des schon von Herrn Lie gefundenen Satzes benutzt werden, dass für $r = 4$ die Zahl p nur die Werte 0, 1, 2, 3 erhalten kann. Soll nämlich $p = 4$ sein, so müssen die vier Summen

$$\sum a_{\varrho,\varrho\alpha}$$

für $\alpha = 1, 2, 3, 4$ verschwinden. Bilden wir nun die Relation (9) für $2c = 4$, so folgt: $(1\,2\,3\,4) = 0$. Diese Gleichung sagt aber aus, dass von den sechs Grössen $U_{\iota x}$ unmöglich vier unabhängig und die beiden andern lineare Functionen der übrigen sein können.

§ 5.

Allgemeine Sätze für p = r.

Wir nehmen jetzt an, dass $p = r$ ist. Dann müssen die Gleichungen (10) für jede Zahl $\alpha = 1 \ldots r$ erfüllt sein. Indem wir wieder die Grössen $U_{\iota x}$ als lineare Functionen von $u_1 \ldots u_r$ betrachten, wie es in § 2 festgesetzt ist, können wir diese Gleichungen auch in folgender Form schreiben:

$$(11) \quad \sum_\varrho \frac{\partial U_{\varrho x}}{\partial u_\varrho} = 0.$$

12

$$x_\iota = \varphi_\iota (y_1 \, . \, . \, y_n),$$

so muss, wenn

$$dx_\iota = \overset{(\iota)}{u}\, dt,\ dy_\varkappa = \overset{(\varkappa)}{v}\, dt,\ \varphi_{\iota\varkappa} = \frac{\partial \varphi_\iota}{\partial y_\varkappa}$$

gesetzt wird, sein

$$\overset{(\iota)}{u} = \Sigma_\nu \ \varphi_{\iota\nu} \ \overset{(\nu)}{v} \ .$$

Indem man diese Werte in die Gleichungen (4) einsetzt, überzeugt man sich sofort, dass di Coefficienten a nicht verändert werden.

Besonders wichtig ist der Fall, dass für eine Combination ($\iota\varkappa$) alle $a_{\nu,\iota\varkappa}$ verschwinden, das also $U_{\iota\varkappa} = 0$ ist. Alsdann gilt dieselbe Bedingung auch für je zwei aus u_ι und $u_\varkappa$ zusammen gesetzte Bewegungen $\alpha u_\iota + \beta u_\varkappa$ und $\gamma u_\iota + \delta u_\varkappa$. Diese Bedingung sagt aus, dass nicht nur di durch diese Functionen dargestellten unendlich kleinen Bewegungen, sondern auch beliebige endlich Fortsetzungen derselben vertauschbar sind.

Zum Beweise wähle ich, was im allgemeinen angeht, das Coordinatensystem so, dass durch di Bewegung $u_\varkappa$ im Gebilde $x_1 = 0$ die $x_3 \ldots x_n$ ungeändert bleiben und die x_2 sich um dieselb Grosse t' ändern, und dass durch die Bewegung u_ι alle $x_2 \ldots x_n$ ungeändert bleiben und die x sich um dieselbe Grösse t ändern. Dann ist $\overset{(1)}{u}_\iota = 1$, $\overset{(2)}{u}_\iota = \ldots \overset{(n)}{u}_\iota = 0$ und die Gleichung $U_{\iota\varkappa} = 0$ sagt aus:

$$\frac{\partial u_\varkappa}{\partial x_1} = 0;$$

also ist jedes $u_\varkappa$ von x_1 unabhängig, oder es ist $\overset{(2)}{u}_\varkappa = 1$, $\overset{(1)}{u}_\varkappa = \overset{(3)}{u}_\varkappa = \ldots = 0$. Die zweite Be wegung ändert also jedes x_2 um t', und der Satz ist gültig, sobald die vorausgesetzte Coordinaten- bestimmung möglich ist. Tritt die letztere Bedingung nicht ein, bewegt sich also jeder Punkt ei beiden Bewegungen in derselben Linie, so werde wieder $\overset{(1)}{u}_\iota = 1$, $\overset{(2)}{u}_\iota = \ldots \overset{(n)}{u}_\iota = 0$ angenommen. Dann ist wieder jedes $u_\varkappa$ von x_1 unabhängig, und da sich die Punkte für $u_\varkappa$ in denselben Lini bewegen, muss $\overset{(2)}{u}_\varkappa = \ldots \overset{(n)}{u}_\varkappa = 0$ und $\overset{(1)}{u}_\varkappa$ eine blosse Function von $x_2 \ldots x_n$, etwa $f(x_2 \ldots x_n)$ sein. Somit wird auch durch die zweite Bewegung jedes x_1 nur einen constanten Zuwachs erhalten wodurch der Satz allgemein bewiesen ist.

Auch die Umkehrung des Satzes lässt sich in derselben Weise zeigen.

Daran schliesst sich der Satz:

„Giebt es in einer Raumform von n Dimensionen n von einander unabhängige Bewegunge $u_1 \ldots u_n$, welche mit einander vertauschbar sind, ohne dass für zwei ihrem System angehören jeder Punkt dieselbe Linie beschreibt, so kann man durch passende Wahl des Coordinatensystem bewirken, dass, wofern ι und $\varkappa$ aus den Zahlen 1 bis n gewählt werden, jedes $\overset{(\varkappa)}{u}_\varkappa = 1$, aber f ungleiche Werte ι und $\varkappa$: $\overset{(\iota)}{u}_\varkappa = 0$ ist.“

Die angegebenen Bewegungen lassen sich zur Aufstellung eines Coordinatensystems benutze demnach setze man:

$$\overset{(1)}{u}_1 = 1,\ \overset{(2)}{u}_1 = \ldots = \overset{(n)}{u}_1 = 0.$$

1 ... r fest auswählt, dem letzten Zeiger eine der übrigen Nummern dieser Reihe beilegt, darauf den aus diesen Nummern gebildeten Pfaffschen Ausdruck nach derjenigen Variabeln differentiirt, deren Marke gleich dem letzten Zeiger ist, und schliesslich die Summe dieser Differentialquotienten für alle Zahlen bildet, welche von den fest gewählten Nummern verschieden sind. Wie auch die ersten Marken gewählt sind, muss diese Summe verschwinden.

Diesem Resultat lässt sich eine besonders einfache Form geben für die grösste Zahl, für welche nicht alle Pfaffschen Ausdrücke verschwinden. Zunächst sei r eine ungerade Zahl. Dann wird die Gleichung (7), für alle r Nummern gebildet, von selbst erfüllt, da nach (10) alle ihre Coefficienten verschwinden. Bildet man aber die Relation (7) für die Zahl r—2 oder was dasselbe ist, die Relation (14) für r—2 feste Marken $\alpha \ldots \eta$, so ist die Summation nach τ über die beiden noch fehlenden Nummern auszudehnen. Es sei also $\alpha\beta\gamma \ldots \zeta\eta\lambda\mu$ eine beliebige Permutation von 1,2 .... r, so besteht die Gleichung:

$$(15)\quad \frac{\partial\,(\alpha\beta\gamma \ldots \zeta\eta\lambda)}{\partial u_\lambda} + \frac{\partial\,(\alpha\beta\gamma \ldots \zeta\eta\mu)}{\partial u_\mu} = 0.$$

Wenn daher die r Pfaffschen Ausdrücke

$$(2\,3 \ldots r),\ (3\,r \ldots 1) \ldots\ldots$$

$$(16)\quad (i+1 \ldots r\,1\,2 \ldots i-1) \ldots\ldots (1\,2 \ldots r-1)$$

nicht sämtlich verschwinden, so bilden sie in folge des Systems (15) der Reihe nach die Ableitungen einer Function $\varphi\left(u_1 \ldots u_r\right)$ der Variabeln $u_1 \ldots u_r$. Diese Function vom Grade $\frac{r+1}{2}$ ist für $r > 3$ nicht die allgemeinste Function dieses Grades, sondern hat infolge der für eine kleinere Zahl von Marken gebildeten Gleichungen (14) Besonderheiten, deren Entwicklung einer späteren Arbeit vorbehalten bleiben muss.

Wenn aber die r Ausdrücke (16) sämtlich verschwinden, so mögen $\alpha\beta\gamma \ldots \varepsilon$ irgend r—4 aus den Nummern 1 ... r und $\varkappa\lambda\mu\nu$ die übrigen sein. Dann sagt die Gl. (14):

$$\frac{\partial\,(\alpha\beta \ldots \varepsilon\varkappa)}{\partial u_\varkappa} + \frac{\partial\,(\alpha\beta \ldots \varepsilon\lambda)}{\partial u_\lambda} + \frac{\partial\,(\alpha\beta \ldots \varepsilon\mu)}{\partial u_\mu} + \frac{\partial\,(\alpha\beta \ldots \varepsilon\nu)}{\partial u_\nu} = 0.$$

Da ausserdem die Ausdrücke (16) verschwinden, so sind die aus r—3 Marken gebildeten Ausdrücke $(\alpha\beta \ldots \varepsilon\zeta)$ Functional-Determinanten dreier Functionen $\varphi_1\ \varphi_2\ \varphi_3$ und zwar ist, wenn $\alpha\beta \ldots \varepsilon\zeta\lambda\mu\nu$ eine positive Permutation von 1 ... r ist:

$$(\alpha\beta \ldots \varepsilon\zeta) = \begin{pmatrix} \varphi_1 & \varphi_2 & \varphi_3 \\ u_\gamma & u_\mu & u_\nu \end{pmatrix}$$

wo die Functional-Determinante symbolisch bezeichnet ist.

Sollten auch noch die Pfaffschen Ausdrücke aus r—3 Nummern sämtlich verschwinden, aber nicht die aus r—5 Nummern gebildeten, so giebt es fünf Functionen, deren Functional-Determinanten gleich entsprechenden Pfaffschen Ausdrücken sind. U. s. w.

Wir fassen das Resultat in dem Satze zusammen:

Werden die Grössen $U_{\iota\varkappa}$ als lineare Functionen von $u_1 \ldots u_r$ aufgefasst und lassen sich dieselben bei dieser Auffassung nicht durch weniger Variabele ausdrücken, so sind für ein ungerades r die r Pfaffschen Ausdrücke, welche man aus den $U_{\iota\varkappa}$ mit Weglassung je einer Marke bildet, wofern sie nicht sämtlich verschwinden, die Ableitungen einer einzigen Function $\frac{r+1}{2}$ ten Grades der $u_1 \ldots u_r$. Wenn aber die aus r—1 Nummern gebildeten Pfaffschen Grössen sämtlich verschwinden, und wenn

14

dann für ein ungerades s die Zahl r—s die höchste Zahl ist, für welche nicht sämtliche aus r—s Nummern gebildete Pfaffsche Ausdrücke verschwinden, so bilden dieselben die Functional-Determinanten von s Functionen $\varphi_1 \dots \varphi_s$ je nach s Variabeln. Die Grade dieser Functionen betragen zusammen $\frac{r+s}{2}$. Das Zeichen ist so zu wählen, dass wenn $\alpha \dots \zeta$ irgend r—s Nummern und $\iota \dots \nu$ die s übrigen sind, und wenn dann $\alpha \dots \zeta\ \iota \dots \nu$ eine gerade Permutation der Nummern 1 ... r ist, gesetzt werden muss:

$$(\alpha \dots \zeta) = \begin{pmatrix} \varphi_1 \dots \varphi_s \\ u_\iota \dots u_\nu \end{pmatrix}.$$

Für ein gerades r gilt ein ganz ähnlicher Satz. Bildet man die Gleichung (9) für alle r Zahlen 1 ... r, so wird die rechte Seite infolge von (10) verschwinden; also ist

$$(1 \dots r) = 0.$$

Sind nun $\alpha\beta \dots \zeta\eta$ irgend r—3 Nummern 1 ... r und $\varkappa\lambda\mu$ die drei andern, so ist nach (14):

$$\frac{\partial\,(\alpha\beta \dots \zeta\eta\varkappa)}{\partial u_\varkappa} + \frac{\partial\,(\alpha\beta \dots \zeta\eta\lambda)}{\partial u_\lambda} + \frac{\partial\,(\alpha\beta \dots \zeta\eta\mu)}{\partial u_\mu} = 0.$$

Verschwinden also die aus r—2 Nummern gebildeten Pfaffschen Ausdrücke nicht sämtlich, so sind sie die Functional-Determinanten zweier Functionen φ_1 und φ_2 nach je zwei Variabeln genommen. Entsprechendes gilt, wenn diese Pfaffschen Grössen verschwinden, aber nicht alle aus r—s Nummern gebildeten, wo s eine gerade Zahl sein muss. Somit besteht der Satz:

Werden bei einer r-gliedrigen Gruppe die Grössen $U_{\iota\varkappa}$ als Functionen von $u_1 \dots u_r$ aufgefasst und können sie als solche nicht durch weniger Variabele dargestellt werden, und ist r eine gerade Zahl, so sind die aus den $U_{\iota\varkappa}$ vermittelst r—2 Nummern gebildeten Ausdrücke $(\alpha\beta \dots \eta)$ Functional-Determinanten zweier Functionen φ_1 und φ_2, und zwar ist

$$(\alpha\beta \dots \eta) = \frac{\partial \varphi_1}{\partial u_\lambda}\frac{\partial \varphi_2}{\partial u_\mu} - \frac{\partial \varphi_1}{\partial u_\mu}\frac{\partial \varphi_2}{\partial u_\lambda},$$

wenn $\alpha\beta \dots \eta\lambda\mu$ aus 1 2 ... r durch eine gerade Permutation erhalten wird. Wenn erst r—s (für ein gerades s) der höchste Grad ist, für welchen die genannten Ausdrücke nicht sämtlich verschwinden, so gibt es s Functionen $\varphi_1 \dots \varphi_s$, deren Functional-Determinanten nach je s Variabeln genommen, gleich den aus den übrigen r—s Nummern gebildeten Pfaffschen Ausdrücken sind.

Diesem Satze und dem entsprechenden für ein ungerades r kann eine andere Seite abgewonnen werden. Unterwirft man die Variabeln $u_1 \dots u_r$ den r infinitesimalen Transformationen:

$$(17)\quad du_1 = dt \sum_\varrho a_{\varrho,1\varkappa}\, u_\varrho \dots\dots du_r = dt \sum_\varrho a_{\varrho,r\varkappa}\, u_\varrho$$

oder kürzer geschrieben:

$$(18)\quad du_1 = dt\; U_{1\varkappa} \dots\dots du_r = dt\; U_{r\varkappa}$$

für k = 1 ... r, so bestimmen diese eine r-gliedrige Gruppe, welche mit der gegebenen gleich zusammengesetzt ist. Den Beweis dieses Satzes hat bereits Herr Lie veröffentlicht (Math. Annalen B. XVI S: 496 u. B. XXV S. 94). Eine solche Gruppe, wie sie durch die Gl. (17) oder (18) definirt ist, nennt er eine lineare.

Oben ist gezeigt, dass es immer s Functionen $\varphi_1 \dots \varphi_s$ gibt, deren Functional-Determinanten

15

gleich sind bestimmten aus den $U_{\iota\varkappa}$ gebildeten Pfaffschen Ausdrücken. Wenn nun ι eine der Zahlen $1 \ldots s$ bezeichnet, so ist:

$$d\varphi_\iota = \frac{\partial\varphi_\iota}{\partial u_1} du_1 + \ldots + \frac{\partial\varphi_\iota}{\partial u_r} du_r .$$

Wende ich hierauf die Transformation (18) an, so folgt:

$$d\varphi_\iota = \left(\frac{\partial\varphi_\iota}{\partial u_1} U_{1\varkappa} + \ldots + \frac{\partial\varphi_\iota}{\partial u_r} U_{r\varkappa}\right) dt.$$

Infolge der Ausdrücke, welche oben für die Functional-Determinanten gefunden sind, verschwindet aber der Ausdruck auf der rechten Seite, wie auf mancherlei Weise gezeigt werden kann; also ist:

$$(19) \quad \partial\varphi_\iota = 0 \qquad (\iota = 1 \ldots s).$$

Das gibt den Satz:

Jede lineare r-gliedrige Transformations-Gruppe von r Variabeln lässt mindestens eine homogene Function der Variabeln ungeändert; es können aber auch mehr Functionen ungeändert bleiben, und zwar ist deren Zahl bei geradem r mindestens gleich zwei. Ist die Zahl der ungeändert bleibenden Functionen gleich s, so ist s zugleich mit r gerade oder ungerade. Die Grade der einzelnen Functionen betragen zusammen $\frac{r+s}{2}$.

Die Bildung dieser Functionen ist bereits oben gezeigt worden.

§ 6.

Spezielle Sätze für p < r.

Die Sätze des vorigen Paragraphen beschränken sich nicht auf den Fall $p = r$, können vielmehr auch für $p < r$ ihre Gültigkeit behalten. Denn der Beweis stützte sich nur auf die Gleichungen (10), welche für $p = r$ stets bestehen, aber auch für $p < r$ gültig sein können. Nehmen wir also an, für $p < r$ würden die Gleichungen (10) erfüllt, so bleiben auch die Sätze des vorigen § in Gültigkeit. Wenn dann alle Functionen $U_{\iota\varkappa}$ sich durch $u_1 \ldots u_p$ darstellen lassen, so können die charakteristischen Functionen φ nur die Variabeln $u_1 \ldots u_p$ enthalten. [Man darf aber keineswegs umgekehrt schliessen wollen, dass, wenn diese Functionen weniger Variabele enthalten, dann auch die $U_{\iota\varkappa}$ durch weniger als r Grössen darstellbar seien. So ist für

$$U_{16} = 3u_1 ,\ U_{17} = 3u_2 ,\ U_{25} = -u_1 ,\ U_{26} = u_2 ,$$
$$U_{27} = 2u_3 ,\ U_{35} = -2u_2 ,\ U_{36} = -u_3 ,\ U_{37} = u_4 ,$$
$$U_{45} = -3u_3 ,\ U_{46} = -3u_4 ,\ U_{56} = 2u_5 ,\ U_{57} = u_6 ,\ U_{67} = 2u_7 ,$$

während die übrigen $U_{\iota\varkappa}$ $(\iota, \varkappa = 1 \ldots 7)$ verschwinden,

$$\varphi = u_1^2 u_4^2 - 3u_2^2 u_3^2 + 4u_1 u_3^3 + 4u_2^3 u_4 - 4u_1 u_2 u_3 u_4].$$

Was nun die Bildung der r-gliedrigen Gruppen für $p < r$ angeht, so scheint es am passendsten zu sein, von der p-gliedrigen Untergruppe auszugehen, diese in ihrer einfachsten Gestalt vorauszusetzen

16

und dann unter Anwendung der Jacobischen Relationen und der aus denselben folgenden Gl. (6)—(9) die weiteren Grössen $U_{\iota\varkappa}$ zu bestimmen.

Um ein spezielles Beispiel durchzuführen, wollen wir annehmen, dass die Grössen $U_{\iota\varkappa}$ einer r-gliedrigen Gruppe sich durch u_1, u_2, u_3 ausdrücken lassen und dass diese die allgemeinste dreigliedrige Gruppe bestimmen. Dann können letztere so gewählt werden, dass

$$U_{23} = \alpha u_1\,,\; U_{31} = \beta u_2\,,\; U_{12} = \gamma u_3$$

ist. Ferner ist für $r > 3$ jedes $a_{r,\iota\varkappa} = 0$. Bilden wir also die Jacobische Relation für 2. 3. r, so folgt:

$$(20)\quad \alpha U_{1r} = -a_{1,3r}\,\gamma u_3 - a_{1,2r}\,\beta u_2\,.$$

und zwei entsprechende Gleichungen ergeben sich aus 3. 1, r und 1. 2. r. Wir ersetzen u_r durch $u_r + m_1 u_1 + m_2 u_2 + m_3 u_3$ und versuchen die m so zu wählen, dass die neuen Grössen U_{1r}, U_{2r}, U_{3r} verschwinden. Dazu ist notwendig:

$$\beta m_1 = -a_{2,3r}\,,\; \gamma m_1 = a_{3,2r} \qquad \text{u. s. w.}$$

Diese Gleichungen konnen aber wegen der Relationen (20) erfüllt werden. Man kann also ohne Beschränkung der Allgemeinheit annehmen, dass jede Grösse U_{1r}, U_{2r}, U_{3r} gleich Null ist. Wendet man noch die Jacobische Relation für 1. μ, r an ($\mu, r > 3$), so folgt $U_{\mu r} = 0$. Daraus ergibt sich:

In jeder r-gliedrigen Gruppe, für welche $p = 3$ ist und für welche das aus diesen drei Transformationen gebildete System keine vertauschbaren Transformationen enthält, gibt es eine $(r-p)$-gliedrige Untergruppe von der Eigenschaft, dass jede dieser letzteren angehörige Transformation mit allen Transformationen der r-gliedrigen Gruppe vertauschbar ist.

Beiläufig bemerke ich, dass der erste Teil des vorangehenden Beweises sich unmittelbar auf invariante Untergruppen anwenden lässt und zu dem Satze führt:

Hat eine p-gliedrige Gruppe eine dreigliedrige invariante Untergruppe und diese keine zwei vertauschbaren Transformationen, so lassen sich die infinitesimalen Transformationen so wählen, dass für $r > 3$ ist:

$$U_{1r} = U_{2r} = U_{3r} = 0.$$

Nun würde es aber überaus weitläufig sein, wenn alle p-gliedrigen Gruppen in gleicher Weise untersucht werden müssten. Deshalb ist es ganz erwünscht, dass der folgende Lehrsatz eine grosse Reihe von Gruppen von vorn herein absondert. Wir sprechen den Satz zunächst für invariante Untergruppen aus und geben ihm die Form:

Jede p-gliedrige Untergruppe einer r-gliedrigen Gruppe hat die Eigenschaft:

$$(21)\quad \sum_{r=1}^{p} a_{r,r1} = 0 \;\ldots\; \Sigma a_{r,rp} = 0.$$

Angenommen, der Satz wäre nicht richtig und die p Summen (21) verschwänden nicht sämtlich. Denn geht aus den Entwicklungen des Herrn Lie im zehnten Bande seines Archivs (S. 86—90) und auch unabhängig davon aus einfachen Betrachtungen hervor, dass in der p-gliedrigen Gruppe eine $(p-1)$-gliedrige invariante Untergruppe enthalten ist, für welche die den Gl. (21) entsprechenden Relationen bestehen. Die $p-1$ Grössen, durch welche diese neue Untergruppe bestimmt wird, seien $u_2 \ldots u_p$; dann drücken sich auch alle Grössen $U_{12} \ldots U_{1p}$ durch $u_2 \ldots u_p$ aus, und bei dieser Wahl werden alle Gleichungen (21) erfüllt mit Ausnahme der ersten.

17

Ist nun $\nu > p$, so wende man die Relationen (7) und (9) an zunächst für $1\,2\ldots p$, dann für $2\ldots p\nu$ und endlich für $1\,2\ldots p\nu$. Diese Relationen, welche niederzuschreiben wohl nicht nötig sein wird, nehmen zwei verschiedene Formen an, jenachdem p gerade oder ungerade ist. Dieselben können nur unter einer der drei folgenden Bedingungen erfüllt werden: entweder verschwinden auch Ausdrücke $(3\ldots\ldots p)$ resp. $(1\,3\ldots p)$, oder es verschwinden alle $a_{1,1\nu}\; a_{1,2\nu}\ldots a_{1,p\nu}$ oder es wird $a_{2,21} + \ldots + a_{p,p1} = 0$. Im ersten Falle bildet man dieselben Ausdrücke für weniger Nummern, so dass wir von demselben absehen können; es bleiben also nur die beiden letzten Fälle übrig, von denen der erste darauf hinauskommt, dass bereits $u_2 \ldots u_p$ eine invariante Untergruppe bilden.

Jetzt ist es leicht, auch den folgenden Satz zu beweisen:

Wenn sich in einer r-gliedrigen Gruppe alle Grössen $U_{\iota x}$ durch p von einander unabhängige Grössen ausdrücken lassen, so gelten in der hierdurch bestimmten Gruppe die p Gleichungen (21).

Zum Beweise treffen wir dieselbe Anordnung, wie oben. Dann folgt aus der Annahme, dass die Gl. (21) nicht bestehen, zunächst, dass sich die $U_{1\nu}, \ldots U_{p\nu}$ durch weniger Grössen darstellen lassen und etwa u_1 fehlt. Nun bilde man die Jacobischen Relationen selbst und erkennt, dass auch $U_{\mu\nu}$ für $\mu, \nu > p$ diese Grösse u_1 nicht enthält.

Speziell mache ich auf folgenden Satz aufmerksam:

Wenn eine r-gliedrige Gruppe eine zweigliedrige invariante Untergruppe enthält, so sind deren Transformationen mit einander vertauschbar.

Heyne'sche Buchdruckerei (R. Siltmann) in Braunsberg.

Register

Verzeichnis der Briefe

Die folgenden Stichworte entsprechen in etwa den Randbemerkungen im Briefteil; sie geben keinen vollständigen Überblick über den Inhalt der Briefe.

1. Killing an Engel (G1) Braunsberg, 6. 11. 1885
2. Engel an Killing (G) Leipzig, 9. 11. 1885
3. Engel an Killing (M) Leipzig, 9. 11. 1885
4. Killing an Engel (G1a) Braunsberg, 11. 11. 1885
   Zu den Anfängen von Killings Arbeiten über Transformationsgruppen, Verhältnis zu Lies Arbeiten, $\mathbf{sl}_2$*, Raumtheorie, Diskussion von [K1884].*
5. Engel an Killing (M) Leipzig, 18. 2. 1886
   Strukturkonstanten, Anwendungen der Invariantentheorie.
6. Killing an Engel (G2) Braunsberg, 20. 2. 1886
   Vergleich von Killings und Lies Bezeichnungen.
7. Engel an Killing (G) Leipzig, 22. 2. 1886
   Strukturkonstanten, Diskussion von [K1886].
8. Killing an Engel (G3) Braunsberg, 23. 2. 1886
   Diskussion von [K1886], Teilalgebren.
9. Engel an Killing (M) Greiz i. Vgtl., 15. 3. 1886
10. Killing an Engel (G4) Braunsberg, 29. 3. 1886
    Invarianten der adjungierten Lie-Algebren, Jacobi-Identität.
11. Engel an Killing (M) Greiz, 8. 4. 1886
    Jacobi-Identität, einfache Lie-Algebren, Invarianten von Trilinearformen.
12. Killing an Engel (G5) Braunsberg, 12. 4. 1886
    Fehler in [K1886], „Einfache Lie-Algebren sind nur die beiden bekannten Arten.“
13. Engel an Killing (M) Greiz, 19. 4. 1886
    Aufforderung, statt der zweiten (Lies „dualistische“) auch die erste adjungierte Lie-Algebra zu behandeln.
14. Killing an Engel (G6) Braunsberg, 24. 4. 1886
    Verhältnis zu Lies Arbeiten, über die Invarianten der ersten adjungierten Lie-Algebra.
15. Killing an Engel (G, Karte 1) Braunsberg, 16. 7. 1886
    Ankündigung eines Besuchs in Leipzig auf der Reise nach Heidelberg.

16. Engel an Killing (M) Leipzig, 19. 7. 1886
Einladung nach Leipzig, adjungierte Lie-Algebren, Invarianten einfacher Lie-Algebren, Verallgemeinerung der Jacobi- Identität.
17. Killing an Engel (G7) Braunsberg, 28. 7. 1886
Vorläufiges Manuskript von [ZvG 1], charakteristische Gleichung.
18. Killing an Engel (G8) Braunsberg, 13. 10. 1886
Familie, Ideen für eine Klasseneinteilung der Lie-Algebren, die Zahl l (Rang).
19. Engel an Killing (M) Leipzig, 21. 10. 1886
Kommentare zu Killings Klasseneinteilung, unendliche Lie-Algebren.
20. Killing an Engel (G9) Braunsberg, 29. 11. 1886
Familie, Rektoratsgeschäfte, Geschworener.

21. Killing an Engel (G10) Braunsberg, 31. 1. 1887
Familie, Unterdeterminanten der charakteristischen Determinante, Lie-Algebren vom Rang 1 ind 2.
22. Engel an Killing (M) Leipzig, 3. 2. 1887
Neuer Satz (mit Beweis): „Gruppen ohne Kegelschnittsuntergruppen sind integrabel."
23. Killing an Engel (G11) Braunsberg, 7. 2. 1887
Beweis des vorgenannten Satzes für Lie-Algebren vom Rang > 0 *mit Hilfe der Wurzelraumzerlegung.*
24. Engel an Killing (M) Leipzig, 12. 2. 1887
Ein weiterer Satz von Engel.
25. Killing an Engel(G12) Braunsberg, 27. 4. 1887
Lie-Algebren vom Rang 0 *und* 1, *Wurzelsysteme, Basis, Cartan-Matrix Vorschlag der Bezeichnung „halbeinfach".*
26. Killing an Engel (G, Karte 2) Braunsberg, 7. 5. 1887
Mitteilung über die Entdeckung neuer einfacher Lie-Algebren („wenn ich mich nicht sehr irre").
27. Engel an Killing (M) Leipzig, 15. 5. 1887
Ermutigung zur Publikation, Beifall für „halbeinfach", Einteilung der Lie-Algebren in Klassen, primitive und transitive Lie-Algebren.
28. Killing an Engel(G13) Braunsberg, 23. 5. 1887
$\mathbf{G}_2$ *„lebt im* $\mathbb{R}_5$*", Wurzelsystem und Multiplikationstafel für* $\mathbf{G}_2$.
29. Engel an Killing (M) Leipzig, 4. 6. 1887
Engels Beweis für die Invarianz des charakteristischen Polynoms, neuer Satz von Engel.
30. Killing an Engel (G, Karte 3) Braunsberg, 4. 8. 1887
31. Killing an Engel (G14) Braunsberg, 18. 10. 1887
Aufzählung aller einfachen Lie-Algebren vom Rang ≤ 4, *geometrische Überlegungen zum Fall* $l = 1$.

32. Killing an Engel (G15) Braunsberg, 6. 11. 1887
[ZvG 1] an Klein.

33. Engel an Killing (M) Leipzig, 2. 2. 1888
Zerlegung der adjungierten Darstellung einer zu $\mathbf{sl}_2$ *isomorphen Teilalgebra in ireduzible Teildarstellungen.*
34. Killing an Engel (G16) Braunsberg, 4. 2. 1888
Verhältnis zu Lies Arbeiten, [ZvG 2] an Klein, Aufzählung aller einfachen Lie-Algebren.
35. Killing an Engel (G, Karte 4) Braunsberg, 11. 4. 1888
36. Killing an Engel (G, Karte 5) Braunsberg, 24. 5. 1888
37. Engel an Killing (M) Leipzig, 14. 6. 1888
Explizite Angabe von $\mathbf{G}_2$ *durch infinitesimale Tansformationen des* $\mathbb{R}_5$.
38. Killing an Engel (G16a) Braunsberg, 18. 6. 1888
Zu Engels und zur eigenen Realisierung der $\mathbf{G}_2$.
39. Killing an Engel (G, Karte 6) Braunsberg, 19. 10. 1888
40. Killing an Engel (G, Karte 7) Braunsberg, 20. 10. 1888
41. Killing an Engel (G17) Braunsberg, 22. 10. 1888
42. Killing an Engel (G, Karte 8) Braunsberg, 23. 10. 1888
43. Engel an Killing (M) Leipzig, 25. 10. 1888
44. Killing an Engel (G18) Braunsberg, 26. 10. 1888
45. Killing an Engel (G, Karte 9) Braunsberg, 27. 10. 1888
46. Killing an Engel (G19) Braunsberg, 10. 11. 1888
47. Engel an Killing (M) Leipzig, 25. 11. 1888
48. Killing an Engel (G, Karte 10) Braunsberg, 27. 11. 1888
In 39 bis 48 geht es überwiegend um Korrekturen und Änderungsvorschläge von Engel zu [ZvG 2] und [ZvG 3].

49. Killing an Engel (G20) Braunsberg, 3. 1. 1889
Mißstimmung wegen Engels Referat von [K1886] im Jahrb. über die Fortschr. d. Math.
50. Engel an Killing (M) Leipzig, 6. 1. 1889
Rechtfertigung
51. Killing an Engel (G21) Braunsberg, 23. 1. 1889
Nochmal Engels Referat.
52. Engel an Killing (G) Leipzig, 2. 2. 1889
53. Killing an Engel (G22) Braunsberg, 4. 2. 1889
Verhältnis von Killings Arbeiten und Bezeichnungen zu denen von Lie.

54. Killing an Engel (G, Karte 12) Braunsberg, 13. 2. 1890
Lies Krankheit

55. Engel an Killing (G) Leipzig, 18. 2. 1890
Eine andere Form der $\mathbf{G}_2$, *Lies Befinden.*
56. Killing an Engel (G23) Braunsberg, 25. 2. 1890
Lies Befinden, zu Engels zweiter Form der $\mathbf{G}_2$.
57. Engel an Killing (G) Dresden N., 8. 3. 1890
Über die beiden Formen der $\mathbf{G}_2$.
58. Killing an Engel (G24) Braunsberg, 21. April 1890
Ideen zu einer Verallgemeinerung von Lies Theorie der systatischen Gruppen.
59. Engel an Killing (G) Leipzig, 8. 5. 1890
Referat von [ZvG 1] und [ZvG 2] im Jahrb. über die Fortschr. d. Math.
60. Killing an Engel (G25) Braunsberg, 11. 5. 1890
Lie-Algebren vom Rang 0
61. Engel an Killing (M) Leipzig, 12. 6. 1890
Arbeit mit Schülern, Lies Befinden.
62. Killing an Engel (G26) Braunsberg, 21. 6. 1890
Über mehrfache Wurzeln.
63. Engel an Killing (M) Leipzig, 25. 6. 1890
Fehler in [ZvG 1] §9.
64. Killing an Engel (G27) Braunsberg, 18. 7. 1890
Ideen zur Korrektur des vorgenannten Fehlers.
65. Engel an Killing (M) Leipzig, 20. 7. 1890
Lösung eines Spezialfalles, $\mathbf{so}_7$ *als Lie-Algebra der Invarianten eines Systems von Differentialgleichungen, zum Verhältnis Lie/Killing.*
66. Killing an Engel (G28) Braunsberg, 21. 7. 1890
Zu Engels Form der $\mathbf{so}_7$, *nochmals zum Fehler in [ZvG 1] §9.*
67. Engel an Killing (M) Greiz i. V., 27. 8. 1890
„Hübsche“ Formen für $\mathbf{G}_2$ *und* $\mathbf{so}_7$.

68. Killing an Engel (G29) Braunsberg, 24. 2. 1891
Zu [ZvG 1] §9.
69. Engel an Killing (G) Greiz i/V., 5. 10. 1891
Verschiedene Neuigkeiten.
70. Killing an Engel (G30) Braunsberg, 16. 11. 1891
Über Umlaufs Dissertation, allgemeines über Lie-Algebren vom Rang 0.
71. Engel an Killing (G) Leipzig, 9. 12. 1891
Umlaufs Dissertation.
72. Killing an Engel (G, Karte 13) Braunsberg, 14. 12. 1891

73. Killing an Engel (G, Karte 14) Münster, 8. 18. 1895

74. Killing an Engel (G31) Münster, 15. 9. 1897
Fragen bez. Invarianten und Priorität gegenüber Lie wegen symplektischer Gruppen.
75. Engel an Killing (G) Greiz i. V., 16. 9. 1897
Engels Antwort, Sätze der hyperbolischen Geometrie.
76. Killing an Engel (G32) Münster, 18. 7. 1897
Zu Engels Antwort.

77. Engel an Killing (G) Dresden, 1. 3. 1898
78. Killing an Engel (G, Karte 15) Münster, 29. 1. 1899
79. Killing an Engel (G, Karte 16) Münster, 7. 3. 1900
Austausch von Publikationen.

80. Killing an Engel (G33) Münster, 14. 6. 1901
Dank für den „glänzenden Bericht" (Engels Gutachten) zum Lobatschewsky-Preis.
81. Engel an Killing (G) Leipzig, 4. 8. 1901
Bemerkungen zur Preisverleihung.

82. Killing an Engel (G34) Münster, 30. 3. 1902
DMV-Tagung Hamburg, Lehrverpflichtungen, Prioritätsfragen wegen symplektischer Gruppen.
83. Killing an Engel (G35) Münster, 8. 7. 1802
Untersuchungen zur Geometrie der $\mathbf{sl}_3$.

84. Killing an Engel (G, Karte 17)Münster, 8. 9. 1912
Besuch Engels anläßlich der DMV-Tagung in Münster.

85. Engel an Killing (M) Ludwigsplatz 9 Giessen, 8. 8. 1913
Dank für die Gastfreundschaft in Münster.

86. Engel an Killing (G) Giessen, 9. 5. 1917
Gratulation zum 70. Geburtstag.
87. Killing an Engel (M) Münster, 2. 6. 1917
Dank, über das eigene Befinden.

Verzeichnis der wissenschaftlichen Schriften Killings

[K1872] Der Flächenbüschel zweiter Ordnung. Dissertation, Berlin 14. März 1872, 39 S.

[K1879] Über zwei Raumformen mit konstanter positiver Krümmung. Mit Rücksicht auf die Abhandlung des Herrn Newcomb im 83. Bande dieses Journals. J. für die reine und angew. Math. (Crelles Journal) 86, 72–83

[K1880a] Grundbegriffe und Grundsätze der Geometrie. Programm des Gymnasiums zu Brilon, Schuljahr 1879/80, 11 S.

[K1880b] Die Rechnung in den Nicht-Euklidischen Raumformen. J. für die reine und angew. Math. (Crelles Journal) 89, 265–287

[K1883a] Die Mechanik in den Nicht-Euklidischen Raumformen. Programm des Gymnasiums zu Brilon, Schuljahr 1882/83, 10 S.

[K1883b] Über die Nicht-Euklidischen Raumformen von n Dimensionen. Festgabe für das Briloner Gymnasium zum 23. Oktober 1883, Verlag von Huye's Buchhandlung (Emil Bender) Braunsberg, 14 S.

[K1884] Erweiterung des Raumbegriffs. Programm der Akademie Braunsberg, Oktober 1884, 19 S.

[K1885a] Die Nicht-Euklidischen Raumformen in analytischer Behandlung. Verlag Teubner, Leipzig

[K1885b] Die Mechanik in den Nicht-Euklidischen Raumformen. J. für die reine und angew. Math. (Crelles Journal) 98, 1–49

[K1886] Zur Theorie der Lie'schen Transformationsgruppen. Programm der Akademie Braunsberg, April 1886, 15 S.

[ZvG 1] Die Zusammensetzung der stetigen endlichen Transformationsgruppen I. Math. Annalen 31 (1888) 252–290

[ZvG 2] Die Zusammensetzung der stetigen endlichen Transformationsgruppen II. Math. Annalen 33 (1888) 1–48

[ZvG 3] Die Zusammensetzung der stetigen endlichen Transformationsgruppen III. Math. Annalen 34 (1889) 57–122

[K1889] Über eine gewisse Determinante. Programm der Akademie Braunsberg, April 1889, 14 S.

[K1890a] Erweiterung des Begriffes der Invarianten von Transformationsgruppen. Math. Ann 35, 423–432

[ZvG 4] Die Zusammensetzung der stetigen endlichen Transformationsgruppen IV. Math. Annalen 36 (1890) 161–189

[K1890b] Bestimmung der größten Untergruppen von endlichen Transformationsgruppen. Math. Annalen 36, 239–254

[K1891] Über die Clifford-Kleinschen Raumformen. Math. Annalen 39, 257–278

[K1892] Über die Grundlagen der Geometrie. J. für die reine und angew. Math. (Crelles Journal) 109, 121–186

[K1893a] Zur projektiven Geometrie. Math. Annalen 43 569–590

[K1893b] Einführung in die Grundlagen der Geometrie. Bd. I, Verlag Schöningh, Paderborn, 357 S.

[K1895a] Bemerkungen über die Transformationsgruppen vom Range null. Programm der Akademie Münster, April 1895, 13 S.

[K1895b] Bemerkungen über Veronese's transfinite Zahlen. Programm der Akademie Münster, Oktober 1895, 9 S.

[K1897a] Ueber transfinite Zahlen. Math. Annalen 48, 425 - 432

[K1897b] Karl Weierstraß, Rede aus Anlaß der Übernahme des Rektorats am 15.10.1897. Natur und Offenbarung Bd. 43, Münster, 21 S.

[K1898] Einführung in die Grundlagen der Geometrie. Bd. II Verlag Schöningh, Paderborn, 361 S.

[K1900] Lehrbuch der analytischen Geometrie in homogenen Koordinaten. Verlag Schöningh, Paderborn, 581 S.

[K1904] Der Bau einer besonderen Klasse von Transformationsgruppen. Festschrift für Ludwig Boltzmann, S. 715–720, Leipzig

[K1905] Eine elementare Behandlung der Polarentheorie für den Kreis. Zeitschr. für math. u. naturwiss. Unterricht 36, 81–83

[K1910] Mit H. Hovestadt: Handbuch des mathematischen Unterrichts. 1. Bd., Verlag B. G. Teubner, Leipzig, 456 S.

[K1913a] Mit H. Hovestadt: Handbuch des mathematischen Unterrichts. 2. Bd., Verlag B. G. Teubner, Leipzig, 472 S.

[K1913b] Bemerkungen über die Ausbildung der Gymnasiallehrer. Jber. DMV 22, 20–34

[K1914] Die Grundbegriffe der Infinitesimalrechnung in ihrer Bedeutung für den Schulunterricht. Zeitschr. für math. u. naturwiss. Unterricht 45, 5–19

[K1922] Bemerkungen zur nichteuklidischen Geometrie. Jber. DMV 31, 38–41

Ferner wurden benutzt:

[KAN] W. Killing, Autobiographische Notizen. Killing-Nachlaß, Universitätsbibl. Münster. (Von Killings Hand. Sie umfassen den Zeitraum von der Kindheit bis zum Schuldienst in Berlin. Im Mittelpunkt der Darstellung steht meistens Killings Schwester Hedwig. Das ist in Übereinstimmung mit der Bemerkung von P. Oellers in [O1928], daß die Notizen für das Ursulinenkloster in Erfurt geschrieben wurden, in dem Hedwig Killing Oberin war. Der größte Teil der Notizen ist in [O1928] abgedruckt.)

[KBI] Briefwechsel W. Killing – C. Isenkrahe 1908–1921. Nachlaß Oellers, Franziskanerkonvent Werl

Literaturverzeichnis

Cartan, Élie Joseph

[Ca1989] Sur la structure des groupes de transformation finis et continus. Thèse, Oeuvres complètes, Bd. I, 137–292

Coleman, A. J.

[Co1989] The greatest mathematical paper of all time. The Math. Intelligencer 11.3, 29–38

Engel, Friedrich

[E1884a] Zur Theorie der Berührungstransformationen. Dissertation, Leipzig 1883, Math. Ann. 23, 1–45

[E1884b] Über die Abelschen Relationen für die Theilwerthe der elliptischen Funktionen. Leipz. Ber. 36, 32–51

[E1886a] Über die Definitionsgleichungen der continuirlichen Transformationsgruppen. Leipziger Habilitationsschrift 1885, Math. Ann. 27, 1–57

[E1886b] Zur Theorie der Zusammensetzung der endlichen continuirlichen Transformationsgruppen. Leipz. Ber. 38, 83–94

[E1887] Kleinere Beiträge zur Gruppentheorie, I. Der Sinn der Jacobischen Identität, II. Zur Theorie der Zusammensetzung. Leipz. Ber. 39, 89–99

[E1889] Zur Invariantentheorie der Systeme von Pfaffschen Gleichungen. Leipz. Ber. 41, 157–176

[E1890] Zur Invariantentheorie der Systeme von Pfaffschen Gleichungen, Zweite Mitteilung. Leipz. Ber. 42, 192–207

[E1891a] Kleinere Beiträge zur Gruppentheorie, III. Die infinitesimalen Berührungstransformationen. Leipz. Ber. 43, 47–51

[E1891b] Kleinere Beiträge zur Gruppentheorie, IV. Die kanonische Form der Parametergruppe. Leipz. Ber. 43, 308–315

[E1891c] Kleinere Beiträge zur Gruppentheorie, V. Die Bestimmung aller transitiven Gruppen von gegebener Zusammensetzung. Leipz. Ber. 43, 585–596

[E1893a] Sur un groupe simple à quatorze paramètres. Comptes Rendus 116, 786–788

[E1893b] Kleinere Beiträge zur Gruppentheorie, VIII. Über die integrabeln Gruppen. Leipz. Ber. 45, 360–369

[E1895] Die Theorie der Parallellinien von Euklid bis auf Gauß. Eine Urkundensammlung zur Vorgeschichte der nichteuklidischen Geometrie. In Gemeinschaft mit F. Engel hrsg. von P. Stäckel. Leipzig

[E1898] Zur nichteuklidischen Geometrie, I. Die Konstruktion der Parallelen in der nichteuklidischen Geometrie, II. Die Lobatschefskijsche Funktion $\prod(x)$. Leipz. Ber. 50, 181–191

[E1900a] Zwei merkwürdige Gruppen des Raums von fünf Dimensionen. Jber. DMV, VIII, 1, 196–198

[E1900b] Sophus Lie, Gedächtnisrede gehalten am 18. September 1899 in München vor der deutschen Mathematikervereinigung. Jber. DMV VIII, 1, 30–46.

[E1901] Gutachten zur zweiten Verleihung des Lobatschefskijpreises. Physik.-math. Ges. zu Kasan, 12 S.

[E1930] Wilhelm Killing. Jber. DMV 39 (1930), 140–154. Vorher in etwas kürzerer Fassung im Deutschen biographischen Jahrbuch 1923, 217–224

[E1924] Gruppentheorie und Grundlagen der Geometrie. in: Gedenkband für F. Engel, hrsg. v. K. Faber und E. Ullrich, Mitt. aus dem Math. Sem. der Univ. Gießen, Bd. 35.

[E1930] Wilhelm Killing. Jber. DMV 39, 140–154

Frobenius, Ferdinand Georg

[F1875] Über das Pfaffsche Problem. J. für die reine und angew. Math. (Crelles J.) 82, 230–315; Werke I, 249–334

Hawkins, Thomas

[H1982] Wilhelm Killing and the structure of Lie Algebras. Archive for hist. of Ex. Sciences 26, 126–192

Lie, Sophus

[L1878] Theorie der Transformationsgruppen III. Ges. Abh. V, 78–135

[L1884] Untersuchungen über Transformationsgruppen I. Ges. Abh. V, 453–498

[L1884] Untersuchungen über Transformationsgruppen II. Ges. Abh. V, 507–552

[L1888] Theorie der Transformationsgruppen I. Unter Mitwirkung von Dr. F. Engel bearbeitet von S. Lie Leipzig

[L1890a] Theorie der Transformationsgruppen II. Unter Mitwirkung von Prof. Dr. F. Engel bearbeitet von S. Lie. Leipzig

[L1890b] Untersuchungen über die Grundlagen der Geometrie. in: Theorie der Transformationsgruppen III, 393–543

[L1893] Theorie der Transformationsgruppen III. Unter Mitwirkung von Prof. Dr. F. Engel bearbeitet von S. Lie. Leipzig

[L1924] Ges. Abh. V. Hrsg. F. Engel. Leipzig und Christiania

[L1929] Ges. Abh. IV. Hrsg. F. Engel. Leipzig u. Oslo

[L1930] Theorie der Transformationsgruppen I – III. Unveränderter Neudruck mit Berichtigungen und Zusätzen von F. Engel. Leipzig und Oslo

Lilienthal, Reinhold von

[Lt1923] Nachruf für Killing. Nachlaß F. Engel, Math. Inst. der Univ. Gießen; Nachlaß Oellers, Franziskanerkonvent Werl

Oellers, P. Prosper OFM

[O1925] Wilhelm Killing. Franziskusdruckerei Werl

[O1928] Wilhelm Killing. Verlag Schwann, Düsseldorf

Ullrich, Egon

[U1951] Friedrich Engel, Ein Nachruf. Mitt. aus dem Math. Seminar Gießen, Heft 40

Umlauf, Karl Arthur

[U1891] Über die Zusammensetzung der endlichen continuierlichen Transformationsgruppen. Dissertation Leipzig

Weierstraß, Karl

[W1868] Zur Theorie der bilinearen und quadratischen Formen. Monatsber. der Akad. der Wiss. Berlin 1868, 310–338; Math. Werke II, 19–44

Namen- und Sachverzeichnis

(Die Zahlen sind Briefnummern, Fußnotennummern sind in Klammern angegeben.)

Das Fotoalbum für Weierstraß/ A Photo Album for Weierstrass

Kommentiert von Reinhard Bölling/
Edited by Reinhard Bölling

von Reinhard Bölling

1994. XII, 116 S.
mit zweisprachigem Textteil. Geb.
ISBN 3-528-06602-4

Aus dem Inhalt: Zur Biographie von Karl Weierstraß - Entstehungsgeschichte des Fotoalbums - Die Geburtstagsfeier - Dokumente (11 Briefe) - Die Porträts - Biographische Angaben zu den abgebildeten Personen - Alphabetisches Personenverzeichnis.

Karl Weierstraß (1815-1897) gehört zu den führenden Mathematikerpersönlichkeiten des vorigen Jahrhunderts, der entscheidend das heutige Erscheinungsbild der Analysis geprägt hat. Das Kernstück des Buches bildet die Reproduktion eines Fotoalbums, das Weierstraß 1885 zu seinem 70. Geburtstag als Geschenk überreicht wurde. Das Album, das über 70 Jahre unbemerkt in einem Berliner Museum geschlummert hatte, enthält die Porträts von mehr als 300 Schülern, Freunden und Kollegen aus ganz Europa - ein außerordentliches Dokument der Verehrung und Anerkennung, die dem Jubilar entgegengebracht wurde. Im Textteil des Buches gibt Reinhard Bölling interessante historische Erläuterungen, die sowohl biographische Angaben über Weierstraß und die an der Vorbereitung der Jubiläumsfeier beteiligten Personen als auch die Entstehungsgeschichte des Albums betreffen.

Verlag Vieweg · Postfach 1547 · 65005 Wiesbaden · Fax (0611) 78 78-420

MIX
Papier aus verantwortungsvollen Quellen
Paper from responsible sources
FSC® C105338

If you have any concerns about our products,
you can contact us on
ProductSafety@springernature.com

In case Publisher is established outside the EU,
the EU authorized representative is:
Springer Nature Customer Service Center GmbH
Europaplatz 3, 69115 Heidelberg, Germany

Printed by Libri Plureos GmbH
in Hamburg, Germany